U0229602

为了人与书的相遇

天真的人类学家

小泥屋笔记 & 重返多瓦悠兰

[英] 奈吉尔 · 巴利（Nigel Barley）著

何颖怡 译

广西师范大学出版社

· 桂林 ·

著作权合同登记图字：20-2010-282 号
本书译文由城邦文化事业股份有限公司商周出版事业部提供。

图书在版编目(CIP)数据

天真的人类学家 /（英）巴利著；何颖怡译．
——桂林：广西师范大学出版社，2011.7（2025.1 重印）
ISBN 978-7-5495-0620-0
Ⅰ．①天… Ⅱ．①巴… ②何… Ⅲ．①人类学－通俗读物
Ⅳ．① Q98-49
中国版本图书馆 CIP 数据核字 (2011) 第 117117 号

广西师范大学出版社出版发行
广西桂林市五里店路9号　邮政编码：541004
网址：www.bbtpress.com

出版人：黄轩庄
全国新华书店经销
发行热线：010-64284815
山东韵杰文化科技有限公司

开本：1092mm×850mm　1/32
印张：12.875　字数：257千字
2011年7月第1版　2025年1月第20次印刷
定价：50.00元

如发现印装质量问题，影响阅读，请与出版社发行部门联系调换。

导读

疯子、捣蛋鬼与人类学家

赵丙祥

很多人都看过一部能让人笑到抽筋的老片子《上帝也疯狂》，那位布须曼土人尼苏（N!xau）精湛而自然的本色演技实在让人惊叹。实际上，在人类学界内部，布须曼人是一个广为人知的人群。人类学家显然参与了这部电影的构思和拍摄。影片开始的那些经典镜头，以一个旁观者的眼光，展现出现代文明的荒诞之处——一个由时钟控制的“朝九晚五”制度。相比之下，布须曼人没有这样一个严厉的“时间”上帝，他们生活在一种自由而散漫的“原始共产主义”之中。最让人惊叹的，当然是他们拥有的无与伦比的自然知识，如动物、植物、水等等。

这副形象之由来也久矣，虽然它本身遵循着一贯的好莱坞模式，但也很符合传统人类学家笔下的土著人意象：他们虽然在物质上几乎是家徒四壁，却享有一种柏拉图精神恋爱式的自由与丰满。卢梭用了一个后来被广泛引用的称呼——“高贵的野蛮人”，无独有偶，结构人类学的教父列维－施特劳斯也把卢梭视为这个行当真正的祖师爷：卢梭在写作《论人类不平等的起源和基础》时，为了体验“原始人”的生活和观念，于是跑到乡下隐居起来，“体验生活”。在列维－施特劳斯看来，卢梭第一次发明并践行了后辈人类学家的看家本领，“田野工作”(fieldwork)，照字面的意思就是在“乡野”(field) 中干他的“活计”(work)。

这种关于“原始人”和“人类学家”形象的温馨想象原本可以一直延续下去的。可是，哦，不！一部该死的著作发表了，而它的作者恰好又是另一位更早的人类学教父，布罗尼斯拉夫·马林诺夫斯基。中国的人类学家与这位教父也颇有渊源，他有一位有名的中国弟子，名叫费孝通。在马林诺夫斯基去世之后，他的遗孀在 1967 年出版了他的私人日记（《一部严格意义上的日记》[*A Dairy in the Strict Sense of the Term*]）。一经出版，就在整个社会科学界掀起了滔天巨浪，不但马林诺夫斯基本人几乎遭到了“鞭尸”，他的遗孀更是触犯了人类学共同体的众怒，尤其是马氏本人的及门弟子。

何以如此呢？马林诺夫斯基在这本日记中的行径和他在那部开山经典《南海舡人》（又译为《西太平洋上的航海者》）一书中的形象简直是天差地别。在《南海舡人》中，马氏孤身闯入原始丛林，与土著人建立起笃厚的交情，那些土著人即使称不上是无私和文雅，也绝对不是自私和粗俗，而马氏最终也满载而归，在伦敦出版《南海舡人》，一朝成名天下闻。但在日记中呢？马林诺夫斯基不但在精神上极为苦闷，有时甚至想跑到海滩上恸哭一场，他大骂特罗布里恩岛人是“黑鬼”，还曾挥拳打落了他雇用的土著“孩子”的牙齿，恨不得杀了他。他们不但总是试图勒索他，甚至还背信弃义，本来答应他可以随船队远征的——当然，实际上出尔反尔的正是马林诺夫斯基本人，因为他不肯从口袋里掏出当初答应付给土人的足额英镑（作为随同出征之报酬）。

他妈的，它根本不该发表！很多人类学家肯定在心中这样咒骂，这是自掘坟墓！在乔治·史陀京等人的猛烈炮火下，即便马氏及门弟子们的辩护最终也显得苍白无力，比如说马氏本人其实在内心里是很尊重土人的，可这样的辩护辞在根本上并不足以维护人类学家正在失去的清誉。直到克利福德·格尔茨在这桩公案过去之后，才真正为马氏（以及人类学家）挽回了一些颜面，在一种明贬暗褒的策略下，格尔茨将马氏的分裂症解读为一种知识论的困境，即我们无法直接面对土人的世界，而是隔着多重象征的面纱，宛如雾中观花，我们亲眼看到的，不过是一个土著人用各种符号装饰过的世界。在某种程度上，马氏如果泉下有知，则不必为他当初的做法苦恼了，安息吧，这不仅仅是老前辈你个人的事儿，而是所有人类学家（以及知识人）的困境和悖论。

人类学家该为此举手加额。当然，人类学家此后还在不断经历类似的伦理困境，最近一次最大的道德危机则与阿富汗、伊拉克有关。一些美国人类学家为了获得研究经费，秘密参与了美国军方计划，负责在这些国家调查风土人情，说穿了，就是为军方提供情报！《纽约时报》将这事儿捅了出来，这又引起了一场轩然大波。不干涉当地人的生活和价值观，那可始终是人类学家的神圣教义啊。于是，美国人类学家的代言人马歇尔·萨林斯不得不发表了一封公开的谴责信。多少令人感到奇怪的是，露丝·潘乃德也曾为美国军方写了一本《菊花与剑》，至今却没有多少人谴责她。政治正确性啊，真是一个难以捉摸的玩意儿!

但万幸的是，人类学至今仍被视为一门“高贵”的学问，当然了，它“高贵”的代价是根本不为大众甚至很多知识分子所知。在中国，人类学家通常遭遇的尴尬是，当你向官员或老百姓解释你的任务和使命时，对方一边拨弄着你的名片，一边做恍然大悟状:“哦,你们是研究人类的！”这里的潜台词是:“那你跑到我们这里干什么？”这种让人蛋疼的可爱场合会立刻叫原本心雄万丈的你面如死灰。

就此而言，人类学家远远不如其他同行那么自信，比如说吧，社会学家往往给人一副心怀天下的印象，他们表情严肃，常怀拯民于水火之大任，在他们面前，人类学家会觉得无处安放手脚，并且常常患上令人尴尬的失语症。有一次，我与一位社会学好友在某地开会，我俩中间逃会出来，去参观当地的一座大庙名胜，我这位朋友一路沿中门长驱直入，而我则多少怀着一种战战兢兢的心态，老在琢磨应该从门的左侧进去呢，还是从右侧进去？在“不语怪力乱神”的儒家风格的社会学家面前，人类学家更像一个游走四方的道士。

当然了，这种小插曲只是聊博一粲。究其实，这门学问之所以能在大学和研究机构中安身立命（在美国，如果你所在的学校自称是一所 University ，就应该有一个人类学系，虽然可能只有一个教授，两个副教授，外加几个助教)，是由于人类学家在骨子里是人文社会科学界的“疯子”和“捣蛋鬼”。几乎在每个社会中，都有疯子或傻子的身影，福柯那斯说得很对，这些前现代的疯子并没有被视为“精神病”，而是游荡在社会的边界和缝隙之中，在现代人眼中十分荒唐的是，这些家伙还往往都被当做先知和智者供奉起来膜拜，他们往往成为萨满、巫师和预言家。如果你读过韩少功的《爸爸爸》或阿来的《尘埃落定》，就可以理解人类学家其实就是丙崽和傻少爷。

人类学家当然还没有狂妄到自称是先知的地步，不过，在学术这个行当中，他们的确是一群时不时说些反话、疯话和怪话的家伙。虽然你不得不承认，人类学家是一个耽于幻想的群体，他们曾经炮制了很多“神话”，他们也曾作为“帝国主义的仆妇”而饱受谴责，但同样不可否认的是，他们也一直在打破各种各样的神话和寓言，也让学术共同体内的其他行当和行家时不时倍感蛋疼。但是，要成为“捣蛋鬼”，就必须经历“田野工作”这个“成丁礼”。

要命的是，对人类学家来说，这个成丁仪式的唯一内容和目的就是在肉体和精神上不断摧残自己，并且你还得乐此不疲，不管是真心还是假装！这本书讲述的就是这样一个捣蛋鬼在非洲喀麦隆多瓦悠人中间经历的所有这一切：巴利（本书作者）在不知不觉中学会了像非洲人一样大吼大叫，言语和动作都十分粗俗；他磕掉了门牙，去补牙时，又被一个医生手下的临时工不由分说拔掉了另外两颗好牙，还得照常付费。这还不算完，他的假牙最后变得绿油油的，像极了“食人族”！他想改善生活，养了一群鸡，好不容易等母鸡长大，快要美美地享受鸡蛋时，他的当地助理得意洋洋地前来报告说，他已经把母鸡都宰了，因为下蛋会让它们“流失精力！”在多瓦悠人看来，鸡蛋是世界上最恶心的东西，想想看，它们是母鸡从哪个部位挤出来的？不止如此，他还得剥掉在欧洲社会中穿上的那身文明的外衣，甚至动用小时在幼儿园时学到的舞蹈动作，在一场名为“打死富来尼老妇”的仪式中扮成一棵树的样子，而这棵树必须是赤身裸体，通体仅戴着一支用某种植物外壳做的阴茎鞘。多瓦悠人不但可以嘲弄他（他还和一位妇女结成了一种“戏谑”关系，可以互相嘲弄，说荤话），还时不时挖空心思盘算怎样才能从他的口袋里挖出钱来。哦，身为一个人类学研究者，你最好别把自己看得太重要了（不知其他学科的人会如何看待这一点？），当你在猎奇对方时，土著人也在猎奇你，“你顶多只能期望被当成无害的笨蛋，可为村人带来某些好处。人类学者是财源，能为村人带来工作机会”。这让我想起在前几年曾在社会学界流行的一个笑话，一位社会学家和某大报记者下乡，刚一进村，一个小伙子就跑过来，握住他们的手热情问候道:“是中央派来的吧？”那位记者大为感慨，“看，我们的老百姓多淳朴啊！”这让社会学家哑然失笑，你真的那么以为啊，那厮话里有话呢，他其实是在说，“北京来的啊？见过中央领导吗？别在我这儿装了！”千万别当人家是笨蛋。

不但多瓦悠人让巴利抓狂，他还见识了更多让人抓狂的人和事儿。在火车上，他遇到了一位德国农业专家，负责在喀麦隆北方推广外销棉花种植。这位农业专家的推广计划成功吗？不但成功了，而且是疯狂的成功！但是由于当地农民花了太多时间种棉，粮食生产随之被搁下了，结果呢，不仅粮食价格飙涨，还造成饥荒，全靠教会的救援计划才使百姓免于饿死。更令人发疯的是，这位德国农业专家并不沮丧，为何？因为他已经证明棉花种植在喀麦隆已经生根！每解决一个问题，便制造出两个问题。这就是很多专家乐此不疲的。

而且，与他在大学中接受的教育十分不同，他发现，传教士并非如人类学家一直批判的那样，是一些“猖獗的文化帝国主义者”，相反，他们大都十分谦虚，不将自己的观点强加于人。相较之下，西方人已经抛弃的某些态度如“种族主义”，却令人惊讶地正在非洲人中间流行，比如打着发展旗号进行经济剥削、愚蠢的种族主义与残暴酷行等等。那种浪漫的自由派观点在非洲（对了，肯定还要包括亚洲、美洲的很多地方）遇到了麻烦，非洲的所有优点并非都是当地的，而所有的缺点也未必都是“帝国主义的遗毒”。当巴利与一位大学生聊起扎伊尔境内屠杀白人的惨剧时，这位大学生说，活该，谁叫他们是种族主义者，因为他们是白人。那么，这是否代表你愿意娶多瓦悠女人为妻？“他瞪着我，好像我疯了。富来尼人绝不能与多瓦悠人婚配。他们是狗，畜生而已。”他根本不认为这是种族主义，“这跟种族主义有什么关系？”但是，这跟种族主义有什么两样？

这是非洲人的种族主义。那么，欧美文明培育出来的非洲后裔又会怎样？他还真的就遇到了一个美国的人类学家巴布。巴布研究市场贩子，对他这种研究宗教或仪式的人类学者不屑一顾，因为后者无视“经济剥削的事实”。但是，且慢，巴布真的是一个“政治经济学派”吗？他从来不庆祝圣诞节，而是过某一个不知名的节日，结果却发现非洲人从未听过这个节日。他还强迫妻儿每周必须有一天说斯瓦希里语，却又发现喀麦隆人连这种语言都没听说过。他强迫全家人住在茅屋中，因为痛恨让他的“非洲同胞”操持无尊严的卑贱杂役，于是拒绝聘用洗衣工、园丁、修理工，却让父母辛苦操持家务。这招致非洲邻人的迷惑和愤怒：你算是什么男人，居然住在贫民窟，谁不知道美国人都很有钱？一个声称自己是政治经济学派的人类学家，竟然还没搞明白喀麦隆社会的通行习俗是“富人—穷人”的庇护关系，前者有义务为后者提供工作机会、福利和礼物。巴布最终中断了人类学研究，回到美国去了。但巴布并未放弃他对非洲的想象，他在美国开设了有关非洲文学的课程，继续生活在关于非洲的美好幻象中。

这样的面对面经历真会让你恨不得当场嗑药：这个世界怎么了？！当你想象多瓦悠人（甚至整个非洲人）整天生活在神秘、浓厚的巫术和象征世界当中时，却发现他们对巫术抱着漠然的态度，那玩意儿一点也不神秘。他们更感兴趣的是巴利本人的钱袋，以及留下的那点“财物”。他这样一个搞“文化和象征研究”的人类学家，在不知不觉中谙熟了喀麦隆社会的政治—经济潜规则，如贿赂，而巴布这样一位政治经济学家，却自始至终活在一个文化想象的世界中。

在经历了一年多的非洲折磨之后，他终于可以回英国了，不幸又在意大利被小偷洗劫一空。他发愁的是，丢失了护照如何过海关，但他发现罗马海关官员只要他签一个名字就可以了，这太不可思议了，怎么可能呢？在喀麦隆，签任何一个证件都至少要耗你一个月！他不得不怀疑其中有诈：“你的意思说我不必大喊大叫、威胁你，或者给你钱？”

这可真是讽刺，他已经被非洲人“驯化”得不适应欧洲的文明了，变成了身在英国故乡的一个“异乡人”。人类学家读到这里，必定会心地一笑：

> 世界少了他依然正常运转，这实在太侮辱了。当人类学旅行者远行异乡，寻找印证他的基本假设，旁人的生活却不受干扰、甜蜜行进。他的朋友继续搜罗成套的法国炖锅。草坪下的刺槐依旧长得很好。
>
> 返乡的人类学者不期望英雄式欢迎，但是某些朋友的平常以待实在太过分了。返家后一个小时，一位朋友打电话给我，简短说："我不知道你去哪儿了，但是大约两年前，你丢了一件套头毛衣在我家。什么时候要来拿？"你觉得这类问题岂在返乡先知的思虑范围内？
>
> 一种奇怪的疏离感抓住你，不是周遭事物改变了，而是你眼中所见的一切不再"正常、自然"。现在"作为英国人"对我而言，就像"假扮多瓦悠人"般作态。当朋友与你讨论一些对他们而言很重要的事情时，你发现自己居然怀抱一种疏离的严肃态度，好像在多瓦悠村落与人讨论巫术一样。这种因缺乏安全感而产生的调适不良，更因举目望去都是匆匆忙忙的白人而更加严重。

你好不容易才慢慢恢复过来，逐渐靠回忆适应了你在欧洲的本土生活，却发现自己不得不做好准备重返那片已经让你崩溃的土地。大不列颠人类学家都是真正的"砖家"，但凡一个从异乡的田野中回来的人类学家，都得做好准备挨漫天飞舞的板砖，恨不得当时就飞回异国。据“谣传”，有一位美籍华人人类学家在伦敦演讲时，被英伦的这批家伙们拆得四分五裂，差一点当场放声嚎啕，发誓再也不去伦敦。巴利没有写自己的惨状，但可以想到，那帮老少家伙的凶器必定五花八门，凶悍无匹。他也最终发现，理解多瓦悠人整个象征体系的奥秘是他们的割礼，但这个问题顿时让人垂头丧气，他还没看过多瓦悠人的割礼！

是啊，在喀麦隆，你不得不抱着一只自己投怀送抱的猴子去看电影（还得给它买票，看着它在你怀里和其他观众从牙缝间对射果皮），你被崩掉了牙，你害了疟疾和肝炎，你被勒索了财物，你受够了非洲的官僚作风，你的汽车从悬崖上掉下去差点把你摔成肉酱……但，这又怎么样？你发现，你已经对田野工作“上瘾”了。看来，人类学家发明的“民族志”这种谋生技术真是“阴险”啊。那些已经完成田野工作这个成丁礼的人类学家也足够“阴险”，直到此时，才肯在寥寥数语中与你分享人类学部落的“秘密”：

“啊，你回来了。”

“是的。”

“乏味吧？”

“是的。”

"你有没有病得要死？"

"有。"

"你带回来的笔记是否充满不知所云的东西，而且忘了问许多重要问题？"

"是的。"

"你什么时候要回去？"

我虚弱发笑。但是六个月后，我回到多瓦悠兰。

又一幕悲喜剧发生了，由于当地发生了一场毛毛虫灾，虫子把所有的小米都吃光了，因此多瓦悠人无法举行割礼了！你辛辛苦苦说服基金委员会给了你一笔钱，不远万里重返多瓦悠兰，却被放了鸽子！一切都跌入了冰点。可是，一个转机突然就在此时毫无征兆地出现了，巴利似乎处在一个有可能作出一个震惊人类学界的重大发现的关口上：他听多瓦悠人说，邻近的尼加人都是没有乳头的，这可能是一种"失落的乳房切除术"！太了不起了，因为人类学家只知道阴部割礼，还从未听说"乳头割礼"！如果这是真的，那么，它足以让巴布名扬天下了，苍天真是有眼啊！

到达尼加部落后，一个又一个惊喜接踵而至：当他们的酋长脱下长袍时，他看到，那原本该是男性乳头的地方只剩两小块平坦的褪色斑点；随后，酋长的驼背兄弟也来了，他也没有乳头。最让人惊喜的是，一个女子出现了，她是酋长的妹妹，她竟然也是平胸！天上真的掉馅饼了，巴利再也控制不了激动的情绪：

> 我将谨慎抛到九霄云外，指着她的胸部问：她是生来就这样，还是（狡猾地问）切掉乳头，看起来更美丽？大家都笑了。当然是生来就这样。谁会割掉自己的乳头，那不痛死了？

这个令人瞠目结舌的真相就是：尼加人没有乳头，是因为他们的祖先畸形遗传造成的，全是天生的身体畸形，而非先前揣测的文化象征。这太荒谬了！巴利坐在岩石上，不由得放声大笑。

在某种程度上，这也是人类学家田野工作的缩影，多数时候百无聊赖，兴奋和愉悦却在某个时候不期而至，你以为已经做出了一个振奋的发现，却原来只是一个意外，你痛恨那个让你死去活来的社会，在返乡后又会为之缱绻不已。你以为文化边界十分明晰之时，却看到各种观念如回旋镖一样漫天飞舞，当你被迫承认“地球村”已经建成之时，土人又会让你绝望地意识到大家都仍然生活在“石器时代”，文化的边界是如此的牢不可破。在这个意义上，我们也是“土著人”，与多瓦悠人并无根本的不同，巴布就是一个例子。你深深地卷入了他们的生活，又游离在他们的社会之外。或许，这是人类学家在田野中的真实处境，也是他们在学术共同体之内的角色。这宛如一个疯疯癫癫的角色，嘴里不时嘟囔一些在别人听起来可笑的昏话，又如一个宫廷俳优（尽管这个比喻肯定会让人类学家十分不爽），在滑稽的表演中暗藏机锋。

福柯曾经描述过他的一次阅读经历，他从博尔赫斯的小说中读到了一本不知哪个年代的“中国大百科全书”（或许就是博尔赫斯杜撰的一个书名，这个分类体系在我们看来都十分荒唐），其中充满了令人奇怪的分类，如皇帝所有的、有香味的、乳猪、刚打碎瓦罐的，等等，他顿时放声大笑，声振屋瓦，在笑过之后，他突然意识到，只有在一种看似荒诞的思想及其“分类”面前，另一种思想的“边界”才清晰地显示出来。这正是知识捣蛋鬼的价值和意义。

向奈吉尔·巴利致敬！这本书是他赠予学术共同体成员的最好礼物之一，尽管在人类学的知识殿堂中，它可能永远也进不了经典著作的书架，但这显然是最用心、最有心的人类学作品之一。它丝毫也不输于保罗·拉比诺的那本《摩洛哥田野工作之反思》，在某种程度上，它更真诚、更实在。同样，它也不是一本猎奇之作，当然，即使没有人类学专业知识的读者也不会遇到任何阅读障碍，但愿在捧腹大笑的同时，能够领略到人类学家一直倡导的文化包容之心。虽说我们已经明白，这个世界足够复杂，在大多数时候，我们也常怀无力之感，但在一片含泪的微笑中，在打破一些幻象的同时，还能让我们保留一些苦涩而甜蜜的想象，而它并不是虚妄的。感谢何颖怡女士，不用说，这是我读过的最好的汉语译文之一。

2011 年 5 月北京海鹊落

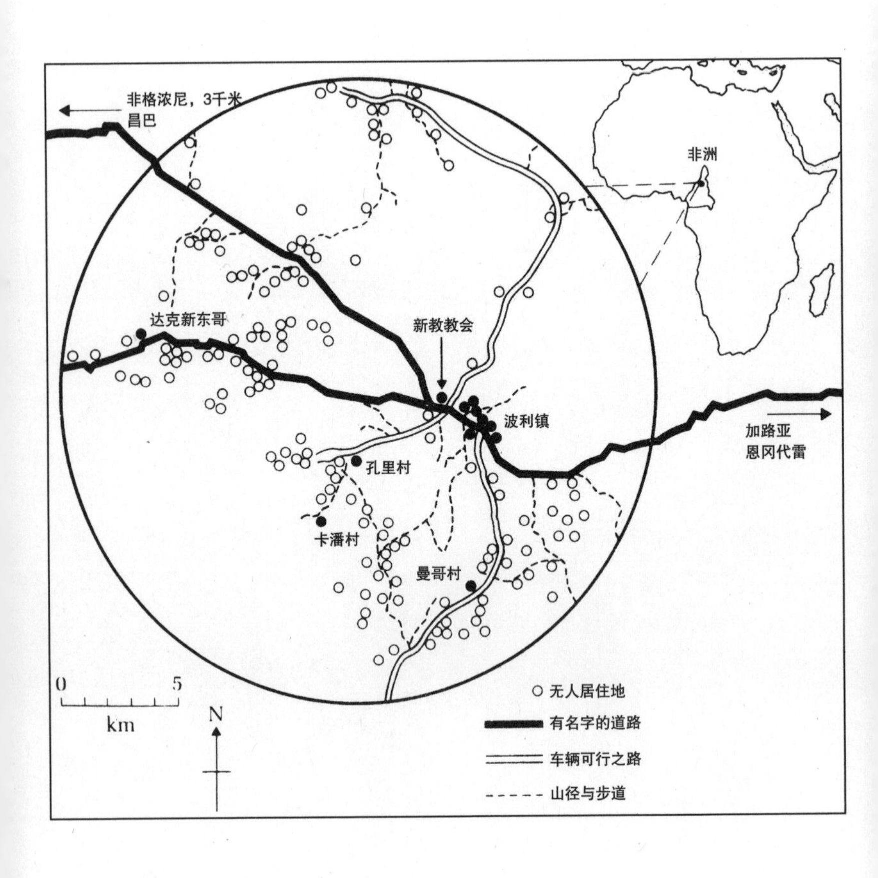
非格浓尼，3千米
昌巴
非洲
达克新东哥
新教教会
波利镇
加路亚
恩冈代雷
孔里村
卡潘村
曼哥村
0
5
km
N
无人居住地
有名字的道路
车辆可行之路
山径与步道

目 录

第一部　小泥屋笔记

第二部　重返多瓦悠兰

第一部

小泥屋笔记

Notes from a Mud Hut

第一章

原因何在

The Reason Why

“为何不去做田野调查？”一次众人带着醉意的讨论接近尾声时，一位同事抛出以上疑问。那次我们广泛讨论了人类学最新技术、大学教学与学术生涯，结论令人沮丧。就像哈巴德太太[1]，我们清点存货，却赫然发现橱柜空空如也。

我的故事十分寻常——受训于高等学府，非经刻意规划，而是机缘使然进入教书行业。英国的学术生涯奠基于几个经不起考验的假设。第一，如果你是优秀学生，便会成为不错的研究者。第二，如果你的研究做得不错，书就铁定教得不坏。第三，如果你善于教书，便会渴望去做田野调查。其实上述关联统统不成立。优秀的学生有时研究成果可怕。学术表现杰出、名字

1 哈巴德太太（Mrs.Hubbard）是英国民间传说人物，住在巨大的橱柜里。（编者按：本书注释皆为译者添加。）

经常出现在专业期刊的研究者，有时教起书来愚蠢乏味到让学生以脚投票，像非洲艳阳下的晨露般消失无踪。人类学行业也不乏全心奉献的田野工作者，他们的肌肤被炎热气候烤得干如皮革，牙关因长年与土著奋斗而终日紧咬，但是他们却对人类学理论殊无贡献。我们这些依据文献研究完成博士论文、文弱的“新人类学者”认为所谓的“田野调查”——其重要性被夸大了。当然，在殖民时代有过实战经验、“无意间搞起人类学”的老教授坚持田野调查的“神祇崇拜”不可毁，因为他们是这个行业的大祭司。他们可是受尽了沼泽、丛林的试炼与贫困，岂容自以为是的年轻学者抄捷径。

每当这些老教授在理论或形而上学的辩论场合被逼到墙角，便会悲哀摇头，懒洋洋抽烟斗或抚弄胡须，喃喃说道“真人”无法嵌进“从未做过田野调查者”的纯粹抽象概念里。他们对无缘做过田野工作的人满怀同情，事实很简单，他们曾做过田野工作，他们看到了。没什么好说的。

我在人类学系教了几年学来的正统学说，殊乏学术成就，或许也该改变了。你很难判断田野工作是类似当兵这类的不悦任务，理应默默忍耐，还是这行的“额外红利”，应该欢喜承受。同事的意见帮助不大。他们有足够时间为回忆蒙上乐观光环，让田野经验变成浪漫冒险。事实上，田野经验正是乏味的证书。举凡洗衣服到治疗普通感冒等事，在田野工作者嘴中道来，如果不掺点民族学回忆的调味润饰，那可叫周遭亲友讶异失望了。老故事变成老朋友，很快的，田野经验便只留下美好回忆（除了某些奇怪岛屿的状况极度悲惨，叫人无法忘怀也无法消融于幸福感中）。譬如，某位同事宣称与和蔼土著共度了很棒的时光，他们微笑着携带一篮篮水果、鲜花来送礼。如果按照事情发生顺序，这段描述应当补充如下："那是在我食物中毒后"，或者"当时我的脚趾起水泡脓肿，虚弱到无法站立"。诸此种种不免叫人怀疑：田野调查这回事是否像那些欢乐的战争回忆，叫人扼腕生不逢时，虽然理智上，你知道战争不可能美好。

或许田野调查还是有好处的，可以让我讲课内容不再拖拉无趣。当我必须传授陌生的课题时，可以像我的老师那样，把手伸进装满民族志轶事的破布袋，炮制出一些曲折复杂的故事，让我的学生安静个十分钟。田野经验也会赐我贬抑他人的全副技巧。每每思及此，我的脑海便涌起一个回忆。场合是一个即便以寻常标准来看都十分乏味的会议，我与数位优秀同行礼貌聊天（包括两位阴郁的澳洲民族志学者）。似乎经过预谋，同行一一告退，只留下我面对两位澳洲"恐怖分子"。经过几分钟死寂，我试图打破冷场，提议一起喝杯酒。其中一位女学者马上一脸苦相，嘴角痉挛，厌恶大喊："不要！我在丛林里喝够了。"田野工作的最大好处，便是让你俯拾可得这类渺小凡人无缘使用的句子。

或许就是这些怪句子，赋予本质乏味的人类学部门珍贵的怪诡气息。从这个角度而言，人类学者的公众形象实在侥幸。众所周知，社会学者缺乏幽默感，是左翼狂想与陈腐之言的大买办。但是人类学者曾追随印度教圣者，看过奇特神祇与污秽仪式，大胆深入人迹未达之处，他们全身散发一股崇高气息与神圣的不切题，他们本身就是英国怪诞教会的圣者。我岂能轻易拒绝成为其中一员？

凭良心说，我也考虑了其他好处（虽然几率不大），譬如田野工作可对人类知识有所奉献。乍看之下，这种可能性极低。“资料搜集”(fact-gathering，或译“事实搜集”)的工作殊无趣味。人类学不乏数据，少的是具体使用这些数据的智能。这行业有所谓的“捕蝶人”，用来形容许多辛苦收集资料的民族志学者，他们根据地域、字母或任何最新流行的分类法，不断累积资料，却无能解释它们。

老实讲，不管是当时或现在，我都觉得田野工作或其他学术研究，其正当性不在对集体的贡献，而是远为自私的个人成长。学术研究就像修道院生活，专注追求个人性灵的完美。其结果或许会服务于较大层面，却不能以此论断它的本质。不难想象，这种观点不容于学界保守派与自诩改革者。他们深陷恐怖的虔诚与洋洋自得中，拒绝相信世界其实并不系于他们的一言一行。

因为如此，当田野工作的“发明者”马林诺夫斯基(Bronislaw

Kasper Malinowski)[1]的日记出版，揭露他也是有缺点的凡人时，在人类学界激起了义愤[2]。虽然马氏在日记中诚实地说黑人令他愤怒与乏味，而且他深为欲望与孤寂所苦。学界却普遍认为马氏日记不应出版，因为它对人类学造成“伤害”、无故破坏偶像，让大众对人类学先驱失去景仰。

此种说法透露出艺术买办者令人发指的虚伪心态，逮到机会，便当予以矫正。抱持这种想法，我开始记录自己的田野工作。对做过田野工作的人而言，本书殊无新意，我将侧重一般

---

1 马林诺夫斯基（1884—1942），出生于波兰的学者,1915—1918年间在特罗布里恩群岛（Trobriand Islands，又译“超卜连群岛”）从事研究，被认为是功能学派之父。他把“田野”（field）变成一个实验室，小区的整体社会生活成为材料收集的实验，研究者可以针对一个小区或群体的生活做密集的研究及局部的参与。他的方法彻底改变了人类学理论与田野采集之间的主仆关系，在这之前，人类学者多半在书房构思理论，资料来源是将调查表发给传教士、商人、殖民者与旅行者。马林诺夫斯基从特罗布里恩群岛返回英国后，在伦敦经济学院任教十五年间，是英国唯一的民族学大师。许多人认为他是英国人类学始祖。详见Adam Kuper、Jessica Kuper主编:《社会科学百科全书》，台北: 五南图书（1992年），第602—604页。Roger Keesing:《当代文化人类学》，台北: 巨流图书（1981年），第830页。Adam Kuper:《英国社会人类学——从马林诺夫斯基到今天》，台北：联经出版（1988年），第1—52页。

2 马林诺夫斯基身后所出版的《一部严格意义上的日记》(*A Dairy, in the Strict Sense of the Term*, London:1967）曾引起轩然大波。日记中揭露了马氏的厌倦感、对健康的焦虑、性爱的匮乏、孤寂，也揭露马氏对特罗布里恩群岛居民的勃然大怒，更曝露出马氏并未如自己所言，完全与欧洲人士隔离。马氏曾告诉学生说，他视田野工作者的日记为安全瓣（safety flap），它疏导民族志记录者的私人忧郁和情感，使其不杂人其科学笔记中。详见Adam Kuper，前揭书，第19—20页。

人类学专论嗤之为“非人类学”、“无关宏旨”、“不重要”的部分。在我的职业生涯里，我一向偏重较高的抽象层次与理论思索，因为唯有在这些领域有所斩获，才可能趋近全面解释。如果一个人只盯住眼前方寸之地，保证他的观点绝对无趣、偏颇。这本书或许能调整其间的不平衡，让学生与非人类学领域者见识到：完工的人类学专论与血肉模糊的原始事实间有何关联，并期望让从未做过田野工作的人也能感受到些许田野经验。

此时，投入田野工作的想法已经深植我心，不断滋长。我问某位同事：“我为何应做田野调查？”他摆出夸张的姿势，那是他在讲堂上的标准肢体语言，用来应付学生的“何谓真理”或“‘猫’要怎么写”这类提问。他的意思够明白了。

人类学者怀抱热情与某一民族共同生存，深信这个民族守护着一项关乎其他人类的秘密，如果有人建议他到他处做研究，就好像说他可和任何人进教堂，就是不能与独特的灵魂伴侣相厮守。以上种种说法，纯属美丽虚构。以我来说，我的论文是研究古英文（印行本或手抄本）。当时我颇自命不凡地说：“我穿越时间而非空间。”这句话虽能稍稍安抚考试委员的不满，他们还是觉得有义务表示异议，警告我从今而后应当致力穿越正常的地理区域。因为背景使然，我并不偏好某一特定大陆，也因为我对地理的认识还不及大学生，也不特别排拒某一特定区域。照我的想法，如果现有的民族志文献反映了研究对象，而非研究者的个人意象投射，那么，非洲看来是最无趣的一洲。在伊凡斯–普里查德（Edward Evan Evans-Pritchard）[1]的伟大起头后，非洲研究便迅速走下坡，尾随伪社会学的步伐或继嗣系统的功能整体论，尖声呐喊地被拖进各式“困难领域”，如指定婚（prescriptive marriage）[2]与象征主义的研究，斩获虽甚微，却依然保有“简单合理”的外表。非洲人类学可能是少数研究领域——单调的内容会被美化成优点。南美洲看来颇吸引人，但是同事说在那里工作需面对极恶劣的政治环境；更何况，此领域的研究者似乎都活在列维–施特劳斯（Claude Lévi-Strauss）[3]与法国人类学者的阴影下。以生活条件来看，大洋洲是轻松的选择，无奈所有大洋洲研究看起来都差不多。那些土著似乎包办了魔鬼般的复杂婚姻制度。印度很棒，但是想要完成一丁点像样的研究，至少必须先学五年语言，才能奢言有所贡献。远东？我应当远赴此地，看看能做些什么。

1　伊凡斯–普里查德（1902—1972），英国继马林诺夫斯基、弗雷泽（James George Frazer）之后，最著名的社会人类学家。他对非洲阿赞德人（Azande）的巫术与努尔人（Neur）的鬼婚有精辟研究。详见Adam Kuper、Jessica Kuper主编，前揭书，第348页；Roger Keesing：前揭书，第362页；Adam Kuper：前揭书，第113—123页。

2　指定婚特指在某一特殊亲属范畴里的婚配规定，可能包含禁止与某些人成婚，或者某些人才是唯一婚配对象的规定。某人应娶某一范畴女人为妻者称之为“指定婚”，不论这个规矩是否会遭到破坏。如果只是认为某人从特定范畴娶妻是比较理想的话，称之为“优先婚”（preferred marriage）。详见芮逸夫主编：《云五社会科学大辞典》第十册《人类学》，台北：台湾商务印书馆（1971年），第181页。

3　列维–施特劳斯（1908—2009），法国人类学家，结构主义人类学始祖。详见Adam Kuper、Jessica Kuper主编，前揭书，第573—577页。

此类评估或许流于表面，但是我的许多同行与学生均照此运作。毕竟，多数研究始于对某一领域的模糊兴趣，甚少有人在提笔前便清楚知道自己的论文题目为何。

接下来几个月，我详细分析印度尼西亚地区的政府动荡与亚洲各地的暴行与破坏，最后倾向选择东帝汶。我至少知道自己感兴趣的研究是文化象征主义与信仰系统，而非政治或都市社会化等议题。东帝汶看起来极为有趣，它有各种王国组织与指定联姻体系（prescriptive alliance system）[1]，也就是结婚两造必须有亲属关系。这似乎是人类学铁律，拥有此类现象的文化很容易出现清晰的象征体系。我已经打定主意要去东帝汶，并开始撰写研究计划案；突然间，报上全是东帝汶内战、种族灭绝、侵略等新闻。白人担心丧命，仓皇而逃，饥荒阴影浮现，东帝汶之行打消。

我与同行迅速会商后，他们建议我还是以非洲为目标，研究许可较易取得，政治较稳定。我将目标转往费尔南多波岛(Bubis of Fernando Po)。对不熟悉此岛的人，我先解释一下，费尔南多波位于西非外海，以前是西班牙殖民地，是赤道几内亚的一部分。我开始翻找文献，发现费尔南多波恶名昭彰。英国人讥笑它“黄昏时刻，仍可看到邋遢的西班牙官员身穿睡衣”，

1　指定联姻体系是指透过指定婚法则或多次重复的通婚，联结若干继嗣群体或亲族群体的一种体系，让这些群体彼此间保持一种跨越世代的婚娅关系。详见Roger Keesing，前揭书，第814页。

而且恶臭浊热、疾病丛生。十九世纪的德国探险家批评此地土著为“退化人种”。金斯莉（Mary Kingsley）[1]认为此地蕴藏丰富煤矿。波顿（Richard Francis Burton）[2]令众人吃惊，真的去了费尔南多波岛，且活了下来。所有文献都令人沮丧，幸好（至少当时我如此认为），当时费尔南多波的独裁者开始残杀异己，而且异己定义十分宽松。我无法进入费尔南多波做研究。

就在这时，一位同事提醒我北喀麦隆有一个被忽略的异教山地民族。我因而认识了多瓦悠（Dowayo）人——我日后的爱与恨，属于“我的”民族。我觉得自己有点像弹球机里的球，被弹向了多瓦悠人，开始寻找他们。

我到“国际非洲研究所”（International African Institute）寻找有关多瓦悠的数据，索引里仅有几篇法国殖民官与旅人所写的东西，但是光凭这些数据，便可判断多瓦悠人十分有趣。譬如，他们有头颅崇拜、割礼、哨叫语言（whistle language）[3]、木乃伊，而且素以顽强野蛮闻名。同事给了我一些在那里工作多年的传教士名字，还有几位研究多瓦悠语的语言学者，并在地图上点出它的位置。至此，一切就绪。

我开始工作，浑然忘记先前应否投入田野调查的疑虑。眼

1　金斯莉（1862—1900），英国探险家，挑战保守传统，进入西非与赤道非洲，也是第一个进入加蓬的欧洲人。

2　波顿（1821—1890），英国作家与探险家。

3　某些民族可借口哨传达讯息，它是“替代性语言”，用以传讯。

前两大障碍是：搞到研究经费与研究许可。

如果我一开始就知道往后两年，我必须时时奋斗方能同时搞到钱与许可，我可能会回到“投入田野调查到底值不值得”的前提。幸好，无知是福气，我开始学习乞讨研究经费的艺术。

第二章

准　备

Be Prepared

我猜想，初次做田野，少不了得说服奖助审查委员会：我的研究计划是有趣、创新、重要的，事实完全不是这样。当一个缺乏经验的民族志研究者开始用上述角度对审查委员会大力推销，或许因为经验丰富，委员不免开始怀疑该计划只是中规中矩，延续前人的研究方向。我强调自己的小小研究对人类学存续将产生广泛影响，却落入向素食者吹嘘烤牛肉美味的困境。我试图弥补，却越来越糟。审查截止前，我收到审查委员会来信，表示他们比较在乎多瓦悠的基本民族志数据的建构完成，也就是简单的事实搜集。我重写了申请计划书，补上白痴般简单的细节数据。这一次委员会却担心我的研究对象是从未被研究过的族群。我又写了一次计划书，这次他们放行了。我得到研究补助，跨越了第一道障碍。

伴随钞票与时间的点滴消逝，申请研究许可变得重要无比。大约一年前，我曾写信给喀麦隆有关单位，他们答应在审查结束前一定给我回音。我再度写信给他们，他们要求我寄上详细的计划内容。我照办。我等待。当我差不多放弃希望时，终于收到申请签证的许可，可以准备前往喀麦隆的首都雅温得(Yaoundé)。后来，我对熟悉非洲的老手尴尬承认：我居然天真地以为这是我与官僚体系的最后接触。在我当时的想象中，喀国的行政部门是群不拘礼的家伙，以亲切、通情达理的态度处理小量、必要的行政事务。一个七百万人口的国家必定遵循大英帝国的古风，以简单朴实、一对一方式处理行政。说他们人人热心协助，应当不以为过。

喀麦隆大使馆的经验应当让我受到教训，但是我没有。我谨守人类学的优良传统，绝不妄下断论，直到铁证摆在眼前。我先打电话给大使馆，确定他们在上班，才带着所有相关文件前往，一边洋洋自得效率非凡，居然准备了两张护照照片。大使馆没开门，我猛按门铃，引来一个只肯说法语的声音咆哮：明日再来。

第二天我再度前往，这一次，获准进入大厅。他们告诉我负责的人外出，不知道什么时候回来。我有种感觉：申请喀麦隆签证一定是罕见、奇怪的事。不过，我捞到一个有用讯息：没有回程有效机票，不能申请签证。于是，我前往航空公司。

“喀麦隆航空”把客人全当成讨厌的捣蛋鬼。当时，我不知道喀麦隆国营事业都是如此，还以为是语言沟通困难所致。

他们不相信支票，我又没那么多现金，最后是以法国旅行支票支付。其他人用什么方法买到票，我无法想象。（田野新手守则 1：永远透过英国旅行社与异国航空公司打交道。旅行社接受任何正常的支付方法。）我向他们打听雅温得前往恩冈代雷（N'gaoundéré，我往内陆的第二站）的火车。他们严厉地通知：他们是航空公司，不是铁路局。不过还是告诉我，雅温得与恩冈代雷间有冷气火车，车程大约三小时。

满怀胜利、配备好回程机票，我返回大使馆。那位先生还未回来，但是我可以先填一式三份的表格。我填了表格，却赫然发现我卖力填写的三联表格，最上面一张被弃置不用。我等了一个小时，毫无动静。大使馆里人群来去，大多说法语。在此有必要简述喀麦隆的历史，它原本是德国属地，一次大战期间被英国与法国占领，后来独立组成联邦共和，最后成为统一的共和国。虽然理论上喀麦隆是英、法双语，但只有莽汉才会妄想单凭英语走遍喀麦隆。终于，一个异常胖大的非洲女人走进来，以一种我不懂的语言和旁人讨论我许久。我猜想那是英语。如果你碰到英国旧属地的人，使用你无法辨认，甚至连基本音都很陌生的语言，那很可能就是英语了。我被带进另一个房间，满墙的档案夹勾起我极大的兴趣，我发现里面全是黑名单人士的照片与详细资料。直到现在我仍很讶异，这么年轻的国家就能有这么多禁止入境人口。胖女士在档案里寻找我的名字，许久，一无所获，深感遗憾地将档案推到一旁。接下来的大问题是我的护照照片是两张连在一起的。我怎么可以这样送来？应该先把它们剪开才对。接着他们上天入地寻找剪刀。许多人加入搜寻行列，移开家具，拿起黑名单档案夹抖动。为了表示自愿协助，我也半认真地趴在地上寻找，却又被呵斥了。这是大使馆，我不可碰触、窥视任何东西。最后，他们在地下室一位员工那儿找到剪刀，颇费唇舌向我解释：地下室那家伙根本没资格使用剪刀，我们都得对此表示义愤填膺。接下来的问题是签证应不应收钱？我天真地表示乐意付钱，殊不知这是天大的事，必须由部门主管决定。我又回到等候室，过了许久，一位喀麦隆男子终于现身，仔细阅读我的申请文件，要我再解释一遍申请签证的原因，从头到尾，他都很怀疑我的动机。你很难向他解释为何英国政府要资助年轻人一大笔钱，让他前往世界荒凉一隅，研究在当地素以落后无知而恶名远扬的部族。这样的研究怎么能赚钱？显然背后有阴谋。间谍活动、矿藏探测、毒品走私才是真正动机。唯一的办法是装成无害的白痴，什么都不懂。我成功了。他们终于赐我签证，上面盖着复杂的橡皮章戳记，显然是非洲胖大版的玛莉安（法国革命女英雄）图像。当我离开时，一种奇特的疲惫感袭来，混合着屈辱与难以置信。我将越来越熟悉这种感觉。

现在我剩一个星期打理各项安排。过去几个月，我生活的一大重心是预防注射，现在只剩黄热病还没打。不幸，它让我高烧、呕吐，大大减低离别的兴奋。我领了恐怖的一大箱药品，以及一张哪种病征应吃哪种药的单子。这些病征我在预防注射时几乎都得遍了。

到了寻求最后建议的时候了。我的亲人对人类学专业一无所知，只知道我是疯了才想深入蛮荒丛林地，饱受蛇与狮子的威胁，运气好，或许能逃过食人族的鼎镬烹煮。差堪告慰的是，当我要离开多瓦悠兰（Dowayoland）时，村里的酋长说他很乐意陪我回我的英国村子，但是英国总是那么冷，还有像欧洲教堂猛犬那样的凶残野兽，而且众所周知，英国有食人族呢！

无疑，人类学界应当出版一本《给年轻民族志学者的田野建言》。据说，著名的人类学者伊凡斯－普里查德（Evan Evans-Pritchard）只给学生一个建议："到佛特纳姆梅森百货公司买个像样的篮子，然后远离当地女子。"另一个西非人透露：田野调查想要成功，一定要有一件网袋背心。我得到的建议包括：写好遗嘱（我写了）、准备一些指甲油送给当地爱美人士（我没买）、买一支好用的小刀（后来断了）。一位女学者透露伦敦某家店有一种短裤，它的口袋盖子可防蝗虫。我觉得这种奢侈派不上用场。

民族志学者如果需要车子，便面临第一个重要抉择。他可以在本国购买车子，装满生存必需品，运往田野采集地，也可以毫无负担出发，到当地再购买所需车辆用品。前者的好处是便宜，而且保证买得到想要的车款；坏处是你必须忍受与海关及其他官僚打交道的挫折，他们热爱骚扰、折磨新来者，坚持扣押你的车子、课征额外关税、要你填写琐碎的四联单、送给几百英里外的官员会签；同时，你的车子被放在户外任由雨水锈蚀、宵小偷窃。如果你懂得巧妙行贿，这些困难都可神奇消失，但是向谁行贿、行贿金额多少，这是新手极端欠缺的细腻艺术。稍不谨慎，便可惹来严重麻烦。

到当地再买的麻烦是极端昂贵，价钱至少是英国的两倍，车款选择有限。新来者除非运气好，否则很难买到便宜货。

出于天真无知，我选择第二个方法，也是没时间奢侈充实行囊，急着想出发上路。

第三章

上　山

To the Hill

当飞机降落杜阿拉（Duala）的黑暗小机场，一股特殊味道飘进机舱。融合了麝香、热气、芬芳与粗野——那是西非的味道。我们步行穿越柏油路面，湿热的雨像血滴般滚落，汗湿脸庞。机场大厅里是我生平仅见的混乱场面。欧洲游客拥簇成好几群，不是面带绝望之色，便是对着非洲人尖声呐喊。非洲人也对着自己人叫嚣。一个孤独的阿拉伯人忧愁地从一个柜台游荡到另一个柜台。每个柜台前都挤满疯狂推挤的人群，我认出他们是法国人。在这里，我学到喀麦隆官僚作风第二课。我们必须准备三种文件：签证、健康证明与入境居住安排，要填无数表格，圆珠笔借来借去。当那些法国人抢着出去在雨中等行李，其他人却被海关严密检视文件。我们当中有人忘了抵达喀麦隆后的确切下榻地址，有人想不起生意往来厂商的名字。一个胖大的官员坐在柜台后看报纸，对我们视若无睹。摆够了高高在上的威风后，他以不可小觑的态度一一与我们面谈。看到这种场面，我胆怯了，只好随便捏造一个居住地址，许多人都如此取巧。但是往后的日子里，我都认真填写各式表格，虽然它们的下场不是被白蚁蛀食，就是被丢弃不看。我们又回到那三个柜台前准备通关，这时好戏上演了。一个法国人的行李被搜出气味奇特的东西，他辩称那是做法国料理酱汁的香料，海关却认定他们逮到大麻走私贩，虽然大家都知道所谓的毒品走私是将喀麦隆“境内”的大麻走私到“国外”。好戏结束后，一切恢复正常，法国人又开始挤成一团。突然间，一个在尼斯上机、坐头等舱、体积庞然的非洲人排开众人而过，用戴满金戒的手指潇洒指点行李，行李夫连忙上前捡起。何其幸运，我的行李挡住他的行李搬运，海关挥挥手叫我快快通关，我就这样出了关，进入非洲。

第一印象至关重要。任何没有棕黑膝盖的人，一出关就会被各种人盯上。骚动中，有人一把抓走我的相机箱子，刚开始，我还以为他是热心的行李夫，但是当他一溜烟跑开，我马上知道自己错了，连忙拔腿追赶，嘴里喊着各式平常用不到的法语：“救命呀！小偷！”幸运的，车阵挡住他的窜逃，我抓住他，两人一阵撕扭。结局是我的脸上挨了一拳，小偷抛下相机箱。一个热心的出租车司机载我去旅馆，只超收了我四倍车资。

第二天，我忍心挥别杜阿拉的魅力诱惑飞往首都，沿途没有任何意外，我却染上其他旅客的恶习，也开始以大嗓门、敌意态度对待行李夫与出租车司机。到了雅温得，我与官僚展开长时间拔河。公文旅行耗掉三个星期，没别的事可做，只能当观光客。

我对雅温得的第一印象是乏善可陈。旱季尘土飞扬，雨季一片泥泞。主要的纪念建筑物都有公路餐馆的建筑风味。破损的水沟盖常让粗心的游客一脚踏进阴沟。初到雅温得者免不了都要扭伤脚踝。此地外国人的生活重心集中于两三家咖啡馆，在里面无聊枯坐，瞪视街上穿梭的黄色出租车，抵挡热心兜售纪念品的小贩。这些小贩是极富魅力的绅士，知道只要货品标价超高，白人都会照单全收。他们会向你推销不错的木雕以及号称“真实古董”的垃圾。买卖过程带有游戏气氛。开价大约是合理价的二十倍。顾客骂他们是土匪，他们咯咯笑着同意，把售价降到正常价的五倍。他们与疲惫的欧洲游客有着类似顾客／恩人的关系，颇乐在其中，知道自己开价越疯狂不合理，便越能制造乐趣。

最悲哀的是外交人员，他们似乎谨守不与当地人接触的政策，咖啡馆只是他们从大门深锁的办公室飞奔回别墅的暂时停歇处。后来我才知道我为当地英国侨社制造了不少麻烦。

比较有趣的是那些正在服“援助替代役”的法国年轻人，他们以海外服务代替军役。尽管身在西非洲，还是有办法以烤肉、赛车、派对等各式活动复制法国乡村生活。我很快便与一对夫妇、一个年轻女孩与两个年轻男孩交上朋友，他们都是老师，我们的交情后来证明珍贵无比。他们和外交人员不同，他们真的离开首都到乡间，熟知公路与汽车市场信息，也和仆人以外的非洲人说过话。与喀麦隆官员交手后，我完全没料到一般非洲人其实非常友善和蔼；在英国时，我习惯于大家对西印度群岛与印度人的政治反感情绪，万万没想到是在非洲看到各色人种轻松单纯相处。当然，后来证明事实并非如此简单。各种因素使然，欧洲人与非洲人的关系十分复杂。通常，与欧洲人共事的非洲人早就学会顺从，看起来就像“黑种法国人”。而定居非洲的欧洲人十之八九是怪胎。或许正因为他们的特立独行，外交人员的日子才会如此难过；相对的，怪胎（我在此间碰过不少）的日子颇好过，他们都把烂摊子留给别人。

走在街上，陌生人对我微笑打招呼，没有任何企图。或许因为我是英国人，对此感到特别不可思议。

时间流逝，在非洲城市居住实在大不易。雅温得是观光客生活指数最高的城市之一。虽然我过得毫不奢华，钞票却不断从指缝中溜走，我非得离开此处，非得吵闹一番不可。我壮大胆子，前往移民局。柜台后面，与我打过数次交道的傲慢官员正在阅读公文，他抬起头来，漠视我的问候，自顾展开点火、抽烟的复杂程序，然后将我的护照甩在桌上。我要求两年居留时限，莫名其妙的，他只给了我九个月。我感激叩谢他的小恩惠，转身离开。

就在这时，我铸下两个大错，证实我对即将生活的世界一无所知。首先，我去邮局拍电报到恩冈代雷（我搭火车的下一站），告诉他们我即将抵达。结果，电报十四天后才抵达，对非洲老手来说，这算是正常速度。我在邮局里结识了一个奇怪的澳洲人，他被傲慢的办事员以及跟法国人学了一身推挤本事的本地人搞得抓狂，无奈地站在邮局中央，令人吃惊地高喊："我知道，都是因为我天杀的肤色不对！"然后，他直称再也不妄想从喀麦隆寄信给母亲了。

幸好，我还有多余邮票可以卖给他，他感动异常，迸发大英联邦同胞情，坚持一起喝杯啤酒。几杯下肚后，他透露自己已经旅行两年多，每天花费不超过五十便士。我当然极感佩服，直到他酒钱也不付就离去，才明白个中道理。

这时，我犯下致命错误。目前为止，我大部分的研究经费都是开成国际保付支票，随身携带。此时看来似乎应存入银行，比较保险。我只花了一个小时推推挤挤、饱尝傲慢对待，便存完了钱。一个能言善道的年轻人向我保证：二十四个小时内支票便会寄至恩冈代雷，我随时可从户头提款。不可思议，我居然相信了。后来我足足花了五个月时间，才有办法支取当时漫不经心存进去的钱。不过当时看来存钱是理智选择，因为白人圈中流传可怕的犯罪故事，越传越耸动。喀国规定出门必须携带各式证件，不少男性仿效欧洲大陆的文弱风格，手上拿个皮包。据说入夜后，胖大的非洲女人成群结队在街上抢夺单身男性的皮包，胆敢反抗，就海扁一顿。这种传言颇可信。非洲盛产体型超级壮硕的男女，源自大量的体力工作与低蛋白质的饮食。站在胸膛壮硕的南喀麦隆人面前，瘦弱的西方人顿时矮了一大截。

结账离开旅馆，我如释重负，终于摆脱日夜轰炸、呼啸作响的非洲吉他音乐，也逃脱妓女的夹击。她们是我见过这行中最不含蓄的女人，常见的拉客法是直接走向目标，以老虎钳般的手紧紧抓住对方下体；千万记住，避免与她们共处于封闭的电梯。

当我安全抵达火车站，逐渐怀疑我是否真能享受到伦敦那个航空小姐所形容的冷气火车。它是第一次世界大战期间的火车，经由神秘历程，从意大利运至此地。车厢内以辉煌的意大利文谆谆告诫厕所与饮水设备的使用方法及禁止行为。翻译难题轻易解决：干脆不翻。

买车票当然又是一番推挤，此外，还得填一张复杂如人寿保险的表格。

在西非旅行很像在美国西部搭乘驿车，乘客类型颇固定。火车与丛林出租车（bush taxi）乘客看起来都差不多。丛林出租车是非洲乡间重要交通工具，通常是大型的丰田或萨维恩（Saviem）旅行车，原本是十二人到二十人座，但是车主永远可以挤上三十到五十人。如果车子好像挤得要裂开来，权宜之计是加速前驶、紧急刹车，一阵东倒西歪后，永远可以再挤出一两个位子。乘客阵容一定有几个下士或少尉。通常，宪兵可以坐到司机旁最好的位子，而且总是不必付钱。典型乘客还包括几个南部老师，痛恨被派到信奉伊斯兰教的北部教书。无需任何鼓励，他们便自动娱乐乘客，滔滔不绝地叙述在蒙昧无知的北方如何受苦，那里的老百姓毫无上进心，异教徒多野蛮，食物多么难以下咽。乘客中也总有趿着蓝色塑料拖鞋的异教徒女性，敞开胸部奶孩子，这似乎是此间女性一日到头在干的活。再加上几个来自北方半沙漠地区、身材瘦长、手上拎着祈祷所用席子与水壶的穆斯林，就构成了乘客阵容。

火车乘客也大致如此。喀麦隆人最欣赏的现代科技之一是录音机，他们可以录下被静电干扰得嘶嘶作响、哔啪嘈杂、声音颤抖不协和的广播，然后以极高分贝一遍又一遍公开播放。北方的穆斯林与南方的基督徒总是激烈竞争空中优先占用权。胜利者可以独家播放他的卡带，不管什么时辰，也不管他爱放的是冗长、平板的西非流行音乐——尼日利亚混合语（pijin）[1]流行歌曲《噢！难忘的母亲》、本地流行歌曲《我是一个杜阿拉欧雷的小孩》，或者是刺耳呻吟的阿拉伯风格甜腻音乐。音乐播放只要稍有空当，即代表奉送对手机会，绝不可以。喀麦隆城市里，本地官员与外交人员住宅区的最大差别在噪音量。非洲人常困惑西方人为何那么爱安静，他们分明有钱可买足够电池，日夜不停播放收音机。

1　pijin是两种语言的混合语，尤其是指当地语言与英法语混合的语言。

基督徒与穆斯林的另一大差别是小便方式。基督徒男性站着小便，使用火车上的便池十分方便。穆斯林男性却是蹲着小便，必须在快速行驶的火车上，把袍子拉开如帐篷，身体半悬出车门外解决，十分恐怖危险。

此刻我对面坐着一位德国农业专家，前往北方履行后半段任期。据言，他负责推广外销棉花种植。棉花外销是国家专卖，用来赚取喀国亟需的外汇，中央政府十分鼓励农民种植。这位农业专家的推广计划成功吗？疯狂成功！事实上，农人花太多时间种植棉花，怠忽粮食作物生产，不仅粮食价格飙涨，还造成饥荒，全靠教会的救援计划才使百姓免于饿死。奇怪的是，德国农业专家对此结果并不沮丧，认为这证明棉花种植在喀麦隆已经生根。

我在喀麦隆期间碰过不少这类专家，其中有人恶毒批评我为"非洲文化的寄生虫"。他们是来分享知识、改善人民生活的，而我只是观察，还可能因个人的兴趣，鼓励此间百姓迷信异教与落伍。有时在寂寥失眠之夜，我也如此质疑自己（一如我在英国时怀疑学术生活的价值一样）。不过，谈到解决危机，这些专家也没啥成就。他们每解决一个问题，便制造出两个。我常觉得，那些自称握有真理的人应当为扰乱他人生活而良心不安。至于人类学家，不过是毫无害处的书呆子，这个行业的伦理之一便是尽量不直接干预观察对象。

眼前，这位年轻人类学者吃着一根根香蕉，心头想的就是这些问题。这趟车程原本号称三个小时，结果足足开了十七个小时。气温慢慢下降，火车爬上高原，我们逐渐靠近恩冈代雷。黑夜骤然降临，车上灯火俱灭。我们坐在阴暗中吃香蕉，用破碎的德语交谈，看着矮小的灌木没入黑暗。当我开始忧惧一辈子下不了火车时，终于到了恩冈代雷。

一种疏离陌生的感觉立即袭来，远比我在南方时还强烈。恩冈代雷是南北交界点。因为气候凉爽，又有铁路通往首都，颇受白人欢迎。铁路虽为此地带来变迁冲击，它仍保有大片的茅草屋聚落。

往南走，茅草屋便完全被居民热爱的浪板铁皮屋或金属板屋取代，这种房子在大太阳底下热不可当，还是巨大辐射体，到了晚上，仍和白天一样闷热。以西方人眼光来看，非洲城市的丑陋，这些铁皮屋厥功至伟。这种观点泰半带着民族优越感：茅草屋“美丽如画、质朴原始”，铁皮屋则是“贫民窟”。但是恩冈代雷不像多数非洲城市那么刺眼。暮色里，千百道炊烟袅袅升起，十足西方人眼中的非洲景观。到了白天，你会看到处处成堆的生锈垃圾，游手好闲的年轻人骑着塑料花装饰的50CC小机车，呼啸自垃圾堆蛇行而过。

但是此时，我和德国佬正忙着与出租车司机交涉。虽然我已经接受了冤大头的历史性角色，德国佬却与司机恶狠狠杀价，带着熟悉路径者对出租车司机的高度鄙夷。结果我们以最不绕路、最合理的价格被载到天主教会，与德国佬相熟的神父热烈欢迎我们。

一般人认为神职人员都以中世纪好客之道接待旅人。有些教会的确会提供食宿，但对象是出差路过的神职人员，而不是乏味的浪人。他们受够了身无分文、以为可以在非洲白吃白喝的搭便车旅行者。在这些旅人威胁下，好客之道必须禁止，否则到头来，教会就会沦为旅馆经营者。

但是我急着前往新教教会，我相信他们正在等我。因为公文往返的拖延，我的田野调查时间已经过了两个月，却连一个多瓦悠人都没见过。忧虑萦绕心头，我害怕多瓦悠人根本不存在。地方官的文献不是忠实记述："多瓦悠"三个字在土语里便代表"没人"？我礼貌地询问天主教会里的人："谁住在那里？"是的，多瓦悠人确实存在。幸好，天主教会与他们没啥往来，那些人坏透了。在神父开设的学校里，他们是最糟糕的学生。我干吗要研究多瓦悠人？他们生活模式的背后原因？很简单：无知。

第四章

可耻的马林诺夫斯基

Honi soit qui Malinowski

在尚未认识传教士之前，年轻人类学者便已摸清他们的底细。除了自以为是的地方行政官与剥削的殖民者外，传教士也在人类学的鬼神研究中扮演重要角色。如果有人拿着锡罐在你面前摇晃，要求你捐钱支持教会的海外工作时，唯一理智可敬的回答当是：经过深思熟虑，你反对教会对外国的介入。传教士行为，文献记录斑斑可循。人类学老师在入门课便告诉学生，是美拉尼西亚教会的暴行与短视才导致船货运动（cargo cult）[1]与饥荒。巴西亚马逊雨林的教会被控贩卖奴隶与雏妓、巧取豪夺土地，以武力与地狱之火恫吓原住民。教会摧毁传统文化与

1 船货运动：此名词普遍使用于澳洲托管地之新几内亚，用以描述自1935年以降流行于此区的千禧年运动（millenary movement），他们相信千禧年将因死者之灵携带大量欧洲人的货物归来而开始，货物将平均分配给此一运动的附和者。后来此一名词被广泛用来指西南太平洋区各类反欧洲人的运动。详见芮逸夫主编，前揭书，第222页。

土著自尊，将全世界原住民矮化成仰赖布施、无助困惑的白痴，让他们成为西方经济与文化的奴隶。此中最大谎言是传教士灌输给第三世界的思想体系，在西方世界早就泰半被扬弃了。

当我抵达恩冈代雷的美国教会时，内心深处正是这种想法。就连与传教士说话，都好像背叛了人类学：因为自从号称发明田野采集的马林诺夫斯基呼吁人类学者从教会的阳台起身，走进部落做研究，人类学者便惶恐沾上与教会打交道的污点。我会小心提防魔鬼诡计，何况我若想省时间，便应与真正的多瓦悠兰住民接触。

大大出乎意料，我受到热情欢迎。我发现传教士并非猖獗的文化帝国主义者（少数一两个老派传教士除外），相反的，他们极端谦虚，不将自己的观点强加于别人。相较之下，人类学似乎被捧上了难堪的高位，成为对抗文化误解的特效药——这是我无法衷心接受的位置。

我碰到的第一个传教士是朗恩 · 尼尔森（Ron Nelson），他经营一个教会电台，播音范围涵盖西非洲大部分地区（发射器非属国有的地方）。他和太太散发着一股静谧力量，远非我想象中歇斯底里的上帝卫队（毕竟愿意远渡重洋、驯化异教徒皈依基督教的人必定是个宗教狂）。我的确在一些较极端的宗教团体看过这类疯子，当我打算带几尊繁生偶像（fertility doll）回欧洲时，他们抨击我将魔鬼带进上帝的国度，这些偶像应当被焚毁，而不是拿来展览。幸好，这类宗教狂是少数，如果我碰到的年轻传教士成为主流，他们将更趋式微。

整体而言，我很讶异传教士完成了许多工作，包括对当地文化、语言、翻译、语言学的研究，并将祈祷文翻译成当地的符号语言。没有教会的协助，我的研究绝不可能完成。我的研究经费不小心被非洲银行吞下肚，全靠教会借钱才能开始设立田野站。当我生病，教会治愈我。当我束手无策，教会给我打气。当我的补给品耗尽，教会让我在理论上只供所属人员使用的福利社买东西。对饥饿、疲惫的田野工作者而言，那个福利社是阿拉丁神灯里的宝库，提供便宜的进口物资。

对毫无心理及物资准备要面对丛林生活的人类学者而言，教会不只是紧急支持站，更是绝对重要的庇护所，实在受不了时，你可以逃进教会，吃肉、说英语、与自己人相处，不用烦恼最简单的句子都要费尽唇舌解释。

法国教会也相当照顾我，他们显然认为欧洲人必须团结对抗美国人。我最喜欢的法国传教士是活力十足、快乐外向的裴贺·翁西（Père Henri），他曾和游牧民族富来尼人（Fulani）[1]生活了好几年。据他的同事说，他始终“无法提起勇气向富来尼人传教”。他热爱富来尼人，每天花数个小时与会说“纯”富来尼语的人讨论文法细节。翁西在山丘顶端耶稣会的房间是圣

1　富来尼人：西非洲萨赫勒（Sahel）带的游牧民族，以牧牛为生，主要分布于塞内加尔、几内亚、尼日尔、马里、乍得与尼日利亚。

坛,也是图书馆。他录下许多民族志报告人(informant)[1]的谈话,靠着神妙如希思·罗宾逊(Heath Robinson)[2]的机器,辅以手肘推撞、脚踩、膝盖撞击各种复杂开关,完成所有的数据编整、打字、交叉比对。他是那种转速比常人快一倍的人。当他听说我需要一辆车子进入丛林,马上带我快速走访各种门路,包括看了几辆十分便宜、几乎要解体的老爷车。最后我们抵达机场酒吧,老板乍看是典型的法国殖民者,却是伦敦人,他认识某个人,那个人又认识一些有车要卖的人。下午,翁西又带我去看了一些车,并帮我谈妥复杂的保险选择,只要是在太阳底下发生的意外,都在保险之内。最后,我用教会借我的钱买了尼尔森的车子,装满补给品,准备立刻前往田野场。他们也慷慨借了一些工具给我,那是教会扎根多瓦悠兰二十年,辛苦炮制出来的东西。除了语言学数据外,还有亲属关系表(错得离谱)[3],

---

1 人类学家进入田野场,开始进行数据搜集工作,如户口调查、记录系谱、习知当地的各种角色,有关风俗信仰的种种则询问适当对象,这种访谈对象称之为informant,亦即数据提供者,本书译为报告人。

2 罗宾逊(1872—1944),英国著名漫画家、插画家与剧场设计者。他的漫画里经常出现奇妙的机器发明。后来人们便将荒谬无用或者极端复杂的机器称之为"希思·罗宾逊机器"(Heath Robinson contraption)。

3 亲属关系常是指社会(或社会的某一部分)的一套复杂规则,用以支配继嗣、承继、婚姻、婚姻外性关系以及居处的问题,并从血亲和婚姻各方面的联系决定个体与群体的地位。详见芮逸夫主编,《云五社会科学大辞典》第十册《人类学》,第286页。人类学者基辛说,人类学者研究一个社会,必须先了解亲属关系,才能了解其他事情。有的社会,经济利益与政治权力的竞争,都可能用亲属关系来说明。亲属关系也作为人们与非亲属以及神灵之间关系的典范。即使不是亲属关系领域的人类学者,一旦要向读者描述他所研究社会的生活,也必须设法引领读者了解复杂的亲属关系。详见Roger Keesing,前揭书,第358—359页。

以及民族志学的零碎数据，足以让我糊弄多瓦悠人——我熟悉他们的文化，要察觉他们是否说谎，易如反掌。我还在英国时，曾和“桑摩语言学研究所”里的两位研究员联络，取得多瓦悠语的词汇表，以及一份动词系统与基本音素的大纲。我自觉准备十分充分了，天真地揣想第二天便可以进入空气干净清新的丛林，对“我的原始人”展开严谨无比的深入分析。就在此时，官僚作风再度将我击倒在地。

庞然过时的法式行政体系加上非洲的文化氛围，足以打败全世界最勤奋的人。我的主人以对待无知笨蛋的容忍语气温和地透露，在还没弄清楚文件之前，我和我的“宝狮404”哪儿也不能去。到处都有宪兵驻守，他们除了检查文件，啥也不做。你无法预知碰到的宪兵是不是文盲，除非紧急状况，最好不要企图蒙骗过关。

因此，我拿着所需文件出发前往县府，展开生平最错综复杂、诡异的追逐游戏。他们告诉我牌照登记费是一百二十镑，经过一番免不了却不算严重的推挤，我拿到宝贵的牌照登记表，送到财政部，他们却拒收，因为上面没有两百中非法郎的印花(用来支付行政费用)。根据此地规定，印花只限当日有效，而且仅邮局的“包裹”柜台有售。但是邮局没有低于两百五十法郎面值的印花，我便贴上两百五十法郎印花。回到财政部，他们却认为此举不符办事规矩，必须交由督察裁决。悲哀的是，督察被“公事饭局”耽搁了，稍晚一定会回来。他一直没回来。

我看到一个宿命的富来尼出租车司机，同样在衙门里寸步难行，靠着穆斯林的信仰对抗逆境。他的重要战役是付电费，从一个办公室冲到另一个办公室，企图抽冷子逮住一个肯办事的人。办事人员对他越来越不客气，我想是在惩罚他的催促，毕竟我也不过才花了三个小时，就找到合格的人盖好章，可以进行下一阶段的公文跑件。第二天我重返财政部，回到最早的那间办公室，将手中的文件交出去，换来一式三份的表格；又经过数个小时的跑文，将这个一式三份的表格换成更多一式三份的表格，然后送到城的那一头盖章（中间只绕了一小段路去买所需印花）。这时，那个富来尼司机依然呆坐财政部，虔诚祈祷，相信唯有上苍的直接干预，他才能获救。我快步从他身边走过。

到第二天傍晚，我为了牌照登记大约已花了两百镑，即将结束我的漫长流浪。最早在县府接待我的人员满怀兴味地看着我，将其他人赶出办公室，请我坐下来。他展开大大的笑容说："恭喜你。多数人得花较长的时间才能办完。你带来文件、收据、申请书没？"我把这些文件统统交上去。他将它们收进公文夹里，戏剧万分地说："谢谢你。下个礼拜再来。"我吓呆了。他愉悦地笑着："牌照登记卡用完了，但是一两天新货就会来。"迹象显示我必须坚守立场，我使劲激烈争辩，终于拿到临时登记证，带着整摞公文夹离开他的办公室。

我在暴雨中开车绕道前往冈纳（Gouna），沿途平静无波。那是条碎石路，以当地的标准来看，已经算是相当好了。人们曾警告过我途中的“趣味景象”，所以我开得非常慢。从高原降到平原，气温陡升，好像驶进烤箱。在此区开车的一大危险是道路安全标志。譬如某些桥只容单线通车，为了确保驾驶减速慢行，官方会睿智地在桥头两端的路中摆上两排砖（那时尚无任何警告标示）。未能察觉这些谨慎措施的驾驶人常落得车毁人亡，河床上到处是报废轿车与卡车残骸。穿行乏味的灌木丛，寻找沿途的车祸新残骸是标准消遣。如果搭乘丛林出租车，看到车祸残骸，乘客中必然有博学多闻者能说出车祸故事：那边的卡车是从乍得入境，油箱爆裂，整辆陷入火海；那边是两个法国人骑乘的摩托车，当他们撞上减速砖块时，时速至少八十英里，整个人都被桥边栅栏刺穿了。

唯恐熟悉路径的驾驶过于轻忽，官方还会以花岗大石头标出路面松软之处，但是这些石头在暮色中几不可辨，有一次差点要了我和朋友的老命。

但是此刻赶着两百公里车程，我一切满意。这是我第一次近距离看到丛林、泥屋村落、热情挥手的孩童，以及路边成堆贩卖的山药。现在是七月底的雨季高峰，满眼尽是矮小的绿色灌木与青草，旱季里的森林火灾让大树无法成长。远眺处是哥德特（Godet）山脊，赤裸的花岗岩锯齿嶙峋，那是多瓦悠人居住的地方。

数个小时后，我抵达冈纳，遍寻不获地图上标示的加油站——它根本不存在。英国地图素来讲究陆地测量式精准，在景观呈现上，和我手中的法国地图大异其趣。法国地图很少有渡河处、教会尖塔等标记，而是大幅介绍餐厅与美丽景点。光看我的法国地图，会误以为轻轻松松便可从一处充满感官享乐的地方到达另一处。

进入泥巴路，前十英里还算平顺。道路两旁是大片照顾良得当的农田，间杂点缀着黑色灌木林。我肯定田里种的是玉米，结果是小米。终于，在道路两旁园子里满足地耕耘的正是我此行的目标——多瓦悠人。第一印象相当不错，他们对我微笑挥手，停下辛勤工作，眼睛追随我的车子，展开热烈讨论——显然是在讨论我是谁。然后道路越来越糟，逐渐变成大石遍布、凹沟深陷。我显然开离了大路。这时，两个小孩子急忙跑来，鞋子高举头顶，以防泥巴溅脏。他们会说法语，我如释重负。是这条路没错。但是路况很糟呀！它以前还不错。后来我才听说修路的预算神秘失踪，同一时间，副县长却买了一辆美国产的大车。但是路况太差，他无法驾车往返县城。真是报应不爽。两个学童说他们的学校就在前面路上，我很高兴载他们一程。当我们颠簸弹跳前进，沿路我又载了几个小孩，足足有七八个人呢！

终于遇见我的多瓦悠人，我反而不知该说些什么。“你们是多瓦悠人吗？”我问。惊人沉寂。我重复问题。他们同声怒吼，傲慢否认与那种“狗儿子低级民族”有任何关系。他们是都帕（Dupa）人，只有笨蛋白痴才会搞混两者。多瓦悠人住在山的那一边。我们的谈话骤然结束。又开了十几英里，学校到了，下车时，他们脸上依然带着被侮辱的表情，礼貌向我道谢。我继续往前行。

根据我的地图，波利（Poli）应该是个不小的镇。地图上未注明人口数，但它是副县城（sous-préfecture），有一家医院、两个教会、一个加油站与一个小机场。就连大比例尺的英国地图，也显著标注它的位置。我想象中，它大概和英国的切尔滕纳姆（Cheltenham）差不多大，只是建筑没那么辉煌。

事实上，它只是个小村庄。仅有的一条街道延伸数百码，两旁是泥屋与铝片屋顶。数百码后，这条街便后继无力，消失于矮树丛与旗杆后面。我转身四顾，企图寻找路的踪迹，但是没有，它就此打住。波利小镇有墨西哥西部城镇在午睡中的荒野气氛。几个衣衫褴褛的人在街上游走，瞪着我看。酒吧挂着锡制招牌，那是间惨淡的小屋，墙上的装饰是乐透彩券的广告与消除文盲运动的口号。它以抖擞的语气写道："文盲缺乏能力与信息，是国家整体水平提升的障碍。"我不知道文盲要如何阅读这个告示。酒吧空无一人，但是我跌坐椅上，等待，忧愁地望着道路前方的泥海。

举世皆然，酒吧是你具体感受城镇气氛与谎言幻象的地方，毫无例外。十分钟后，一个脸色疲惫的男人出现，告诉我呆坐无用，啤酒三个星期前便卖完了，新货可望在一天内抵达。现在，我已经摸透这种无可救药的"乐观病"，转身离去，前往新教会。

那是几栋锡顶房子（此间教会的典型建筑），教堂位于中间，由轻型方块砖盖成，上面有浪板铁皮的尖塔。教会负责人是眼神狂野的美国牧师，他与家人已经在此传教二十五年。它与恩冈代雷的教会同属一派，教会里的人亲切收容我，直到我在村子里找到住处为止。唯一令我困惑的是：每当我提到波利教会，人们马上岔开话题，谈丛林生活的辛苦、与世隔绝与闷热。直到我看到赫伯·布朗（Herbert Brown）牧师，才恍然大悟（这不是他的真名，你可以把他视为小说人物）。

一个奇怪的人影现身屋前，上身赤裸，露出便便大腹。他头戴遮阳帽，上面有大英帝国图记，与帽檐下的鲜紫色太阳眼镜形成不协调画面，手上拿着一大串钥匙与螺丝起子。打从我认识布朗牧师以来，从未听他完整说过一个句子，虽然他口操三种语言，短短四个字，便从英语说到富来尼语、法语又跳回英语，还不时以富来尼语咒骂、肢体动作、改变话题来打断原本就十分快速简短的句子。他的生活方式也类似如此。他可以突然放下经课，跑去最爱的车库敲打脚踏车钢圈；也可以把年迈失修、胡乱发作的发电机狠捶一顿，发电机还没有教训好，又跑去发放咳嗽药；半途可能又跑到园子里赶山羊，回去对会众发表讲道，抨击欠债的罪恶。这一团混乱还必定伴随尖叫与怒吼、绝望与挫折，脸色涨得猪肝红，让身旁人唯恐他一命呜呼。他强烈相信魔鬼的存在，因为他就深陷一场与魔鬼的个人殊死战。这解释了为何他的努力总是变成泡影。他进口的农耕机碎成破片、泵坏了、房子倾颓瓦解。他的生命就像一页与熵（entropy）[1]的对抗史——将就使用、修修补补、挖东补西、左支右绌、锯这砍那、搥打敲击——漩涡般无止尽。

因为如此，这个教会充满疯狂紧张的气氛，与邻近天主教堂恰成对比——那里宁静安详，一切有序。只有一位神父管理教会，手下两名修女负责分发药品。园子里甚至还种花呢！多瓦悠人对此有一解，他们说新教会的牧师是铁匠。在多瓦悠社会里，铁匠是隔离的阶级，与其他阶级的接触受到严格限制。铁匠阶级只能与铁匠阶级通婚，不能与其他多瓦悠人共食，也不能一起汲水或者进入他人的房子。铁匠必须与众人隔离，因为他们制造噪音、气味，说话还奇怪。

1　熵：热力学名词，后来用以引申代表系统的无序性与混乱度。熵越大，越混乱。

第五章

带我去见你们的首领

Take me to your Leader

非洲的一天早早便开始。我在伦敦时习惯八点半起床；这里五点半天光一亮，人们便开始运转。我被敲打金属声与尖叫声准时吵醒，猜想我的牧师邻居开始干活了。他们分配了一整栋旧而大的教会房子给我。当时我还不知道那是何等奢华；那是我最后一次看到自来水，更别提电力了。隔壁有个煤油冰箱，颇引起我的好奇，这是我第一次看到这种怪物。它是早年丛林生活的重要商品，后来因城里装了电力而变得稀少昂贵。煤油冰箱诡谲难测，乖张错乱，常会毫无预警自动除霜，毁掉你一整个月的肉品储存，或者吐出足以火焚人身的热气。煤油冰箱必须避免干燥、潮湿、地面不平，运气好的话，它或许愿意制造一点冷却效果。因为喀麦隆是多语言与混合语的国家，使用煤油冰箱还有其他危险。英国煤油、汽油经常与法国煤油、汽油精搞混。仆人将汽油加进煤油冰箱的事时有所闻，制造了大灾难。我偷偷瞄一下冰箱内容；里面小心堆放装着黄色大白蚁的纸袋；即便死了，白蚁看起来仍像在蠕动。我始终无法提起勇气大啖这种非洲佳肴，一次顶多只能吃个一两只，它们却是多瓦悠人的最爱。只要下雨，白蚁便蜂拥而出扑向灯火。捕捉白蚁的标准方法是在水桶里放一盏灯。当白蚁扑向灯火，翅膀一收，便掉入水中。肥胖的身躯可生吃或烤来吃。

经过一天休息，又到了与行政官员打交道的时候。恩冈代雷的教会曾提醒我别忘了向地方警察局报到，还要去晋见副县长（他是政府代表）。听从教诲，我带上所有文件，徒步进城。虽然距离不到一英里，但是白人“步行”显然是罕见怪行。有个人问我是不是车子坏了。村人冲上前来与我握手，吱喳说着不标准的富来尼语。我在伦敦时曾学过富来尼语入门，至少会说：“很抱歉，我不会说富来尼语。”这个句子我练习过许多次，说来快速流畅，更显得不可解。

警察局约有十五名宪兵，全副武装。其中一人正在擦拭半自动冲锋枪。司令官是南方壮汉，身高六点五英尺。我被召进他的办公室，他仔细检查我的文件。我到此的理由是什么？我拿出我的研究许可，那是一份盖满图章、贴满照片、颇震慑人的文件。当我企图说明人类学工作的性质时，司令官显得很不高兴。他问：“但是，人类学到底要干什么？”我徘徊在即席发表“人类学入门”演讲与简单解说间，最后选择了笨拙回答：“这是我的工作。”后来我才发现，像他这类官员大半生都花在执行毫无意义、注定无疾而终的各式命令，这个答案太令他满意了。他的眼睛在头巾下审慎地评估我。我突然注意到他嘴里含着一根针。他用舌头摆弄针的平衡，一会儿，针尾那头放在舌尖向外；一会儿，轻巧转弄，又将整根针收进嘴里，在里面灵巧调整，跑到嘴巴另一边，针头向外。吞回去，这回出来的又是针尾。看起来简直像蛇信，恐怖极了。我预感我有麻烦了。果然不错。他暂时让我过关，态度像恩赐流氓一条绳子，却只够他上吊自杀。他将我的名字与个人详细数据输入在大公文卷宗里，令我想起大使馆里那些黑名单档案卷宗。

副县长住在一栋建于法国殖民时代、潮湿且外墙剥落的房子。外墙罅隙与裂缝长满苔藓与霉。他原本在城外山上盖了一栋辉煌的新宫殿，但是现在它空置山头，冷气没用过，瓷砖地板也没人踩踏。针对这个现象，有几种解释。一说副县长贪污，政府因而没收此房子。我与多瓦悠人混熟了后，他们告诉我另一个版本。这栋房子位于多瓦悠人的古葬场上，多瓦悠人抗议无效，也未威胁副县长，没这个必要，他们了解祖灵。他们只告诉副县长，他搬进新居的那一天就是他的死亡之日。不管哪种故事版本，总之副县长没有迁进新居，注定要从老房子的窗口哀怨地望着新屋。

一位郁郁不乐的仆人听了我的求见理由后，带我进去。看到他跪下来禀报副县长，我大吃一惊。

之前，便有人告诉我可以送雪茄做礼物。我规矩奉上，他优雅收礼，雪茄瞬间消失于飘逸的袍子里。我仍直挺挺站着，仆人也仍跪在地上，副县长坐着。我的文件再度被严密检查。我开始担心离开喀麦隆前，这些文件就会翻烂了。他冷淡地说：“不行。我不能让你待在波利。”这真是一大挫败。我原本以为这只是礼貌性拜会。我小心翼翼强调：“但是雅温得给我的研究许可准许我待在波利。”他点燃我送的雪茄：“这里不是雅温得。你没有我的许可。”此刻如果拿出钞票贿赂，显然不礼貌，尤其那位可敬的家仆仍跪在地上，仔细聆听每句话。我坚持：“如何才能获得您的允许？”他说：“县长的信。免除了我的责任，就可以了。你可以在加路亚（Garoua）找到他。”他转身，埋首公文。会晤就此结束。

回到教会，布朗牧师似乎认为这个结局证明了他的悲观主义。对我的不幸，他掩不住感动与雀跃。他怀疑县长真如他们所言在加路亚，就算如此，我也未必见得到他，更何况他可能去了首都，数个月后才能回来。布朗牧师的生活充满诸如此类的不幸。他咯咯笑着走开，没有希望的，这里是非洲！

我估算自己还有足够的汽油可以开到百英里外的加路亚，决定明日一早便出发。

第二天我踏出房门，讶然发现屋外挤满自信期待的脸孔，准备和我一起上路。在非洲，此类消息究竟如何散布，始终是神秘的谜。西方人永远无法理解他的一举一动如何被密切注意。光是检查油表便可招来连番的搭便车要求。多瓦悠人绝不接受

“不”。不少人批评欧洲人是家长心态，其实他们并不了解非洲多数地方存有一种传统的“富人与穷人”关系。替你工作的人不只是你的雇工，你还是他的保护者、赞助人。雇佣是种开放的关系。如果他的太太生病了，这是他的问题，也是你的问题，你必须尽可能帮助她痊愈。如果你有东西不要，他有优先拒绝权，之后你才能给别人，否则便是不礼貌。你几乎无法在自身的利益与他的私生活间划清界线。稍不小心，欧洲人便会深陷范围宽松的各式亲属义务中（除非他的运气很好）。如果一个雇工称呼你为“父亲”，那是危险征候。接踵而至的一定是聘金未付或牛只死亡的悲惨故事，如果你不帮忙他解除一点负担，就是背叛。何谓“我的”与“他的”，两者界线随时可以谈判改变，而谈到攀附富人、从中尽量获利，多瓦悠人可是不逊任何人的专家。多数雇佣摩擦来自对“贫富”关系的欠缺理解，导致双方对条件各有解释。西方人总是抱怨雇工（现在大家不再称黑人仆佣为“男孩”或“佣人”）鲁莽、厚颜，因为他们期望雇主照顾他们、次次帮他们解危。刚开始时，碰到类似今天的状况，我也是困惑不已。我似乎无法随意行动，凡做任何事、去任何地方，后面一定拖着庞然重担。如果你让人搭便车进城，会更苦恼，因为接着他会期待你资助他在城里的吃住，如果拒绝，他便懊恼。毕竟，你将他载到陌生地方，却弃之不顾，这是不可思议之事。

但当时我是第一次让人搭便车，什么也不知道，能载几个便载几个。再一次，欧洲想法与非洲想法大大不同。根据当地标准，一辆车坐六个人，根本是空车。如果你坚称塞不下了，会被斥为胡说八道。当我摆出非洲人预期的欧洲人坚定态度，成功拒绝塞进更多人后，却懊恼发现他们拉出妥密藏匿的各式行李，统统以随身携带、内胎割成的橡皮绳绑在车顶上。

经过这番长时间的拖延，我终于出发了。车子喘气咆哮，向加路亚前进。旅人的各式特色开始显现。多瓦悠人不爱旅行，对汽车颠簸反应激烈。不到十分钟，便有三到四名便车客大吐特吐，搞得全车都是秽物，他们根本懒得开窗朝外吐。当我们终于抵达关哨，我早已疲累不堪。白人独自旅行不会引起警察注意，如果拖着一大群非洲人，便值得关注了。关哨警察对我的动机与行动非常感兴趣。

护照上的“博士”两字比任何东西都有效，迅速解除他们的疑虑，我的乘客便没那么幸运。当我忙着向警察解释为什么没有牌照登记证，并亮出我深谋远虑从雅温得带来的卷宗档案时，我的乘客正忧郁地排成一行，被要求出示过去三年的缴税收据、身份证、全国唯一政党的党证等等。可想而知，他们并非样样具备，我又被进一步耽搁。显然午休之前，我什么事也办不了。

加路亚是个奇怪城市，位于景观乏善可陈的贝努埃河（River Benoue）畔，此河雨季时奔腾如密西西比河，旱季则变成潮湿沙地。加路亚城的生计全赖任性多变的贝努埃河，从满城悬挂如烟幕的鱼干便可窥知。鱼干是本城的主要工业，另外两项产业是啤酒与行政机关。对多瓦悠人而言，啤酒是特别的销魂物，他们尤其热爱法国殖民时代留下的“三三牌”啤酒。“三三牌”啤酒的特性是让你直接由清醒掉入宿醉，中间毫无微醺与酒醉阶段。从啤酒工厂的落地玻璃窗，你可以看到啤酒瓶无人操作，自动滑行穿过一个个生产过程。多瓦悠人对此尤为着迷，可以数个小时连续观赏此一奇观。他们以“葛思”(gerse)形容啤酒制造过程，意指“奇迹”、“神奇”、“神妙”。这是我第一次听到这个词汇，谁知它日后会深深勾起我的人类学兴趣。“葛思”也是多瓦悠人丰富的暗喻来源，用以比喻最形而上的概念。多瓦悠人相信轮回。他们解释：轮回过程就像加路亚的啤酒。人是啤酒瓶，必须注满灵魂。死亡后埋葬，就像空酒瓶送回工厂。

满怀忧惧，我现在认为就算我能见着县长，也得等上好些天。一种冷静的宿命情绪降临我心。事情该拖多长，就得拖多长，担心也没用。田野工作者的特征包括心情要能随时换挡，一旦面临上述情形，就切换心情，让事情去自生自灭。

我初次进城，还不认识可以招待我的人，只好先住进旅馆。加路亚有两个旅馆，一个是现代化的诺瓦提连锁旅馆(Novotel)，专门针对观光客，住一晚起码三十英镑。另一个是老旧的法国殖民时代建筑，要价不及诺瓦提连锁旅馆的零头。后者显然比较符合我的风格。它由独栋木屋组成，茅草屋顶，家具布置罕队化，但是有水有电，显然是为派驻远方、寂寞无聊、酷爱阳光的法国军官而设，提供他们休息与娱乐。木屋外有极大的阳台，高贵的房客可以坐在阳台饮酒，望着太阳缓缓沉下树梢。此情此景浪漫异常，让你无法忘怀非洲的存在，因为邻近的动物园传来阵阵狮吼。

就是在这间旅馆，我初次邂逅后来被封为“枯伊女士”的某位非洲女人。不知为什么，加路亚的气温硬是比波利热上至少十度，又因紧邻贝努埃河，蚊虫肆虐。与尽情呕吐的多瓦悠人共处一车后，我渴望洗个澡。才站到莲蓬头下，门上便传来阵阵刺耳的搔抓声，不管我如何询问，对方就是不响应，仍执意抓门。我围上浴巾，打开门。门外站着一个超级肥胖、五十好几的富来尼女士。她状似害羞地傻笑，一边用尺寸惊人的脚在地上画着圆圈。我问：“什么事？”她做出喝水的动作：“水，水。”我大启疑窦，却又模糊想起沙漠人的好客之道。当我还在衡量轻重时，胖女人已经沉着穿过我的身畔，拿起玻璃杯，到水龙头下装水。令我恐惧万分，她居然开始解开大如帐篷的衣裳。服务生偏偏选在此时替我送来肥皂，误解情势，一边喃喃道歉，一边退出房门。我陷入一场闹剧中。

幸好，我在“东方与非洲研究学院”选修的一点点富来尼语帮了大忙。我大喊：“我不要。”极力否认我对这个女人有任何肉体接触的欲望（她令我想起“劳莱与哈台”里的哈台）。共同默契下，服务生抓起她的一只手臂，我抓住另一只，将这位胖女士架出门外。但是她不相信自己的魅力不被激赏，每小时回来一次，在我门外徘徊，嘴中不断喊着“枯伊，枯伊”，好像呜咽恳求的猫儿。最后我实在厌烦了。显然她和旅馆管理人员沆瀣一气，我只好自称是神父，派驻丛林里，是来城里晋见主教的，实在无法苟同这般闹剧。闻言，旅馆人员既吃惊又困窘；从此，胖女人便不再骚扰我。

这个故事后来成为多瓦悠人的最爱。他们夜间有营火会，主要娱乐便是扯淡。我叫助理协助我练习说“富来尼胖女人的故事”，每当我讲到“枯伊”的部分时，多瓦悠人便尖声大笑，抱膝在地上翻滚。这个故事对建立关系颇有帮助。

相较之下，第二天我与县长的会面真是反高潮。我被直接带进县长办公室，他是个高大黝黑的富来尼人，倾听我的问题后，拿起电话口述一封信，一边和气地与我聊天，讨论政府在异教徒区域建校的政策。秘书将信拿进来，他签了名、盖了章，祝我幸运与“不屈不挠”。有了此项武器，我返回波利。

首要之务是找个助理，然后开始学习多瓦悠语。诡异的是，你在民族志记录里总是看不到人类学者助理这号人物。旧神话将身经百战的人类学者勾勒为独行侠，进入一个聚落，打理好住处后，便在几个月内“自然学会”当地语言。民族志文献至多提到通译，但是通常几个星期后，人类学者也不再需要他们的服务。这种神话与所有语言学经验完全背道而驰。在欧洲，一个人可能在学校修了六年法语（还有语言学习器材的辅助），去过法国、浸淫于法国文学，但是碰到紧急状况，还是说不出几句法语。一旦置身田野场，他顿时变成语言学奇迹，没有合格老师指导、双语教材、文法与字典，却能马上学会一种对欧洲人而言远比法文难的语言。最起码这是人类学者企图给人的印象。除了当地语言外，人类学者不免要借助混合语甚至英语，文献也不曾提及这些。

状况很清楚，我需要一个会说法语的多瓦悠当地人，这代表他上过学。根据多瓦悠兰的情况，受过教育代表他是基督徒。这是个缺点，因为传统信仰才是我感兴趣的研究领域。但是别无选择，我决定去找当地的中学，看看有没有合适人选。结果，我根本没去成。

因为我已经被“预订”了。一个正在波利教会受训的传道师知道我要找助理，正好他有十二个兄弟。他以罕见的企业家嗅觉，马上将十二名兄弟从二十英里外的丛林村落动员到我面前，一一介绍给我。这个厨艺好、个性佳，可惜不会说法语。那个会读会写，身强力壮，可惜菜烧得糟透了。还有这个是好基督徒，很会说故事。看来，他的每个兄弟都有伟大优点，而且价钱极为低廉。最后我同意暂时试用一个，选择了法语说得最好、能读能写，却完全不会烧菜的。当时我便发现那个传道师才是最理想人选，可惜他有工作在身。后来他因淫乱好色被逐出了教会。

时候终于到了（已经拖延了太久），该搬进村落里了。多瓦悠人分为两类：山地与平地。每个我咨询过的人都建议我住在平地的多瓦悠人聚落。他们比较不野蛮，多数会说法语，生活用品供给也比较容易。山地多瓦悠人则野蛮，难相处，崇拜魔鬼，什么也不会告诉我。根据此类信息，人类学者只能有一种选择——住进山地多瓦悠人村落。距离波利镇九英里外便是孔里村（Kongle)，虽然位于两座山间的平原，却是山地多瓦悠人村落。他们说那里有个固守传统的老人，拥有来自祖先的神秘知识。通往孔里的路差堪可行，我决定搬到那里住。我与新助理马修商量。他听到我要住到丛林里，吓坏了。这表示我不会有漂亮房子与其他仆人？是的。但是我不会住到孔里吧——那里全是野蛮人。我应当交给他办，他可以找父亲商量，他是平地多瓦悠人，一定可以安排我住到教会附近。我再次向他解释人类学工作的性质。在这之前，唯一的类似工作是语言学者建立的工作站。他们到此研究多瓦悠语，花两年时间盖了一栋漂亮的水泥房屋，所有供给都是飞机送来。马修丧气地发现我的研究规模实在寒酸。他的地位高低全系于我，所以他总是不忘提醒：他的尊严滑落都是因为我对不起他。

终于要展开初步接触。依据马修的建议，我带了一些啤酒与烟草，出发前往孔里。路况不算太坏，但是两条河令我不安，后来也证明它们实在讨厌。我的车子常常到了河中央就开始出毛病，原本也没什么了不起，只不过这两条河很容易在暴雨时变成滚滚山洪。此处的山都是花岗岩，下雨时，雨水直直冲刷下山，在河谷掀起狂涛。此刻道路两旁人们忙着耕作。他们停下农活，瞪视我们驱车而过。有人转身逃逸。后来我才发现他们以为我是副县长派来的人。对多瓦悠人而言，外人是麻烦。马路到了山脚戛然而止，成排的小米梗与仙人掌后面，就是村落了。

多瓦悠小屋是圆形泥屋建筑，屋顶成圆锥状。这种房舍以乡间的草与泥巴建成，美丽如画，对受够丑恶城市的人而言，真是一大纾解。泥舍屋顶攀爬着长瓜，好像英国乡间小屋玫瑰攀爬。马修带路，我进入每个多瓦悠村必备的圆形广场。它是村人的公共聚会场所，也是法庭，也是各式重要神坛的所在，宗教仪式在此举行。它后面是第二个圆形广场，圈养村人共有的牛只。我们穿过广场，进入酋长的院落（compound）[1]。严格来说，“酋长”（chief）并非精确的称谓：多瓦悠社会并没有一般定义中那种握有权力与威权的酋长。是法国殖民政府创造了所谓的酋长，希望透过这些“领袖”统治子民与税收。以前，多瓦悠社会的酋长称为瓦力（waari），依据分类，他只是有钱人，

1 院落是家户生产单位。通常是数个独栋房屋与谷仓构成，中央有块空地。院落群体（compound group）的核心是一男性长老，担任群体的头目。他有几位妻子，通常每位妻子在院落中都有自己单独的茅屋。典型的院落群体含有头目的未成年孩子，以及已婚的儿子与其妻小。这个扩展式家庭（extended family）有时还可包含头目弟弟的家庭。虽然住在单栋茅屋的每位太太及其子女构成个别的家计单位，但是较大的院落群体才是日常生活与共同经济的中心家计单位。详见Roger Keesing，前揭书，第444—445页。

也就是拥有许多牛只。因此他有能力主办各种宗教祭仪（这是宗教生活的重心），穷人借着与酋长攀亲带故，可以完成自己无力举行的祭典，因此酋长是非常重要的人。有些酋长师法此地的强势部族富来尼人，自抬身价，即使面对族人也拒绝说多瓦悠语。听到母语，却装出听不太懂的样子。因此，当我拒绝和其他白人一样说富来尼语，坚持要学多瓦悠语时，他们颇为吃惊。有些酋长还模仿富来尼贵族的富丽威武阵仗，身上佩剑，有专人为他们撑红色遮阳伞。部分酋长还有赞美歌者，走在前面击鼓唱歌，陈腔滥调颂扬主子的特殊成就与美德，全都使用富来尼语。

孔里的酋长是另一种极端。他鄙夷此种文化沦丧的多瓦悠人，坚持只以母语和族人交谈。我们戛然止步，我面前跪着一个裸露上身的女人，双手交叉盖住只有少数树叶遮蔽的下体。马修低语："她在迎接你，跟她握手。"我依言照办，她开始前后摇晃，不断以富来尼语低吟"谢谢你"并拍掌。墙内与房屋闪现鬼祟的脸孔。接下来的场面让我大为窘迫，一个小孩突然端出一张折叠椅，放在庭院中央，要我坐在椅上。庭院里空无一物；我一个人堂皇孤坐，很像殖民时代照片里那些僵硬、典型的英国人。非洲多数社会非常强调身份地位的差异；非洲人也爱大张旗鼓凸显上下有别。他们以一种西方人无法消受的方式匍匐在地、立正行礼、下跪、鞠躬；拒绝接受此种致意是极为失礼之事。刚到孔里时，如果我与他人平坐在等高的石头上，立即引起极大难堪。村人会想尽办法重新安排，以便我坐得比他们高，或者让我坐到席子上，虽然比坐在石头上矮，但有身份的人才可以坐席，也算可以接受的折衷。

此时，寂静越发窒息，我觉得有义务说点什么。我曾说过田野工作的乐趣之一是让你有机会使用日常根本用不到的词汇。我大喊："带我去见你们的首领。"[1] 如实翻译后，他们说酋长在田里，马上回来。

祖帝保（Zuuldibo）酋长后来与我成为好友。他大约四十出头，总是满面笑容，有发福的倾向。他样貌堂皇，身着富来尼长袍，配剑，戴太阳眼镜。我顿时明白不管他方才人在何处，反正绝不会是田里。没有人耕田会穿得如此体面；更何况，祖帝保一辈子没碰过锄头。他认为农耕这回事无比乏味，只要听到人们提起农活便满面痛苦。

我开始事先准备的演讲，描述我从非常遥远的白人国度来此，因为我听说了多瓦悠人的好，孔里人尤其善良温和。演讲进行得很顺利。我希望与孔里人共同生活一段时间，学习他们的语言与习俗。我努力说明自己不是神职人员，刚开始，他们根本不相信，因为我住在教会，他们也认出我开的是教会的车子。我强调自己和官方无关，也没人相信，因为有人看到我去

1　作者此处是在讲圈内双关语，基辛在《当代文化人类学》的《政治组织》一章说，人类学者研究每个小区都会遇到"政治"的过程，往往一到田野场就说："带我去见你们的领袖。"详见Roger Keesing，前揭书，第514页。

找副县长。我又说我不是法国人，这点他们完全不懂，对多瓦悠人来说，白人都一样。尽管如此，他们还是礼貌聆听，不时点头低语："很好"、"是呀，是呀"。很快的，酋长同意我在一周后可以搬进村里，他会帮我与助理张罗一间泥屋。我们一起喝了点啤酒，我奉上烟草。每个人都兴奋极了。当我离去时，一个老女人趴在地上抱住我的腿。我问："她说些什么？"马修咯咯笑着："她说上帝派你来聆听他们的声音。"这个起步远比我想象的要顺利得多。

接下来的那个星期，我又去了城里一趟，采买用品与烟草。多瓦悠人喜爱尼日利亚黑色烟草，它在多瓦悠兰的售价是城里的四倍。我买了一大袋，准备酬庸报告人。我的财务状况依旧很紧。离开英国前，我曾安排我的薪水直接由英国汇到喀麦隆。因为钱来自英国，所以会先汇到英属喀麦隆的旧都维多利亚[1]，转雅温得到恩冈代雷，最后才到加路亚。结果这笔钱根本没到；维多利亚的银行直接扣除百分之十的手续费，便把钱退回英国。这让我咬牙紧撑，债台高筑，欠教会很多钱。你无法和维多利

1　一次大战后，喀麦隆被英、法占领。1914年，西喀麦隆成为英国托管地，东喀麦隆则成为法国托管地。1960年，东喀麦隆独立，成为"喀麦隆共和国"。西喀麦隆独立运动则分为两派，一派主张统一，另一派主张并入尼日利亚。1961年在联合国监督下举行公民投票，西北喀麦隆决定并入尼日利亚，成为尼日利亚的一省。西南喀麦隆则与喀麦隆共和国统一，成为"喀麦隆联邦共和国"的一邦。1972年再度举行公投，成为单一的国家，恢复国名为"喀麦隆共和国"。

亚的银行联络；写信，他们置之不理，电话也不通。

就在进城时，我首度感染疟疾。我在离城时出现初期症状，微微感到晕眩。返抵波利镇时，眼前已出现重叠影像，几乎看不清路。陷入高烧，还伴随阵阵颤抖与肚子火热绞痛。

疟疾的可悲在它会让括约肌失能；当你站直身体，便尿在脚上。更糟的是疟疾药千百种，有的是预防性质，有的才是治疗药。不幸的，我吞下的并非治疗药，使我的病况更糟，持续高烧，变成抽抽噎噎的病夫。布朗牧师过来探视，欣然于我的病骨支离，给了我一些疗药，警告我："在这里，没什么东西保证有效。"结果居然有效。让我及时颤巍巍按原定时间搬进村里，但是在那之前，连续好几个高烧不退的夜晚，我都饱受天花板洞穴飞下的蝙蝠侵扰折磨。我看过不少文章盛赞蝙蝠的飞行能力超级优秀。一派胡言。热带蝙蝠飞行总是迎头撞上障碍物，制造可怕的碰撞噪音。它们特别擅长迎面撞墙，扑翅掉在你的脸上。依照我的"田野必备"名单，我会强力推荐网球拍；迎战满屋蝙蝠，它具有毁灭性效果。除此之外，布朗牧师还拨冗驾临，告诉我蝙蝠携带狂犬病毒。这对我的高烧梦魇贡献良多。

直到我打包准备走人，才发现生病时，有人潜入我的房子，偷走了大半食物。

第六章

你的天空清朗吗？

Is the sky clear for you?

连番试炼与苦难，我终于抵达“我的”部落，有助理协助，有纸有笔。经过那么多障碍，可以开始“做人类学研究”了，我突然一阵惊惶。我越是沉思，越是发现自己对“人类学研究”一无所知。如果要我勾勒人类学研究的图像，我会完全不知道主角要干些什么。浮现脑海的可能是一个人正在爬山（前往“做人类学研究”的途中），或者在写笔记（已经“做完研究”了）。显然，“学习外国语”必须包含在人类学研究的广泛定义里。与多瓦悠人聊天也应算是人类学研究。

但这并不容易。首先，我一句多瓦悠语也不会。其次，今早村里并无多瓦悠人；他们全去小米田里工作了。一整个上午，我忙着搞东搞西，试图让我的茅屋变成有效的工作场所。

祖帝保酋长慷慨赐借侧院落（side-compound）的一栋大茅屋给我，紧邻他的两个太太与弟弟。许久之后，我才知道此举代表他对我的高度信任，通常唯有心爱妻妾的家人才可以分配到这个位置的茅屋。前任屋主留下一堆无可辨认的东西，箭镞与矛被塞在草堆里（让我想起金斯莉在芬族部落时，曾在茅屋里发现一只人手）。我将这些杂物清除干净后，把配备挂到屋梁上，包括一幅从首都买来的波利镇地图。对多瓦悠人而言，地图是神奇之物，他们始终搞不清楚它的道理。他们要我在地图上指出我去过的村子。我指出来后，他们又要我说出那里居民的姓名。他们不明白我为何指得出村落位置，却无法说出村民的名字。

为了表示对我恩宠有加，酋长请人送来两张我初次造访时看到的那种折叠椅。后来，我发现这是村子仅有的折叠椅，每当有大人物造访，就得送回酋长的茅屋。因此它们就在我们两家间来来去去，令我想起大学时代与三位同学共享的晚餐外套[1]。

茅屋内仅有的家具是一张硬土床，那是我睡过最不舒服的床。我不惜斥巨资买了塞了棉花的薄床垫，酋长对此颇为觊觎。他最大的梦想便是一张好床。他向我透露希望死在一张可以传给儿子的铁床上，“不用担心白蚁蛀食，”他咯咯笑说：“白蚁咬到铁柱，保证抓狂。”

1　英国某些大学规定，学生与学校主管或教授正式在学校餐厅用餐时，必须穿着正式外套。

头三个星期，大雨倾盆不停。空气异常潮湿，墙壁长满霉，我十分担心相机镜头受潮。大部分时间，我都在学习多瓦悠语的基本规则。一般非洲人多操双语或三语，但是他们全在社会环境里自然学习，从未刻意学习任何一种语言。要求他们记录一个动词的所有时态、形式、陈述语态，以便了解此种语言的全部系统，对他们而言是崭新经验。他们从小学说话，轻而易举便可从一种语言转换到另一种语言。

多瓦悠人全然不了解他们的语言对欧洲田野工作者是多大挑战。它是一种音调语言（tonal language），一个字的音调高低可以完全改变字义。多数非洲语言为两声，多瓦悠语则为四声。一声与四声颇易辨认，二声与三声却相当不易。更惨的是，多瓦悠人会将音串连，形成滑音，一个字的音调因而受到相邻一字的影响。此外还有方言的困扰，某些区域在使用不同字汇与句子构造时，也必须使用不同音调。最重要的是相对音调。一开始，每当我与女人说话，再转和男人说话便发生困难，因为后者的高音约等于前者的低音。最令我挫败的是日日为之的问候语。只要我遇到多瓦悠人，便须问候他。这没问题，我已经请助理帮我反复练习："今日，你的天空可清朗？""非常清朗，你呢？""我的天空也很清朗。"不管碰到谁，都得重复这段问候对话。英国人吝于这类仪式，认为纯粹浪费时间，但是多瓦悠人可不像我们如此忙碌，遭到冷淡对待，便觉受辱。有时我会蠢笨加上两句："田里如何？"或者"你打远方来吗？"

对方马上脸色一沉，茫然不解。此时，我的助理便会快步向前，重复一句在我听来和刚才一模一样的话。对方随即脸色一霁：“哦，我明白了。但是他怎么不会说我们的话？他不是已经来了两个星期？”

多瓦悠人对自己的母语评价极低，多数酋长拒绝使用此种原始、不雅，是只比动物鸣叫略高一等的语言，因此他们不懂为何有人学不会它。可想而知，他们也是糟糕的语言学报告人。多瓦悠人喜欢说通用的富来尼语。我在伦敦时，靠着学习辅助器材、字典与手册，曾学过一点富来尼语。但人类学传统强调母语，非母语提供的数据“不算数”。事实上，我也发现以富来尼语搜集来的资料错误百出，创造出所谓的“铁匠、仵作、理发匠、割礼人、疗者”等不洁行业，与多瓦悠人的分类概念不符。依据我以前读到的资料，这些不洁行业都由同一人为之，祭司则与其他阶级隔离。事实上在多瓦悠社会里，铁匠才是最受隔离的阶级，其他“不洁”工作则分属各阶层。此外，多瓦悠人在一起时通常不说富来尼语。只有一位村民例外，即便与朋友一起都拒说母语，但他也成为自食恶果的典型笑话。当他与村人一起在田里工作时，他会大声抱怨：我这个高贵的富来尼人，为何沦落到与野蛮的多瓦悠人一起耕作？他巨细靡遗批评这个狗儿子民族的诸多缺点，听者越听越好笑，歇斯底里倒地翻滚，喘不过气来。每当我坚持用破烂的富来尼语和他说话，娱乐效果更佳，好像唱双簧一样。

过度仰赖富来尼语有许多缺点。我可以用富来尼语访问，但是深入交谈则绝对避免。多瓦悠人说的是一种劣质富来尼语，省略所有不规则变化，并更改字义以符合多瓦悠人的概念。你必须先熟悉他们的母语，才能将这些预防“隔墙有耳”的变化抓出来。

有一次，我攀山到多瓦悠兰最远的边界。那里有许多小孩从未见过白人，看到我便恐惧尖叫跑开，大人安抚他们说我是孔里来的“白人酋长”。我们一起抽烟，笑谈孩子的无知恐惧。通常我不抽烟，但是我发现一起抽烟、分享烟草可以创造社交亲密感。当我离开时，一个女孩放声大哭，抽噎说：“我要看他脱下皮肤。”我将这句话记在脑海，准备回去后问助理。通常这种状况，我可能是听错字的音调或者搞错同音异义字。但是当我询问助理时，他却异常窘迫。我拿出专门应付这种场合的奉承态度迎合他，给予他全副注意力——多瓦悠人常被邻近部族讥为野蛮，只要感觉别人不看重他，马上守口如瓶。马修百般不情愿，最后才吐露，多瓦悠人认为长居于此的白人是多瓦悠巫师转世。白皮肤是我们的掩饰，底下的皮肤是黑色的。我晚上就寝时，有人看到我脱下白皮肤挂在墙上。当我到教会与其他白人会面，我们会在夜里拉上窗帘，锁上房门，脱下白皮肤。马修边以嗤之以鼻的口吻说他一点也不信，眼睛却不停在我身上梭巡，深恐我当场变成黑色。多瓦悠人会有此种想法，显然因为西方人过度重视隐私。

这也解释了多瓦悠人为何对我学习语言的缓慢感到困扰，我已在此居住数月，却学不好多瓦悠语，一定是企图掩饰我的多瓦悠本性。大家都知道我如果专心想学什么，没有不成功的。我为什么老要假装不懂多瓦悠语？直到一年后，我第一次听到多瓦悠人称呼我为“我们的白人”，骄傲之情油然而生。我相信他们之所以接纳我，是因为我不放弃学习此种不完整且高度被低估的语言。

然而，这都是后见之明。初抵孔里的三个星期，我只知道自己在学习一种超难的语言，一个村人也不见，大雨下个不停，我觉得虚弱，无比孤寂。

面临此种情境，我和多数人类学者一样遁入资料搜集中。我相信人类学论文之所以充斥资料搜集，并非源自它具有高度价值与趣味，而是来自“凡有疑惑，便搜集事实”的态度。某种程度而言，这是可理解的研究进向。田野工作者无法预知哪些事实到头来很重要，哪些不重要。一旦他将某些事实记录在笔记本里，写论文时便很难舍弃不用；他会记起搜集此项资料时，他在大太阳底下跋涉了多少英里，花了多少小时才逮住正确的人。此外，过滤资料会对你正在做的研究形成预设观点，但是多数人类学论文的动机只在“写论文”，并无其他。

所以，我每日带着烟草与笔记出发，到田里踱步，估算农作物产量、计数山羊数目，做一些不相关的事，至少可让多瓦悠人熟悉我奇特、莫名的行事风格。现在，我已经开始记得他们的名字了。

不少文章写道：人类学者被研究对象“接纳”，那些作者理应心知肚明是胡说八道。他们甚至暗示：一个陌生民族到头来会全盘接纳来自不同种族与文化的访客，并认为这个外来者和本地人并无两样。很悲哀的，这亦非事实。你顶多只能期望被当成无害的笨蛋，可为村人带来某些好处。人类学者是财源，能为村人带来工作机会。三个月后，我的关系面临转折点，酋长威胁收回茅屋。讨论许久，最后我同意最好的方法是我自行建屋。这耗掉我十四英镑大洋，雇用割礼人的儿子与疗者的侄子建屋。割礼人是酋长的兄弟，他的儿子向他力保我的真诚，并教我如何打猎。疗者的侄子则介绍我认识他的叔叔。我的车子自然成为村里的救护车与出租车。女人随时可以向我借洋葱、盐巴。连村里的狗都知道我心肠软弱，群聚在我的茅屋前，大大地激怒了我的助理。制陶匠与铁匠的生意空前大好。我的莅临提高了酋长的地位。他永远不忘提醒我他受邀参加各式庆典的时间，好让我免费载他一程。对那些口袋空空却满怀期望的人而言，我就是他们的银行。急着为脚踏车、煤油灯汰换零件的村人，都知道找我代办。而我，还是病人的良药。

当然，我也有缺点。我吸引外人进入村子，这是不好的。我常以蠢笨问题累死主人，还拒绝理解他们的答案。我可能将所见所闻泄漏给外人知道。此外，我常捅娄子，让大家困窘不堪。譬如一次，我问某男人他出猎前是否停止行房。问题本身没问题，重点是他的妹妹就在旁边。一听到此问题，他们尖声大叫，起身弹往不同方向。稍早前，我才和三个男人坐在茅屋聊天。突然间，茅屋空无一人，只剩我的助理抱头呻吟。数个星期后，村人仍在窃窃私语我的猥亵之举。

我的语言能力低落构成一大威胁。多瓦悠语言里，猥亵与正常只是一线之隔。音调稍加改变便会改变疑问质询，使正常句变成问句，还是最猥亵不堪的字眼，如“屄”。我常令多瓦悠人错愕捧腹，说出：“今天，你的天空可清朗，屄？”我的麻烦不止于“阴部问句”，还扩及饮食男女的诸种问题。有一次酋长召我去他的茅屋，介绍我认识祈雨巫师。我已经央求酋长好几个星期，请他安排此次重要接触。我们礼貌交谈，互相试探。此次会面，理论上，我不应知道他是祈雨巫师；我才是被访问的人。我猜想他很满意我的谦卑态度，同意让我去拜访他。我急着离开，因为我买到一些肉（这是这个月来我第一次吃肉），却将肉交给助理保管。我起身与祈雨巫师礼貌握手，说：“对不起，我家里正在煮肉。”至少，我认为我是这么说的；却因音调错误，一脸错愕的宾客听的是：“对不起，我要去和铁匠的老婆做爱。”

孔里人很快便成为翻译专家，懂得将我的错误句子翻译成正确句子。因此，我始终不知道自己的多瓦悠语真有长足进步，还是他们学会了我的特有混合语。

直到今日，我仍深信我对多瓦悠人的最大价值在“新奇”。

如果你认为无聊乃文明特有产物，那是大错特错。非洲村落生活乏味至极，不仅习于日日声光刺激的西方人觉得如此，连村人自己也觉得。芝麻绿豆的小丑闻会被一再讨论爬梳，任何新奇事物都不被放过，只要可以打破日常老套的，都被视为单调生活的一大调剂。人们喜欢我，是因为我有娱乐价值。没人知道我会做出什么事。或许我会进城，带回新奇东西或故事。或许有人会来拜访我。我可能会去波利，发现啤酒来了。或许我又会闹笑话。我是永不枯竭的话题来源。

为了打发时间，我已经变尽各式无聊花样，是该正常过日子的时候了。第一要事是早早起床。每年这个时候，孔里人为了提防牛只践踏收成，都睡在田里的遮棚。理论上，多瓦悠人每天都要赶牛回村里的畜栏，他们却甚少如此。传统上，赶牛是孩童的工作，现在他们都上学去了。结果是牛儿随意漫步田埂，蹂躏作物。多瓦悠女人知道如果牛只践踏了她的田，代表她偷人，丈夫可以痛殴她一顿，因此特别小心守田。为了防止来年粮食受损，有时孔里人好几个星期才回村里一趟，第二天又一大早离去。

因此，我努力在天色破晓便起床，出外问候村人。“问候”是非洲重要传统，包括素不相识的人到你家，一坐数个小时，聊尽所有话题。坐不暇暖极为失礼，因此大家搜索枯肠、一再重复相同话题——农作、牛只、天气。这类聊天对新手而言颇有好处：使用词汇不多、句型简单，有时还会出人意表，说出心中默背已久的完整句子。

一旦我完成了大家都满意的“问候”礼节后，便可以准备早饭了。在多瓦悠兰，吃饭是个大问题。我有一个同学曾在南喀麦隆的丛林地带工作过，屡屡谈到各式佳肴美食。香蕉长在自家门前，走在路上，酪梨从天而降，肉类供应不虞匮乏。不幸此刻，我比较接近沙漠而非丛林。多瓦悠人酷爱小米。他们不吃其他东西，唯恐生病。他们镇日谈的就是小米：他们以小米抵债，用小米酿啤酒。如果有人奉上稻米或山药，他们也会吃，却满怀遗憾它们远不及小米好吃。搭配小米的是一种野生植物提炼的胶状酸酱。偶尔吃吃小米还不错，但是多瓦悠人一天两顿，早晚都吃小米。炖煮过的小米闻起来像塑料板。多瓦悠人抱憾居然没人要买小米。

多瓦悠人的土地是无主之物。只要愿意，一个人可以任意占地建屋、耕作，但这不代表多瓦悠人勤奋盛产。他们只种植少量作物，伐树焚地、耕耘收成已经够辛苦了，更糟的是，几乎一半的耕种季节都得犁地。为了消解农作的乏味，多瓦悠人不时举办大型啤酒演会，只要有酒，种田者便乐意留下，酒足饭饱后，再带着主人前往别家的宴会。由此，孤独的农耕不时掺杂社交烂醉。虽然小米在城里价格颇俏，多瓦悠人却毫不心动。富来尼商人控制了市场交易，从中赚取一到二倍的差价。富来尼人也同时控制大众运输工具，所以多瓦悠农人贩卖小米能获得的报偿其实有限。因此，多瓦悠人只耕种自己所需的小米，如果近期有祭典，他们会多种一些，以俾履行亲属义务所需。他们总无多余之粮，一旦雨季降雨不多，便有饥荒之虞。想在多瓦悠兰买东西，就好像逆流游泳。法国政府刻意引进赋税制度（并不成功），企图迫使多瓦悠人使用钱币，但直到今日，他们仍喜欢以物易物，不爱用钱币。他们累积债务，直到杀一头牛便可一笔勾销为止。如果他们馈赠我小米，我便必须回馈他们肉或城里买回来的小米。

虽然多瓦悠人养牛，却不挤奶或做为肉牛。那些是迷你牛，背上无峰，和富来尼人养的牛大不相同，几乎不产奶。多瓦悠人宣称他们的牛儿剽悍，我一点都看不出来。理论上，多瓦悠的牛只用做祭典牲礼。一个拥有四十头牛的有钱人如果死了，至少得宰杀十头牛分赠亲属。近来，中央政府禁止葬礼屠牛，认为这是浪费，但是风俗仍持续。

除了丧礼外，牛只也用作聘礼。因此，年轻人一旦有了对象，便不愿为了口腹之欲或金钱任意宰杀牛只。每当人们馈赠我牛肉（尤其是酋长），我便由极端匮乏摆荡到极端丰盛。他会坚持送一整只牛腿，根本还没吃完就会坏掉，不得不将他的好意分赠出去，并希冀我转送的肉可换来鸡蛋。倒不是说鸡蛋是什么了不起的东西，多瓦悠人不吃蛋，认为鸡蛋恶心，他们问："你难道不知道鸡蛋从哪里掉出来的？"鸡蛋不是用来吃的，而是用来孵小鸡的。他们会小心捧来在大太阳底下孵了好几个星期的鸡蛋，作为回赠之礼，满足我的病态嗜好。我像女巫做法一样，将鸡蛋浮在水中，却不保证能筛选出坏蛋。一旦鸡蛋腐烂超过某种程度，它们就会像新鲜蛋般沉入水中。好多次，我饱啖鸡蛋的希望破裂，一颗颗敲开来，里面全是蓝绿色，飘散可怕臭味。

无法仰赖土地维生，我决定自己养鸡，结局也不成功。人们给了我一些小鸡，我又买了一些。多瓦悠小鸡骨瘦如柴；吃它们就好像吃模型灯蛾一样。但是细心调理，它们还是会长大。我用稻米与燕麦喂食它们，从不喂鸡的多瓦悠人嗤之为奢华。一天，它们终于下蛋了，我开始梦想每日有蛋可吃。当我坐在茅屋，心满意足望着我的辛勤成果，我的助理现身门口，脸上表情得意。他喊道："主人，我刚发现母鸡下蛋了，我宰了它们，以免它们流失精力！"

此后，我努力限定自己早餐只吃燕麦与从教会店铺里买来的罐装牛奶。茶叶是喀麦隆大宗作物，但是你在波利镇根本买不到，倒是有不少尼日利亚走私进口茶叶。

马修通常与我一起吃饭，他说山地多瓦悠人的食物难以下咽。几个月后，我发现他变得异常肥肿，原来他每天都在酋长与我家两处吃饭。

早餐后，我开始诊所时间。多瓦悠兰疾病不少，我并不喜欢病菌聚集我的茅屋。但是我的医术虽然浅陋、疗药也有限，却不忍像我的助理一样把病人赶走。依据非洲地位分级，马修认为我该仔细过滤交往对象，不宜与平凡百姓接触。我可以和酋长、巫师说话，却不应该浪费时间在愚蠢的村夫村妇身上。

当他发现我居然和小孩说话，更是吓坏了。他守着院落的战略位置，只要有人企图接近，便一跃而出，好像驻守大人物官邸前厅的秘书。每当我向别人敬烟，他都坚持香烟必须经过他转交给对方。我向马修抗议，他终于放弃此种行为，但不时提醒我，我与平凡百姓接触过多，有损他的崇高地位。

前来求医者多半是皮肤割伤或溃烂。我为他们的伤口涂上抗生素，贴上绷带，虽然我知道多瓦悠人喜欢裸露伤口，一旦离开我的茅屋，就会将绷带扯掉。求诊病人中有一两个是疟疾，投以奎宁，当我向病人解说剂量时，马修在旁协助，确保我没搞错。

消息迅速传开，大家知道我有治疗疟疾的“草根”（多瓦悠人对疗药的称谓）。一天，一个愤怒的老女人跑来指控我传染疟疾给她，我吓了一跳。众人热烈激辩，我搞不清楚在吵些什么，最后老女人被大家嘲弄轰走。后来，我与疗者、巫师一起工作了好几个月，才明白那天的争吵内容。多瓦悠人将疾病分为几类，一类是传染性疾病，白人有药可医，包括疟疾与麻风；一类是头部巫术或以植物作法的巫术致病；也有一些病征清晰可判是被亡灵侵扰；最后一类是污染性疾病，肇因于碰触了禁忌之物或禁忌之人，疗法唯有禁绝与禁忌之物（人）接触。老女人听说我有治疗疟疾的药物，判定疟疾是污染性疾病，藏在我茅屋内的疗药也是引起疟疾的原因。在村落里匿藏威力如此强大、危险的东西，当然会被指责。

结束看病后，我开始学习语言。马修非常喜欢这个角色，欣欣然逼迫我练习各种动词变化，直到我受不了为止。数个星期后，我换了一种练习法，马修便觉得教书没那么快乐。

我有一个小型录音机，总是随身携带；在田野场上与人交谈，我有时会录下谈话。多瓦悠人很喜欢从录音机里听到自己的声音，但不特别兴奋，他们当中的时髦者以前便看过收录音机。真正令他们啧啧称奇，喃喃称道“神奇”、“魔法”的是写字。除了少数孩童外，多瓦悠人全是文盲。虽然学童会写法语，也曾有语言学者前来研究多瓦悠语，他们却从未想过自己的语言可以书写。当我以英、法文混杂拼音记录重要的多瓦悠语时，他们会轮流站在我背后观看，数个小时不厌倦。数个星期后，当我照着笔记，把上一次见面的对话念给田野对象听，他会大吃一惊。慢慢的，我累积了一大堆录音谈话、笔记与解说，建立了自己的图书馆。我可以随时挑出一段，与助理逐字研究，要求他更正当初的翻译，厘清某些词汇、信仰，解释同义词。一旦这成为标准程序，我的语言学能力激增。马修也越来越谨慎，放弃原有的无所不知态度，不敢再用差不多的翻译糊弄我，他会记下特别难的地方，回去后再与我仔细参详。

午餐有时就吃吃硬饼干，搭配巧克力、花生酱或米饭。饭后是一天最热的时候，马修去睡午觉，我则回到硬邦邦的床上，写信、睡觉，或者绝望地盘算自己的财务困境。

几个星期后，天气越发炎热，偶尔大雨倾盆如注，我开始午后游泳。多瓦悠兰地区的水十分危险，蕴含多种地方性特有寄生虫，最恐怖的是住血吸虫。不少多瓦悠人都染有此种疾病，它会造成内出血，导致恶心、虚弱，最后死亡。此地人平均寿命很短，很多人都熬不到寄生虫病的最后阶段便死亡。何时下水才不致染上住血吸虫，人言各殊。部分权威人士说，只要不智地将脚踏进河水，住血吸虫便会上身，终身不去。另外一些人则说浸身污水数个小时，才可能感染住血吸虫。一位路过此处的法国地质学家告诉我，大雨初过的河水很安全，它会将住血吸虫寄生的水蜗牛全部冲到下游。因此，如果避免旱季的死水与流速缓慢的水，应该很安全。每当多瓦悠人在冷泉里快乐戏水，我都只能汗流浃背干瞪眼，很想冒险一试。更何况行走多瓦悠兰地区，很少能跨越激流而不搞得半身湿透。我决定采用地质学者的分析，在大雨初过后到男子沐浴处游泳。那是瀑布下方、花岗岩壁的一个深潭，女性禁入，因为它也是男孩割礼处。

我第一次现身沐浴处，只有两三个从田里回来的人在此洗澡。我的生理构造显然引来缤纷揣测。第二天，至少有二十到三十个男人现身，一窥赤身白人的奇景。之后，我的新奇价值迅速下滑，沐浴人数恢复正常，让我微觉受辱。

这个地方棒透了，坐落山脚下，潭水喷溅，冰凉干净。四周有树，潭底布满细沙。溪水弯处还有岩棚，你可以躺在上面，晒晒太阳再跃入冰凉中。

只要没事，我和马修每天都会到此游泳。就是在这个纯男性的天地，多瓦悠人首度向我透露他们的信仰与宗教。多瓦悠男人全都依照传统接受割礼，我没有，话题便自然围绕这个主题，后来我才发现它在多瓦悠文化的重要性。

洗过澡后，我和马修回到田里绕一圈，寻找啤酒宴会。我们会在某个布篷下发现二十来个男女轮流犁地、喝酒。一位著名的法国殖民官员曾形容小米啤酒浓稠似豌豆汤，怪味似煤油。描述十分精确。多瓦悠人中午不吃饭，光喝小米啤酒，酒精浓度很低，却能烂醉不已，让我始终想不透。尽管小米啤酒制造过程恐怖，我却立定决心非喝不可。我第一次参与啤酒宴会，便面临一大考验。他们问我："你要喝啤酒吗？"我回说："啤酒皱眉头。"发音错了。我的助理以疲倦的语气解释："他的意思是——好的，他要喝。"他们大为讶异。从未有白人愿意碰多瓦悠小米啤酒。为了表示对我这个外国人的尊重，他们抓起一个葫芦瓢，把它递给狗舔干净。多瓦悠的狗本就模样不美，这只更是恶心，羸弱不堪，耳朵上的伤口苍蝇围绕，肚皮上还挂着几只肥胖的虱子。它津津有味舔干葫芦瓢。他们添满啤酒后递给我。每个人都盯着我看，满怀期望微笑。无计可施，我只能一口喝干它，满足地吐气。接着，我又喝了好几瓢啤酒。他们大惊我居然不醉。西方人想要喝小米啤酒喝到醉，根本不可能，怎么喝都不够。相较之下，多瓦悠人喝工厂产的啤酒，一喝便醉。一瓶啤酒可以喝上三天，还天天酩酊大醉。

酋长祖帝保永远盘旋在这类场合，从未错过任何一场啤酒宴会，虽然他总是拒绝帮人犁地作为回报。如果你想要找出哪里有啤酒宴会，最好的方法是派马修去找祖帝保，只要找到祖帝保，便找到宴会场所。祖帝保的狗儿知道跟着我便有好吃的，所以我们的出巡阵容十分诡异。我说出的第一句完整多瓦悠句子是："马修跟着祖帝保，我跟着马修，狗儿跟着我。"村人认为这句话大有智慧，不时拿来复诵呢！

巡完田地后，我会站到十字路口迎接打道回府的村民。一棵倒下的树桩被移至此处，权当坐椅，男人坐着聊天，拍打蚊子，等着吃晚饭。我的晚饭通常是燕麦、快餐马铃薯泥罐头(非常贵，而且新鲜马铃薯几天就烂了)，搭配一罐汤，就打发了。饭后，我会写写笔记，记录明日我要问的问题，或者随便读点东西。

我的最大奢侈是一盏在恩冈代雷买来的煤气灯。虽然我得开一百五十英里去换贮气瓶，但是几个月才须换一次，而且我还有备用贮气瓶。煤气灯让我天黑后还能工作，这真是一大恩赐，因为此地终年七点就天色全黑。村人经常拜访我，希望看煤气灯奇迹，我必须费尽力气解释它不是电。

几个星期过去，我开始融入村落生活。多瓦悠人也慢慢回到村里过夜，我比较不觉孤寂了。但是每当被大雨困在茅屋，我便感到无边沮丧。疟疾后，我的身体也未全然恢复，可能和饮食单调有关，我常常省略不吃，或者只把食物当燃料，强迫自己吞下。

好几个月后，我的语言能力才略有进步。在这之前，我几乎要相信自己在返回英国前，一定什么也没学到，什么也不明白。最糟糕的，多瓦悠人似乎无所事事，没有信仰，没有任何象征性活动。只是存在着。

我对理解周遭人的谈话仍有很大困难，我开始怀疑是助理的问题。他教我的动词形态似乎是错的；我的话，他好像泰半不懂；我甚至怀疑他不懂山地多瓦悠语。有时提到某些话题，我看到他与其他男人交换无奈眼神，里面铁定有阴谋。

田野工作者的助理是个困难的职位。当族人与他的雇主发生冲突时，族人会认为他应当站在自己人那一边。非洲社会，一个人如果招惹亲属愤怒，日子将会非常非常难过。另一方面，雇主却期望他作为与当地人交涉的代表，随时提供策略与消息。对民族志学者而言，数据真假至关重要，却必须透过一个识字不多、忠诚度摇摆不定的学生作为中介，实在是极端挫折的事。更悲惨的是，大家对他的期望各有不同。譬如，多数多瓦悠人从教会经验推之，认为白人都是疯狂虔诚的基督徒。他们很讶异我的助理星期天会去做礼拜，而我却不去。因此，我必须在他们做完礼拜后，等在路旁和他们聊天，表示我不去教堂并不是因为自恃身份优越。

一开始，我最沮丧的是从多瓦悠人身上挤不出十个字。当我要他们形容某个仪式或动物，他们会说个一两句，然后就打住。我必须再提问，才能得到更多的讯息。对此，我非常不满意，因为这变成我在引导他们回答，不是正确的田野方法。约莫两个月的徒劳无功后，有一天我突然发现原因。非常简单，多瓦悠人的对话规则和西方人完全不同。我们习惯不打断别人说话，但是非洲习惯不一样。两人对话就好像在讲电话，必须不时以话音打断、辅以声音响应，以确定对方仍在在线聆听。多瓦悠人听别人说话，会严肃望着地面，身体不断前后摇晃，每隔五秒钟便低语："是的"、"的确如此"、"好的"。否则，对方的谈兴便会戛然而止。一旦我开始有样学样，访问便大大不同以往。

马修的最大问题不在忠心与真诚，而是他的年纪。在非洲，年纪与地位成正比，多瓦悠人表示尊崇的方式是尊称对方"老人"，因此地位崇高的多瓦悠长者会称我为"老人"或"祖父"。我们这些见多识广的老人聚在一起谈话，旁边站着年仅十七岁的孩子，实在不像样。对我而言，马修几乎不存在，对那些长者而言，他刺眼如烂手指。后来，每当我们要谈些重要事情，长者会断然把马修赶出去，事后我再与马修研究我碰到的语意问题。幸好，马修好像与祈雨酋长那边的人有点亲戚关系，所以，一开始做田野调查时，他们才容忍他的存在。否则我也会像那些研究多瓦悠的人一样，空手而回，坚信这个民族是死猪头般顽固。

第七章

啊，喀麦隆：祖先的摇篮

'O Cameroon, O Cradle of our Fathers'

我每星期的调剂就是周五进城，理由是取每周五从加路亚运抵的邮件。这是天大谎言：邮件只是“理论上”周五送抵。波利镇的富来尼酋长有一台卡车，包办邮件运送，但是什么时候送信、送不送信，全看他高兴。如果他决定在加路亚多待几天，邮件便下周五才来。老师与公务员领不到薪水、医院药品短缺、全城的人感到不便，他全不在乎。

此外，喀麦隆邮政慢得如牛。头两个月，我收到的全是加路亚银行错得离谱的账户结存通知。我不知道他们是如何巧妙变化，现在我有三个账户，一个在加路亚、一个在雅温得，还有一个神奇万分，是在我从未去过的城市。

“取信”的重点是我可以稍稍摆脱助理。这辈子，我从未与人日夜相处这么久，开始觉得我像被迫与最不般配的人结了婚。

因此周五下午一到，我便开始快乐过滤旅程所需饮水。我坚持步行进城，一来，波利镇不卖汽油，必须节约使用；二来，开车得搭载全村人。雨季水量丰富，饮用水只需过滤即可。旱季里水坑变成熏臭的泥潭，饮水必须煮沸或加氯。我的水壶在多瓦悠人之间是个笑话，一公升可以喝上一整天，不过，他们认为这是白人的特有奇行。事实上，多瓦悠人有自己的饮水规范，相较之下，我的不过是逻辑必然。譬如，多瓦悠铁匠不得与族人一起汲水，必须等人主动奉水；一般多瓦悠人不能饮用山地多瓦悠人的水，除非主人奉水；祈雨酋长不得饮用雨水。这全是交换体系[1]的一部分，规范上述三个团体的女人、食物、饮水的交换。因为我不与其他团体交换女人或食物，可以有自己的饮水规范。除非我将饮水奉到他们手上，多瓦悠人绝不会碰我的水。非经邀请就喝我的水会招来疾病。

每周五步行九英里路进城是快乐经验。平日我都在泥泞田野跋涉，数个月下来，脚踝与脚掌已染上恶毒霉菌，药石罔效。雨季里，长裤只有一个月寿命，之后，便从裤管开始破烂。短

1 在人类学里，交换是个复杂概念与体系，意指个人或群体之间有关宝物、权利、货品等的互惠性转让（transfer）。详见Roger Keesing，前揭书，第829页。研究一个社会的交换范式与交换机制，自然导致研究一个社会再分配的制度。法国社会学家莫斯（Marcel Mauss）认为相互的馈赠交换象征人类社会性的互相倚赖，因此与亲属制度与社会阶层制度混成一团，并加强这些制度的结构。列维－施特劳斯则将亲属制度视为交换范式，而女人正是最终的稀有物资。详见Roger Keesing，前揭书，第474—475页。

裤是明智选择，却遭马修严峻否定——有地位的人不穿短裤；何况，短裤无法保护双脚不受荆棘、刺草与丛林里四处可见的芦苇刺伤。

进入城里，我和所有翘望等信的老面孔一样进驻酒吧，竖耳聆听送信的卡车声，喝啤酒打发时间。有时我会到市场闲逛，市场里只有一群可悲的年迈男女，贩卖一丁点儿胡椒或串珠。我无法相信这勾当可以为生，一定只是打发时间而已。城那头的屠夫每周两天卖肉，多数肉早被城里大人物预购一空，普遍顾客只能买到蹄与内脏，以斧头剁开。屠夫不用磅秤，同样的钱，每次买到的斤两都不同。城里到处是闲逛的公务员、流浪者、宪兵与满街的孩童。

因为周五取信，我认识了几位老师。顶顶有名的是艾方瑟，他是体型壮硕的南方人，被派驻法鲁河（River Faro）再过去的丛林小学，极为偏远，简直算得上是尼日利亚领土了。那里流通的是尼日利亚而非喀麦隆的钱币与货品，走私甚为猖獗。艾方瑟独自住在昌巴人（Tchamba）聚落里。曾有朋友前往一游，回来报告说艾方瑟身无长物，仅有两件短裤与两只颜色各一的拖鞋。那里没有啤酒。旱季一到，通往昌巴的路头地平线便会卷起一股烟尘。慢慢的，一个黑点浮现，那是艾方瑟跋涉、蹒跚、爬着朝波利镇前进，嘴里喊着“啤酒！啤酒！”坐定酒吧后，艾方瑟开始挥霍积存的薪水。许多人认为艾方瑟一定有慈悲女神守护，因为他莅临镇上的时候，从未碰过啤酒缺货的漫长诅咒期。通常喝到下午四点，艾方瑟便进入想要跳舞的阶段。

艾方瑟体型壮硕，没人招惹时脾气温和，生起气来却显得庞然骇人。他想跳舞时，酒保（通常是当地的逃课学生）便跑去拿收音机。乐声响起，艾方瑟抬起庞然身躯，好像什么伟大的自然奇观，浑然忘我移动双腿，低声咆哮，杯中酒一饮而尽，臀部左右摇晃，鼠蹊来回摆动，头儿低垂。如此这般数个小时，艾方瑟就会进入另一个阶段，此时每个人都得起来跳舞，否则就是侮辱他。众人关切的焦点是邮件到底会不会在“社交群舞”前抵达？艾方瑟对所有人一视同仁，在他的君王威风下，紧张兮兮的巡回查税员与宪兵都得翩翩起舞，他则在角落满足地轻叹与微笑。

他的主要盟友奥古斯丁也是南方人，喧闹本事不相上下。奥古斯丁放弃首都的特许会计师工作，跑来当法文老师。在这个嘉许俯首帖耳的国度里，他是彻头彻尾的个人主义者，在我认识的人中，只有他胆敢拒绝购买党证。据说他和副县长有恩怨（两人均因溺爱妻子而恶名远播），不少本地公务员大胆预测：奥古斯丁的下场如不是因“政治因素”离奇失踪，就是与镇上富来尼族女人恶搞而丧命。喝酒之后，奥古斯丁会骑重型机车满城飞驰，吓坏老老少少。他不时从摩托车摔下，幸好都只是皮肉伤。他总给人一种灾难临头的感觉，所到之处，净惹麻烦。有一次他到村里拜访我，居然与有夫之妇公然通奸。多瓦悠文化纵容女人通奸，男人也以勾引他人老婆为乐。但是奥古斯丁和这名妇人在她老公的茅屋里做爱，这可是公然侮辱。对方老公发现此事，依据连坐法逻辑，认定我必须赔偿他。经我与酋长及其他“法律顾问”商量后，礼貌拒绝了他。他与兄弟现身我的茅屋前，威胁下次看到奥古斯丁来找我，一定不放过他，要用棍子敲毁他的摩托车。我的精明判断是警告奥古斯丁暂时远离孔里。但他本性难移，第二天便出现，还把摩托车停在戴绿帽子的老公屋前。我极端担心发生暴力场面，也害怕我与多瓦悠人的关系毁了。

那位老公果然与兄弟现身。奥古斯丁拿出城里买来的啤酒，我们静默喝酒。不一会儿，凭着难以置信的闻香酒鼻，祖帝保立即现身。我的助理马修在茅屋后焦急打转。我敬上烟草。那位丈夫仿若酒醉的格拉斯哥人，始终陷于压抑静默的沉思，突然间，他开始唱起平板、细气的歌曲，其他人马上兴高采烈加入和唱。随后他便起身离去。人类学者的角色就像辛勤的工蜂，我四处打探原委，以理解这个笑话。那是嘲弄女人的歌，唱道：“噢，谁能和苦涩的阴道做爱？”显然，啤酒平息做丈夫的怒气，他决定男人的团结情谊比区区的老婆忠贞重要。这件事再也没人提起，祖帝保还跟奥古斯丁变成好朋友，共享无数酒宴。

通常，奥古斯丁与艾方瑟会一起在酒吧，以待产父亲的无助焦急等待薪资邮件。薪水到手后，又剧烈争论所得税扣除有误。波利镇的老师薪资和我差不多，还有免费国内机票可以在黑市脱手。分发邮件的过程令人怀念与官僚的推挤奋战。你必须大排长龙，等着发信人反复检查你的身份证、在整齐画线的学童习字簿上详细登记各种琐碎细节、盖了橡皮章后，才能拿到信。技艺精湛者，一封信可以搞掉十分钟。

接着便是发信后场景。没信的人退回酒吧哀悼，有信的人通常也回到酒吧庆祝。因为此地七点便天黑，我总是摸黑跋涉回村。人在英格兰会忘掉黑夜有多黑，因为我们多半离光污染不远；多瓦悠兰的夜是一片漆黑，人人必备火炬。入夜后，多瓦悠人拒绝跨出村落围篱，他们害怕黑暗，总是哆嗦着围绕营火，直到曙光降临。暗处里有野兽、妖巫，还有巨大的“甜椒头”怪物会乱棒敲昏旅人。

他们讶异我敢在黑夜丛林里乱走，认为是“匹夫之勇”，独行更是疯子行径。其实，暗夜独行荒凉丛林，再安全不过。空气清爽似英格兰夏夜，虽然闪电沉默划亮远处山头，但是雨丝洗去丛林闷热，星群明亮辉煌。稍后明月升空，丛林白亮如昼。此地并无大型掠食动物，唯一的危险是踩到蛇。比起村里的嘈杂混乱，暗夜丛林宁静安详，我可以逃离人们的注视、指点、叫嚣与诘疑，重拾我在非洲生活的第一个折损品——“私生活”。丛林夜行后，我总备觉精神抖擞。

偶尔，我会碰到成群飞奔逃离黑暗恐怖的旅者，有的是不小心在山地村落耽搁了，有的是参加完庆典返家。一看到我，他们总是转身飞奔。第二天趣味横生，他们会向村人说在丛林里碰到“甜椒头”怪物，幸好逃过魔爪。他们小心避免结论：

自从我莅临孔里后，“甜椒头”现身次数遽然增多，我一定脱不了关系。他们认为怪物恐惧可吓阻妇人“四处游荡”。“四处游荡”暗指女人通奸偷情。有时，男人会在十字路口布下可变出“甜椒头”怪物的草药巫法，吓阻女性出外游荡。

后来，当我慢慢厘清祈雨酋长、一般多瓦悠人、铁匠的关系后，我也勾勒出多瓦悠文化的男女关系。具体细节是我与助理在游泳处与男人亲密相处时所得，余者仰赖奥古斯丁在异教徒女性圈中的“田野调查”补充。我曾拜托他留意某几个主题，他都能提供丰富的性风俗信息。他也证明了多瓦悠人在性行为方面，的确是放荡与谨慎的奇特组合。

多瓦悠人性启蒙甚早。因为他们不知道自己的年岁，很难判断初次性行为的年纪，但多数八岁便开始性探索。男孩看上一个女孩，可以自由到她的茅屋过夜，当然做母亲的会留意孩子的行为，不容许放荡乱交。到了青春期，性关系却不再甜美。婚前怀孕不算污名，反而颇受欢迎，它证明女孩的生育能力。麻烦的是月经，多瓦悠人认为男孩碰触到经血，有可能变成低能蠢笨。割礼让青春期更加复杂。男孩从十岁到二十岁间都有可能接受割礼，全村男孩一起举行。因此有的男人可能结婚生子，却尚未接受割礼。父子一起接受割礼虽然罕见，却也非新闻。没接受割礼者被视为拥有女性污点，包皮过长，散发女性阴部臭气。他们禁止参加所有男性活动，死后也只能与女性埋在一起。更糟的是他们不能举刀发誓。多瓦悠兰地区最严重的咒语是“当米加瑞”,意思是“看刀”。此刀指的是男孩割礼之刀，威力强大，可以砍伤妖巫、杀死女人。如果一个男人对女人施此咒语，代表他震怒，女的恐难逃老拳。尚未行割礼的男人口出此咒，会遭众人恶意嘲笑，坚持不改则会挨揍。每当我脱口说出“当米加瑞”都被当作闹剧。

多瓦悠的割礼十分恐怖，整个阴茎都要划开来。现在多数男孩在医院割包皮，老派多瓦悠人认为可耻，因为割得不够多。此外，他们也未与女性隔离九个月。割礼仪式透过死亡与更生(rebirth)，让男孩从呱呱坠地的不完满形态，蜕变成一个完整的男人。我以六瓶啤酒的代价，换得割礼人宣称我“受过可敬的割礼”，赦免代价十分便宜。

理论上，女人不能知道割礼内容，她们听说割礼是用小块牛皮缝合肛门。这一切隐瞒只是表面工夫。旱季里，热气使植物叶片皱枯，缺少蔽身之物。多瓦悠兰到处可见性器昂扬的男性，忙着遮掩自己，直到潭边无人，才躲到岩石后一跃而入解放自己。事实上，女人知道割礼，但不能公开承认。我在多瓦悠社会地位特殊，女人视我为无性别者，愿意向我吐实。许久之后，才有人告诉我此种知识隔离，在那之前，我一直以为女人知道割礼,只是不能在男人面前讨论。多瓦悠社会有许多“男性秘密”话题——割礼、歌曲、器物等——绝不能在女人面前提及。其实，女人对这些“男性秘密”所知颇多，只是无法尽窥全貌。譬如她们知道割礼和阴茎有关，却不知道割礼仪式几乎和富人死后数年遗孀所举行的仪式一样，因此也不知道整个头颅祭仪式完全翻拷自男孩割礼。后来，我才发现整套文化模式仅有男人得悉。

曾有人指出，女性观点在人类学者的记述中总是神秘缺席。大家认为她们不好应付，也是极端匮乏的知识提供者。我却发现她们帮助极大，不过接触起始是一场大灾难。

问题仍出在我的语言能力。我去找一位老女人，聊聊过去几年里多瓦悠人行为的改变。明智之举是先征得她丈夫的同意。他问："你想和她谈什么？"我说："我想谈婚姻，也谈谈风俗习惯、通奸与……"话声未落，助理和他浮现出不可置信的惊恐表情。我迅速在脑海中检视刚刚的话语，音调并没有错误呀。我把马修拉到一边密商。发现问题出在多瓦悠语的表达方式。在多瓦悠语里，一个人不"做"什么，而是"说"什么。譬如，一个人"不做"通奸之事，他"说"通奸。换言之，刚刚那句话被解读成我要和他的太太搞仪式、通奸。

误会厘清后，我发现这位女性报告人非常有用。男人自认是宇宙最终秘密的宝库，必须巧言哄骗，才肯跟我分享。女人却认为自己所知讯息毫无价值，可以随意转述给外人听。她们有时顺口提到某个信仰或仪式，全是男人吝惜提及的话题，为我开启了全新的探索领域。基本上，多瓦悠社会男女分开生活。一个男人可能妻妾成群，却终日与男同伴相处，女人则与其他妻妾、女性邻居共处过日，这种模式非常类似英格兰北部。多瓦悠女人负责炊爨，丈夫却不与她同桌，而是与年长儿子共食。男女各自耕种，她种自己吃的，他则耕耘他的所需，只有在某些吃重阶段才帮老婆一下。夫妻只为行房目的相聚，依据妻妾事先安排的轮值表，当班太太到先生的茅屋办事。他们之间缺少西方夫妻的熟稔与热情。多瓦悠人曾向我诧异转述看到的奇事——美国传教士远行回来，老婆居然从屋内跑出来迎接。他们呵呵嘲笑说，要搭这位传教士的便车还得征求他老婆的同意，而且他不打老婆呢！

我们不能据此断论多瓦悠老婆可怜，饱受丈夫斥骂，像朵枯萎的紫罗兰。她们懂得捍卫自己，还以颜色。大不了，她们可以回娘家的村子。做丈夫的知道在这种情况下，他想要回聘金、牛只非常困难，会人财两失。丈夫担心老婆跑回娘家，常尽量拖延支付聘金。因为抛夫之事并不少见，牛只让渡便成为伟大的拖延艺术，拖延效率之高，一如喀麦隆的银行。婚姻破裂的频繁加上许多丈夫无法清偿聘金，常使民族志调查者抓狂，因为同一个女人会被错误重复计数两三次。譬如一个女人抛弃前夫再嫁，两个男人都会大剌剌向人类学者宣称她是他的老婆。第一个丈夫夸谈他付了多少头牛，却略而不提这笔聘金从未送抵娘家。第二个丈夫也大谈他付出多少头牛，却忘了说这笔聘金是付给了第一任丈夫，而不是给娘家。而那个前夫可能拿这批牛去偿付他拖欠其他妻妾的聘金。这时，气冲冲的女方家长可能跑到第二任丈夫家中，要他偿付前女婿积欠的聘金，否则要把女儿带回家。第二任丈夫则敏捷回击说三代前，他有一个女亲戚嫁到他们家，聘金到现在还欠着呢。一场毫无希望、循环盘旋的法律争执于是开始。

多瓦悠人从不说自己娶妻娶貌，而是娶德，看重她的顺从好脾气。女人绝不能看到割礼过的阴茎，会生病。男人也绝不能看到女性阴部，会从此不举。因此性交成为黑暗中的鬼祟行为，两方都不脱光衣服。女人不拿下阴户前后遮盖的叶片。早年，男性性交时则解开缠腰布，拿下行过割礼者必戴的葫芦制阴茎鞘。现在男人流行穿短裤，只有老一辈的参与仪式还戴阴茎鞘。女人在笑闹时，会鼓起双颊发出阴茎出鞘的噗噗声——这种声音也是性行为的腼腆婉转说法。多瓦悠女人即使结了婚，仍向丈夫索取过夜费，让不少传教士无情批评多瓦悠婚姻形同卖淫，他们却认为夫妻账务分明很重要。诸如此类的信息都是点滴累积而得，我所研究的庆典仪式，则和日常生活有很大不同。

真是运气好。我来多瓦悠兰的前一年正好是小米丰收年(多瓦悠人以十一月初小米收成到第二年十一月为一年)，不少人趁此丰收，为祖灵筹办头颅祭。

多瓦悠人死了后，尸体以尸布、牛皮包裹。尸布是此地棉花所织，牛皮则是死亡仪式特别宰杀的牛。尸体以屈膝抱缩的坐姿下葬。裹尸时特意露出脖子脆弱处，两周后，死者的头颅便自此处砍下。详细检查头颅未被施咒后，便放置在树内的瓦罐里。接下来，男性头颅与女性（或未受到割礼的男性）头颅际遇不同。男性头颅放在茅屋后面的丛林，那是头颅最终安息处。女性头颅则被送回她出生村落的一栋茅屋后面。换言之，女人结婚，由自己的村子搬到配偶的村子，死后则落叶归根。

几年后，亡灵可能会骚扰亲人，出现在他们的梦中，让他们生病，或者拒绝进入女人子宫轮回转世，诞生新儿。这是该准备头颅祭的征兆。通常，一个富人会出面寻求亲人支持，奉上啤酒。如果两场啤酒宴下来，无人有异议，便可以举行头颅祭。多瓦悠人喝酒后脾气不佳，醺醉而无争吵，殊属罕见，需要在场所有人极力自制。连续两场酒宴都无争执，显示大家对举行头颅祭有极大共识。

祖帝保告诉我十五英里外的村子即将举行头颅祭，我决定先做些调查，确定真实性。

你如想规划十分钟后的事，碰到多瓦悠人的时间观，真会气绝。我们以月、周、日度量时间，老一辈的多瓦悠人对何谓“一星期”却只有模糊概念，它和月份名称一样，全是文化移植物。多瓦悠老人以现在为基准来推算日子，如果描述过去与未来，便要用到复杂句子如：“昨日的前一天的再前一天。”使用这种系统，你几乎无法确认事件确切发生日。此外，多瓦悠人绝对独立，痛恨有人企图组织他们，他们怎么方便便怎么行事，我花了好长时间才适应。我讨厌浪费时间、憎恨时间的损失，投注时间就想有收获。每当我逮住人请教某事的确切时间，答应总是“现在不是谈这个的时机”，我听到此话的次数铁定创下世界纪录。和人约定时间地点碰面，绝对行不通。他们会在隔一天甚至一个星期后才露面，还很惊讶我生气了；或者让我跋涉十英里，他却不在家。在多瓦悠兰，时间不是一件可安排的事，某些物品如烟草亦然，你无法画出已有与他有的界线。刚来时，我很困扰马修总是自行享用我的烟草，没有一丝不告而取的歉意，可是打死他他也不敢私自饮用我的水。多瓦悠文化与西方文化大不相同，烟草与时间都属于弹性颇大的领域。烟草不可据为己有，朋友有权翻捡你的口袋拿取烟草。每当我酬赏报告人一袋烟草，他会公然蔑视礼节规则，急忙忙奔回家藏起来，深恐路上碰到拦截者。

这是我第一次拜访扇椰子谷（Valley of Borassa Palms），顾名思义，此地以盛产扇椰子闻名。老地图上有公路穿越山谷，现在已经年久失修不堪行车，但是小心驾驶，还是可以深入云雾笼罩的山谷数英里。远处是尼日利亚边界的山峰美景。此地村落比起孔里，更像传统山地多瓦悠聚落。村民的话十分难懂，音调不同，高低起伏很是夸张。祖帝保在前开路，我与马修紧随于后，数个小时后，终于抵达此地酋长的院落。基于防御理由，此地茅屋紧密贴邻，你必须俯身膝行穿越。入口茅屋则低矮无比，我们全得趴下来爬行。孔里人身高约莫五英尺六，此地人则轩昂六英尺，一定觉得茅屋矮得难受。

酋长摆出庞然阵仗迎接我们。令我大吃一惊，他长得像海盗，独眼，脸上爬满修饰性留疤[1]。他拿出啤酒待客，祖帝保猛烈进攻。我开始担心会整天耗在这里。酋长证实要举行头颅祭，确切日期则很模糊，搞了半天的“今天过后的一天又一天……”后，我才赫然发现酋长根本醉了，祖帝保也快速跟进。他说多瓦悠语，酋长说富来尼语。他的一个儿子参与讨论，说的是法语。好一会儿后，我发现酋长根本不知道我是谁，误以为我是住在此村好几年、最近才离开的荷兰语言学者。那个学者足足比我大三十岁呢！反正西方人看起来都一样。酋长表示他很乐意让我参加头颅祭，届时会派人通知我。根据经验，我知道他不会，但还是由衷感谢他。我将水壶装满啤酒，确保回程有足够的酒，才诱使祖帝保起身告别。

此刻酷暑午后，我的脸不断脱皮。多瓦悠人密切注意这种变化，无疑希望看到我显露“真实本色”。即使年迈的多瓦悠人走起山路来，速度都是欧洲人的两倍，像山羊般在岩石间跳跃。我开始后悔水壶装了酒。随行人员对我极端忍耐，讶异白人能走长路。对白人的纤弱无助和容易生病不适，多瓦悠人有夸张解释——都是因为白人皮肤柔软。的确，非洲人的脚底板与手肘长满一英寸厚茧，赤足行走尖石路面甚至玻璃都不会受伤。我们终于抵达车子，开往回程方向，顺便搭载一个女人。

---

1 留疤是指在身体上切割留下疤痕，可作为身份的证明，也是修饰身体的要素。为了美化身体，澳洲与非洲的一些部落住民常切割不同花样。详见芮逸夫主编，前揭书，第197页。

还开不到一英里，她便吐得我一身，典型多瓦悠人作风。我在多瓦悠兰时，不少人与狗只要逮住机会，就会对我大吐特吐。雨季里，这没大问题，只要在河边停车，连人带衣服跳进河里洗净即可。

回到村里，我很讶异马修发挥了乡土智慧。目睹酋长院落的酒醉场面，马修溜去找熟悉的年轻女子，她负责头颅祭的啤酒酿制。根据啤酒发酵程度，马修判断再两天啤酒就可以做好，四天后就会酸掉，因此头颅祭一定在那中间举行。他的主动进取正好碰上发薪日，我给了他一小笔奖金，出他意料，我也对自己微觉吃惊。这个插曲成为我们关系的转折点，马修开始热衷探听各式讯息与庆典。但是他转身离去时说，此行根本多此一举，只要看到路过孔里的人大增，就知道要举行祭典了。也没有必要征询酋长允许。庆典是公开活动，外人越多越成功。

头颅祭那天，曙光明亮清朗。和往常一样，我被村人和马修的对话吵醒："他还在睡呀？""他还不起床？"六点二十五分。这是我第一次有机会在田野场试验我的器材——相机与录音机。我教马修如何操作机器，他负责录音，我则负责拍照与做笔记。这让马修喜出望外，趾高气扬推开众人，以示自己肩负重任。大雨冲断了一座桥，我们必须步行绕路五英里。最麻烦的莫过穿越急流，不时从湿溜溜的岩石失足滑下，还要保护高举过头的器材。马修是平地多瓦悠人，表现和我一样差，我们的随从则是年约五十岁的山地多瓦悠人，赤足紧紧抓附岩石，细心护卫我们过河。

大群人猬集丛林小径，全要参加庆典。女人脱下遮身树叶，换上布条，这绝对是参加公众盛会的打扮。根据法律，多瓦悠人必须穿衣，并且禁止拍摄裸露乳房的女人。如果严格遵守，什么也拍不成，所以我和其他人一样无视规定存在，一边忐忑担心被宪兵逮到可能招致的麻烦。抵达村子时，我们讶然发现挤了一堆陌生人。大群小孩跟在我们屁股后面，在泥里打滚笑闹，枯干萎瘦的老人和我们热情握手，殷勤的年轻人盛情奉上收音机，以免我错过日夜盈耳的尼日利亚流行歌曲。我耐心解释我真正感兴趣的是多瓦悠音乐。老人听了很高兴，年轻人颇感困惑。

牛圈广场上已经挤满人。祖帝保早就坐在草席上，气派的太阳眼镜与配剑一应俱全。边喝啤酒，他一边解释场子状况。

多瓦悠人的“解释”问题多多。首先，他们会漏掉最重要的事项，以致模糊不可解。譬如，没人告诉我这是掌地师(Master of Earth）所在的村子，司管万物的生长，因此此间的仪式规矩和其他地方不同。不过这种疏漏可以理解，太明白的事不用提。如果我要向多瓦悠人解释如何开车，我会告诉他换挡、道路标志等细节，却忘了说不要撞上其他车子。

此外，多瓦悠人的解释总是绕圈子打转。我问：“你为啥这么做？”

“因为它是好的。”

“为什么它是好的？”

“因为祖先要我们这么做。”

我狡猾问道：“祖先为什么要你这么做？”

“因为它是好的。”

我永远打不败这些祖先，他们是一切解释的起始与结束。

多瓦悠人喜欢用惯例说法，令我困惑不已。我问：“谁是庆典的主办人？”

“那个头戴豪猪毛的男人。”

“我没看到头戴豪猪毛的人。”

“他今天没戴。”

多瓦悠人总是描述事情“应有的状态”，而不是“现有的状态”。

多瓦悠人还嗜好开玩笑。照例，我会记下庆典参与者身上的特殊叶饰，不同打扮可能有不同意义，但我总被“戏谑者”(joker)[1] 搞得迷迷糊糊。戏谑者是同一批参与割礼的男人，或者同一时间初经来潮的女人。他们会穿戴奇怪的叶子，打乱常

1　戏谑者是拥有戏谑关系的人。戏谑关系是指一种存在于两个人（或两个团体）间的关系，按照习俗，一方可以向另一方戏谑揶揄，后者不得引以为忤。有时戏谑是相互的行为。戏谑的实际形式差异很大，但猥亵与取走财物是最平常的形式。此种关系是一种友情与敌意的混合，它常见于具有冲突可能性但必须极力避免的情况中。此种具有双重价值的关系，能够经由尊敬、回避或允许相互轻视、放纵而产生一种稳定的形式。也有人认为交相戏谑可排除敌意，最大的功能在净化双方的情感。详见芮逸夫主编，前揭书，第304页。

轨。你必须一开始就认出他们，以免误将他们颠覆仪式的怪诞行为视为仪式正常部分。

同时，你必须明白一个人可以同时扮演数种角色。头颅祭里唯有小丑能碰触头颅，小丑中有一个人是死者的兄弟，此场仪式就是为这个死者举办的。他会穿梭在小丑与主办人两种角色间，外人难以辨别哪一个角色开始，哪一个角色结束。因为头颅屋巫师病弱，这位死者的弟弟还必须扛起许多巫师的工作。他一个人便在文化系统里分占三个不同位置。

以我当时的分析能力自然不可能理解这些。我只是坐在一颗湿石头上呆看，问些白痴问题，拍一些看起来有趣的仪式镜头。

除了小丑外，头一天还有不少精彩镜头。小丑十分喧闹嚣张，脸上涂成半白、半黑，身穿破烂衣裳，混杂富来尼语和多瓦悠语，尖亢呐喊猥亵话语与胡说八道。他们尖叫："臭屄啤酒！"围观群众爆出欢呼。小丑还会裸露下身，用我摸不着头脑的机关，放出震天响屁，并试图互相交媾。小丑以骚闹我为乐，拿着破碗当相机对着我拍照，在香蕉叶上记笔记。我还以颜色，当他们向我讨钱时，我严肃掏出啤酒盖给他们。

村外放着死者头颅，男女各一堆。宰了不少头山羊、牛、绵羊，排泄物全洒在头颅上。主办人砍下鸡头，把血喷向头颅。小丑争夺牲礼尸体，扭打成一团，奋力踏踩泥巴、血水与排泄物。暑气逼人，人群拥挤。小丑将血与秽物喷洒到观众身上取乐，臭气熏天，有几个人忍不住呕吐，更添浊气。我退出人群，一阵骤雨倾盆而下，我和祖帝保瑟缩躲在树下，拿着棕榈叶遮顶。

群众窃窃私语，一名老者是众人关注的焦点。他个头矮小强壮，嘴巴凝固着僵硬笑容，然后我才知道他接收了别人的假牙。看他拿下假牙是多瓦悠兰的一大奇景。他身杆儿笔直坐在一把红洋伞下，带着仁慈、无所不知的表情左右环顾。没人肯告诉我他是谁。祖帝保只说："他是以慈祥闻名的老人。"马修说："我不知道。"一脸鬼祟。有人拿了一大罐啤酒给老者，他喝了一口后，消失于丛林里。气氛紧张，鸦雀无声。十分钟后老者再度现身。大雨逐渐止息，人人露出如释重负的表情。我不知道发生何事，但知道不宜逼问答案，或者，祖帝保与我私下相处时，会比较愿意松口。

现在进入了多瓦悠活动无可避免的无聊部分。我遁入田野工作的"换挡心情"，一种生命近乎停摆的状态，一耗数个小时，不会失去耐性，也不觉挫折，更不期待精彩事发生。过了许久，终于确定今天不再有节目。有几个亲属搞错日子，没有出席，明天或许会现身。接下来，大家忙着安排住宿。马修跑去安排我的落脚处。祖帝保说只要有酒，他愿意睡在树下。

我们走捷径穿过树林，行经两条河与刺人的芦苇，进入一栋茅屋。一个逢迎巴结的老人将儿子赶出去，好让自己有屋可睡。在我的追问下，他热心解释他的儿子可到某位多瓦悠女孩家享艳福，所以不算太坏。

这是我看过最脏的茅屋。角落的箱子放着腐烂的鸡尸，显然老者今日曾向祖先头颅奉祭鲜血。屋梁挂着古老器物，是仪式后面阶段要用的——活人献祭时吹的笛子，还有男子与头颅共舞时，用来装饰头颅的马尾与裹尸布。地上全是秽物。我一屁股躺到床上，才发现上面有半腐烂的肉块与骨头，那是牲礼牛只的遗骸。

我蜷缩在湿答答的衣服下，远处村里传来鼓声与歌声，节奏高低有律，引我入眠。突然间，我被门上的抓爬声惊醒，顿时恐慌想起“枯伊女士”，是马修为我端来一葫芦的热水：“主人，我煮沸五分钟，可以安心喝了。”我偷偷藏了一些速冲咖啡与牛奶，还准备了大量的糖，供多瓦悠人索取之需。我与马修对分咖啡，他一口气加了六匙糖。我想起自己的责任，开始询问屋梁上的器物，得到大大启发。马修说：“今天那个老者是卡潘老人（Old Man of Kpan），祈雨巫师的首领。祖帝保明日会介绍你们认识。”马修离去，我听到一个多瓦悠人大声问道：“你的主人这么早就睡了？”

一早，我便见到了奥古斯丁，逃脱波利镇的苦闷，到此透气。和所有都市非洲人一样，他绝不辛苦走路，居然一路骑摩托车到此。昨夜他很晚才到，与卡潘老人的某位任性老婆共度春宵。她出生此村，返家参加庆典。虽然，她的兄长带领奥古斯丁到她的住处，却斩钉截铁、严词威胁说，祈雨酋长如发现此事，他们一定会遭雷劈。昨日，我的脑海才开始建立祈雨酋长的档案，现在数据已迅速累积中。

祭典随即将祈雨酋长逐出我的脑海。多瓦悠头颅祭有点像俄罗斯大马戏团，四个圈子同时进行不同表演。小丑泼完最后一次秽物后，开始清洗头颅。同时，本村出生的女人在丈夫陪伴下返乡，打扮成富来尼战士。她们在山头跳舞，在“说话笛”(talking flute)的伴奏下挥舞长矛。说话笛可以模仿语言的音调，这又是一个我搞不透彻的多瓦悠语特色[1]。笛声鼓励返乡女子夸示丈夫的财富，丈夫则威逼老婆卖力表现，叫她们刻意打扮，除了长袍外，还炫示太阳眼镜、借来的手表、收音机与其他消费产品，有的丈夫在老婆头上别上钞票。

村子的另一边是头颅祭主角们的遗孀，身着树叶长裙，头戴同一植物做成的圆锥形帽子，一字排开跳舞，好像歌舞女郎。此时，我只能尽力记述各式信息，得空再做字汇分析。马修忙着录音，从这儿倏地飞到那儿，以一种打死我我也做不到的粗鲁姿态排开人群，挤到最前面。

远处，另一群人扛着一捆奇怪的东西，挥舞刀子。后来，我才知道他们是行过割礼的男人抬着头颅祭主角的弓，一边唱着割礼歌曲。突然间，一群男孩冲出来对他们尖叫。我以为是

1　非洲许多地区的乐器均可调整音高，用来模仿音调语言（tonal language）的高低音，借此传达字义。最有名的是各式说话鼓（talking drum），它们是沙漏型挤压式的鼓，借由挤压调整系带，达到变化鼓面张力、调整音高的目的。还有许多管乐器、弦乐器、嘎嘎器及其他体鸣乐器，都可以说话。

突发冲突，但从观众脸上的欢愉之色看来，它显然是祭典标准项目。身旁一位男人自告奋勇解说："他们是未受割礼的男孩，总是这样……"我忍不住问为什么，他吃惊地瞪着我，好像我是个大白痴。"祖先叫我们这么做的。"转身离去。

堆放头颅处有状况，我箭步飞过去，马修则盯着两组人马的战斗。多瓦悠人只要集体合作，必定争吵不休，这次也不例外。他们一边争论，一边用布包起男人的头颅。我看得出来那是割礼者穿的衣服。女性头颅则被屈辱地弃置一旁，没人理会。女人和小孩全被赶走。他们推挤男性头颅，吹起我在屋梁上看到的那种笛子。祖帝保解释说："他们在威胁亡灵要割他们的包皮。"简直是个谜团。一个男人将头颅高举过头，嗡然鸣响的锣搭配着鼓与低音笛，吹奏毛骨悚然的曲调。他们甩开刚刚那捆神秘的东西，抖出长长的裹尸布，男人撑起裹尸布，左右摇摆，好像一只大蜘蛛。其余人则将血淋淋的牲礼牛只披在身上，顶起牛首，嘴里咬着一片生肉，以奇怪的跺地节奏围着头颅跳舞，不时弯腰、歪斜。场子里满溢臭气、噪音与动作。村子人口处，头颅祭主角的遗孀们一边跳舞，一边向头颅招手。头颅阵先是围着中央大树转绕，而后移往村落入口，和牲礼牛只头颅放在一起。头颅祭的主办人在头颅旁不断跳跃，呐喊："感谢我，你们这些男人才受过割礼。如果不是为了白人，我将献祭一个男人。"

当然，我自然以为他口中的白人指的是我，揣想他们因为我压抑了许多渎神行为。我的第一个反应是失望，差点高喊：“别管我。我就是为这个来的！”经询问，我才知道早年此类仪式的确要活人献祭，他的头颅还要用石头敲成碎片。后来中央政府（法国、德国与喀麦隆）制止了此种风俗。

接下来的进展沦为喝酒与一般歌舞，我们决定回孔里。回程路上，祖帝保绕道带我进入山坡上的一个孤立院落，卡潘老人住在那里。表演了冗长的问候仪式后，我掳获了卡潘老人的心，他陷入叹息、呻吟、咯咯欢笑的狂喜状态，好像老姑婆看到最喜欢的侄子。温啤酒送上，我们坐在昏暗中聊天。卡潘老人说着说着，不时爆出喜悦赞叹，很高兴我来拜访他。他知道我对多瓦悠的习俗感兴趣。他住在这里很久了，看过许多事情。他会帮助我，我应当尽快再来拜访他，他会派人通知我，这个季节他最忙了——他露出你知道的表情，我也装出我知道的样子。我是第二个拜访他村子的白人。我问：“前一个白人是法国人还是德国人？”企图确定那个白人莅临的时代。卡潘老人说：“不是，就是像你这样的白人。”我奉上带来的可乐果，起身离去。跋涉花岗岩大石头与积水小径，回到主要山径。山谷底已经雾气迷蒙，今夜将非常冷。当我们抵达车子时，浑身发抖，渴望速速返回温暖的孔里。西非洲的气候非常区域化：一地下着小雨，几英里外可能变成滂沱大雨。孔里的夜间气温一向比多瓦悠兰这一头多上十度，山的另一头气温更高。

一看到车子，我们便发现有问题，角度歪斜得奇怪。我在多瓦悠兰期间，只有生病时在教会遭窃一次，只要远离文明地区，我习惯东西不上锁。或许有人爬上我的车子放开煞车，移动了车子？

稍加检查后便发现问题。原来我将车子停在峡谷边，前方的路通向被冲毁的桥。前日的大雨掏空峡谷边的泥土，让车身倾斜，一边的轮子悬挂在六十英尺高的悬崖上，危险平衡，轻轻一碰便可能掉下峡谷。这种情况只有壮汉蛮力才能拨正，但众人仍在参加庆典。没法可想。夹着笔记本、相机与录音机，我们垂头丧气跋涉回头，好日子的烂结局。祖帝保还要雪上加霜，叨念着："人生来就要受苦。"显然是从当地穆斯林学来的宗教安慰。这类陈腔滥调，祖帝保取之不竭，我们在冰冷的河水中颠簸而行，他说："唉，谋事在人，成事在天。"当我们连滚带爬回到村子，他还加上一句："世事难料。"

我们开始寻找该村的酋长。如果说在多瓦悠兰，有什么比约定时间地点会面更徒劳无功，那就是寻找一个人或地方。不同的人带着相同的自信回报：酋长在他的茅屋里、去了波利镇、生病了、喝醉了——除了驾崩或身在法国，样样都有可能。自始至终，我都无法确定这是认识（有别于知识、事实与证据）上的差异，还是他们单纯在说谎。他们只是说些我想听的答案？还是他们坚信错误总比怀疑好？或者这是此地文化，尽量混淆外来者？我倾向于最后一个判断。

终于找到酋长，对我们的不幸际遇，他大表叹息。他说黑夜无法办事，大家畏惧黑暗，明天他会打点这件事。我说：“人生来就要受苦。”祖帝保咯咯发笑。

马修和我被安排住到香蕉园正中央的一间茅屋，我们在寒夜中以香蕉果腹。茅屋里仍有余火，一只狗昏睡不理人。我发现这是某人的厨房，为何孤立果园，不得而知。此外，多瓦悠人绝不允许狗儿进入茅屋睡在炉火旁。马修迅即展现多瓦悠人作风，开始找木头准备给狗儿迎头痛击。当他找到木头，我说服他还是先用木头补充炉火。当晚，我们便连着一身湿衣服睡在肮脏的硬土地上。我的位置较好，狗儿就窝在我的脚旁。但这可不是我在多瓦悠兰最值得记忆的快乐夜晚。寒气逼人，马修鼾声如雷，狗儿咳个不停。我估算着我还没付钱的车子有多大几率会掉下悬崖，自我安慰幸好白天里收集了不少好材料，虽然我压根儿搞不清楚它们。天快亮时我才入眠，枕着相机，手压着笔记本，好像中世纪学徒抱着工具睡觉。

天刚破晓，马修便起床。喉咙全是痰的狗继续睡觉。我们瑟缩发抖了一会儿，便与四名高大壮汉出发。宝狮 404 的车子非常重，难以想象四个人便能搞定它——在我估计中，十二个人还差不多。根据我当年大学的放荡经验，四名壮汉大约只能抬动迷你车。祖帝保沿途娱乐我们，细述昨晚和痢疾患者同房共寝的经历。多瓦悠语有各式用来描绘动作与气味的奇特声音，祖帝保发挥得淋漓尽致，因此当我们抵达车子时，大家情绪都很高亢。不待指挥，四名壮汉便爬下峡谷，赤足攀住岩棚，以侮辱人的轻松姿态便将车子举起，推回硬地，毫不费事，显然两个人就可搞定。祖帝保兴奋万分，鼓掌、拍腿，发出连串的舌头颤音、咂声与鼻音，以示庆祝。我则尴尬极了，我应当给这四名帮手一点零钱，表达我的感激。不幸，我身上一毛钱也没有，只好奉上不成敬意的香烟。他们显然有点丧气，却未抱怨。此后，只要我出发做田野，一定随身带饮用水、一罐肉、一些零钱与一周的抗疟疾药；我已经两天没吃药，忧惧万分，觉得快要发烧，急着铆劲奔回我的医药箱。

经过一天休息，我们恢复士气。唯一的永久损害是我的脚。两脚的大拇趾指甲附近起了奇怪的红点，奇痒无比。那是跳蚤。这种讨厌的寄生虫会在人的肌肤掘洞产卵，让你整只脚都烂了。非洲田野老手告诉我碰到这种状况，要请当地人帮忙，他们会以安全别针挑出跳蚤，不致刺破卵囊。不幸，多瓦悠人没有安全别针，也不善对付跳蚤。我只好自己想办法，以小刀挑出跳蚤，担心留下虫卵，挖下好大一块肉。这场恐怖但必要的手术让我许久行动不便。不过没关系，我手边终于有了研究素材，可从阐述田野笔记开始。一页笔记就够我忙上好几天，将它们对照我的所见，与孔里这儿的仪式有何不同，又代表何种文化意义。譬如，仪式里那个举着头颅跳舞的男人，不能是随便任何人，他必须与死者有“丢思”（duuse）关系。为了了解“丢思”是什么，我必须检视所有的亲属称谓。我不能用法国的亲属称谓来询问村人，那毫无用处，但是多瓦悠人使用法文亲属称谓的错误，倒是可以用来参考。譬如，他们无法分辨伯叔与甥侄，也无法分辨祖父与孙子。这显示他们称呼叔伯与甥侄都用同一个词，称呼祖父与孙子亦如是。事实也证明如此。多瓦悠人的亲属称谓是相互的。如果我称呼某人XX,他也会以同词称呼我，我花了好长时间才破解出来。最后，我拿了我仅剩的三瓶啤酒（波利镇啤酒缺货，它们是方圆两百英里仅剩的啤酒），向学校借教室与黑板。原本在十字路口晃荡的那些男人，雀跃前来和我这个善良的疯子聊天，交换啤酒喝。他们很快便理解亲属表的原则，我得到不少知识。许多文献都提到原始民族无法理解假设性问题。我则无法确定我与多瓦悠人的沟通问题出在语言，还是其他原因。譬如我说："假设你有个姐妹，她嫁给了某人，你会称呼他为……"

"我没有姐妹。"

"我知道。但是假设你有……"

"但是我没有，我只有四个兄弟。"

几次挫折尝试后，马修介入了。"不对，不对。主人，你必须这么问。一个男人有个姐妹。另一个男人娶了她。她成为他的老婆。这个男人该怎么称呼她的丈夫？"如此这般，马修得到答案。我采用马修的方法，不再碰到困难，直到"丢思"一词。我问："谁是你的丢思？"

"我可以和他开玩笑。"

"你怎么知道他是你的丢思？"

“小时候，人们告诉我他是我的丢思。我和他开玩笑。”

“他住在哪里？”

“他可以住在任何地方。”

“如果他是你的丢思，你父亲叫他什么？”

停顿。“他叫他祖父。”

“你的儿子怎么叫他？”

“我的儿子叫他祖父。”

曙光出现。

“你是不是也叫他祖父？”

“是的。”

在多瓦悠，老人都被称为祖父。这个称谓没有特殊意义，只代表对方上了年纪。前天，我花了一整个下午才搞通这点。我另辟蹊径。“丢思是你们本家，还是姻亲？”其中一人回答：“本家。”另一个人回答：“姻亲。他就像祖父。”

我换一种方法：“你有几个丢思？”

“不清楚。”

我突然想到“丢思”未必是有血缘关系的亲属，可能是完全不同的形式。我试遍所有可能：居处、头颅屋成员、交换关系，仍搞不清楚“丢思”是什么。我采取另一个策略，请大家介绍我认识他们的“丢思”，然后我们坐下来，辛苦追溯他们的关系。终于有了较清楚的概念。如果我有个“丢思”，他和我的关系是：我们在曾祖父（或更老的辈分）那一代有共同亲戚，中间还至少有一个共同的女性亲属。换言之，“丢思”可能是我的外曾祖父，除了“丢思”外，别无他词可以称谓，他和我属于不同的头颅屋，在亲属谱中是非常边缘、几乎无法追溯的位置。难怪我将两个“丢思”凑在一起，他们对彼此的关系往往有不同陈述。一个男人可以有许多“丢思”，但他只选择其中少数人玩笑戏谑，一起参与仪式活动。

其他田野细节也颇棘手，譬如男人参与不同场合所戴的羽毛、特殊仪式使用的叶子、仪式宰杀哪些动物、不宰杀哪些动物……这些琐碎小事对理解多瓦悠文化都可能至关重要。譬如，豹子在多瓦悠兰已经绝迹三十年，却在他们的文化里占有重要地位。豹子猎杀人与牛，猎杀特质和人一样。割礼人和豹子一样让人见血，必须发出豹子猎杀的咆哮声，接受割礼的男孩则穿得像小豹子。如果一个人杀了豹子，必须举行和杀人仪式一样的仪式。杀人者被称为豹子，他的帽上可以戴豹爪。多瓦悠人解释死者的埋葬仪式，将它与豹子巧妙结合，说豹子和人一样,都把头颅摆到树上（其实豹子是把猎物拖到树上吃掉）。像祈雨巫师这类法力强大、危险的人物，死后会变成豹子。如果把这些想法界定在反映人性暴力、狂野的一面，诸此种种态度拼凑起来，也成一番道理。

即便如此简单明了（对人类学者而言）的研究范畴，都花了我好几个星期才弄清楚。人们不愿意谈论祈雨酋长与豹子的事。我是有一次星期五到城里取信时，无意间与一个男孩闲聊，才得知此事。当时大雨倾盆，我们在树下躲雨，话题自然转到祈雨巫师。他指着远方云雾终年围绕的山头说："那里住着一个祈雨巫师，唐布科。就算旱季，那里也有水。但是最棒的祈雨巫师是我爸爸——卡潘老人。当他死后变成豹子，我就继承了雨的秘密。"我竖直耳朵，听着男孩随口闲聊我最感兴趣的话题，开始挖掘金矿。抵达波利镇时，我已经从他口中知道某些特别的山与洞穴非常重要、祈雨用的石头，以及祈雨酋长可以用闪电杀人（还有他戴了假牙）。一旦我知道了这些事情，便可向村人查证。但是得知祈雨酋长与豹子的关联，可纯粹是好运。如果我不是刚好走那条路，如果不是时间凑巧，可能永远不知道这个秘密，或者要很久之后才知道。

诚如前面所言，就连豹子这么重要的动物，我和报告人的沟通仍发生问题。一般人的想法里，非洲人通晓各种有关动植物的乡土智慧与民间传说。他们可从芽孢、气味、树木记号辨认行经的动物；小心翼翼分析树叶、果实、树皮，便知道它属于何种植物。非洲人的特有不幸是西方人别有居心曲解他们。早年，西方人自诩文化优越，自然认为非洲人的多数看法是错的，而且笨得很，智商大概只及肚皮之下。无可避免，人类学者的重责大任是反驳大众对原始民族的错误观感，尽力证明非洲人自有一套西方观察家忽略的逻辑与智能。在那个新浪漫主义时代里，力守职业伦理的人类学者赫然偏到另一边。今日的状况与卢梭、蒙田时代并无不同，西方人依然利用原始民族来证明自己的观点，以此声讨自己不喜的社会现象。当代“思想家”不太注意“事实”，也不留心前辈学者的平衡论点。在我尚未来多瓦悠兰前，便有过一次震撼经验，那是一次美洲印第安人工艺展。展览品中有一艘独木舟，解说写着：“独木舟，与环境和谐共存、无污染。”旁边有一幅建造独木舟的照片，印第安人焚烧大片森林，以取得适合的木头，余者任其腐烂。“高贵的野蛮人”（noble savage）[1]不仅死而复活，还在伦敦西北区及部分人类学系所活蹦乱跳呢！

多瓦悠人的真貌是：他们对非洲丛林动物的认识比我还少。追踪时，他能分辨摩托车痕与人类足迹，这已是能力的极致。和多数非洲人一样，他们相信变色龙有毒，再三向我保证眼镜蛇无害。他们不知道毛毛虫会变成蝴蝶，无法分辨不同鸟儿。更不能仰赖他们凭树皮精确指认树木。多瓦悠语里，许多植物都没有名字（虽然他们经常使用），而是以复杂句子指称：“那种树皮用来做染料的树。”多瓦悠人狩猎多半用陷阱，最没

---

1 “高贵的野蛮人”一词首见于英国作家杜莱登（John Dryden，1631—1700）的剧作《征服格拉那达》（*Conquest of Granada*，1672），也是十八、十九世纪浪漫主义文学的重要主题，代表作家对未开化民族的理想憧憬，认为他们象征人类未受文明污染、天生的善良。Roger Keesing指出，人类学者一旦置身初民或乡民的生活方式，浓烈的人情味与简陋的物质条件都具有强烈吸引力，让人类学者浪漫拥护“他们的民族”，坚决为部落生活的价值（甚至高贵性）辩护。1960年代，美国民俗文化掀起一股回归“高贵的野蛮人”热潮，在意识形态上，是在对抗现代生活的疏离、不讲私情、狂乱等现象。详见Roger Keesing，前揭书，第26页。

希望“与自然和谐共存”。他们埋怨我未从白人国家带来机关枪，让他们一举扫荡此地残存的可怜羚羊群。多瓦悠人奉命为政府种植专卖棉花，政府发给他们许多杀虫剂，他们马上拿来毒鱼，大把撒入河中，而后捡取漂浮河面的鱼尸。杀虫剂迅速取代传统用来窒息鱼儿的树皮。他们说：“它很棒，丢入河里，沿着下游好几英里，大鱼小鱼全部杀光光。”

每年多瓦悠人都会故意大举焚林，加速新草的生长。森林火灾屠杀无数幼兽，也危及人类。

上述种种都和我与多瓦悠人讨论豹子有关。语言部分便困难重重。称呼豹子，多瓦悠人倒有合适字眼——纳母悠(Naamyo)。狮子则是复合字——老母豹。小型猫科和麝香猫或山猫则是另一个复合字——豹儿子。大象的称谓与狮子极为接近，只有音调稍稍不同。更糟糕的是，我请教的第一个会说法语的多瓦悠人犯了大错，告诉我“纳母悠”是狮子。此外，我怎么知道当他们说“老母豹”时，指的是狮子、年老的母豹子，或者两者皆是？这个问题越来越棘手。后来我终于搞到一些非洲动物的明信片，里面有一张是狮子；一张是豹，我展示给他们看，看他们知不知道其中的差别。不幸，他们不知道。问题不在动物的分类，而是他们无法辨识照片。西方人常忘了人必须经过学习才能辨识照片。我们自小接触照片，即便是各种不同打光、扭曲的镜头，依然可以辨识照片中的物体，毫无困难。多瓦悠人没有视觉艺术的历史，仅能辨识几何图形。当然多瓦悠小孩上过学，看过课本和身份证，懂得辨认照片。法律规定多瓦悠人出门都得带身份证，上面有他们的照片。我对这事百思不解，他们多数人从未到过大都市，波利镇也没有摄影师，是怎么搞来照片的？仔细检查他们的身份证，才发现是一个人的照片大家用。显然，官员辨识照片的能力也不比多瓦悠人好。当我收集多瓦悠词汇（譬如人体器官）时，我画了一幅画，是一男一女的粗略轮廓，搭配模糊的性器官外形，好让多瓦悠人指着部位告诉我名称。这幅图造成轰动，一连数个月，男人蜂拥到我的茅屋要求看这幅画（他们尤其焦虑我是否完整表现割礼过阴茎的光彩模样，如果是，就不能给女人看）。重点是他们无法分辨男女的轮廓。一开始，我以为是自己画技不佳，直到我拿出狮子与豹的照片。老人们拿着明信片左转右转，用各种角度观看，然后说："我不认识这个人。"小孩虽然认得照片，却不懂这些动物在仪式上的意义，没有用。最后，我只好跋涉到加路亚。市场里有一个名称辉煌的摊位——传统疗者联合组织，在那里我找到各式奇怪东西，有植物的各种部位、豹爪、蝙蝠眼、土狼肛门……我买了豹爪、麝香猫的脚、狮子尾。有了这些配备，终于可以确定我们聊的是什么动物。

这仍未解决问题。解释这些动物的关联，多瓦悠人说了一个故事："一只豹娶了一只狮子。它们住在山上的洞穴，生了三个小孩。有一天豹子怒吼。两个小孩害怕逃跑，变成山猫与麝香猫。留下的那只变成豹。就是这样。"

自然我要问这件事只发生一次，还是所有山猫与麝香猫的起源都是如此。众人说法莫衷一是。有人说这是山猫的起源，但是麝香猫产自麝香猫。有人则说这是麝香猫的起源，山猫的祖先本来就是山猫。

这不是单独现象。任何有关鸟呀、猴呀等简单问题，往往充满惊人复杂、一点不似你在人类学文献里读到的那些明白陈述“多瓦悠人相信……”。多瓦悠人到底相信什么，不是直接问他们即可得之，你必须每个阶段都参酌各种解释，才能忠实反映他们的思想。

所以，日子继续。一场祭典提供我多日的研究素材。田野工作者不可能期望永远效率高超。据我估计，我在非洲期间，真正花在研究的时间不到百分之一，其余都用来补给后勤、生病、社交、安排事情、从这儿到那儿，还有最重要的——等待。我漫无节制的做事渴望已经触怒当地神祇，很快，我就受到教训。

第八章

跌到谷底

Rock Bottom

接下来的一段时间无疑是我这辈子最不愉快的旅行经验，那段时间里，我完全沉溺于丧志的罪恶中。

连串不幸始于我决定去加路亚补给用品，我非去不可。我不仅已经断粮，汽油只够驶到加路亚，而且身上还仅剩一千五百中非法郎（约三英镑）。此等窘况导致贸然行动。我答应奥古斯丁载他进城，约好天色一破晓便在大街后面会合，希望偷溜出城，不必搭载宪兵或满车顶的小米。加足油门快冲，我们逃出城外，开始在最烂的路段缓缓爬坡、转弯，过了这段路后，才能连接柏油马路。我们并未抵达柏油路，距离目标五英里处，我绕过转角，赫然发现整条路根本被大雨冲掉了。西方人有个坏习惯，总认为一条马路到了转角，弯过去也一定是马路。在非洲却大大不然。我一转弯，车子发出可怕的金属嘎吱声，随即歪进一英尺深的沟渠。

车子的转向轴有问题了。它发出呜咽、隆隆声，拒不接受方向盘指挥。以往我只靠微薄的初级讲师（Junior Lecturer）[1]薪水过活，甚少接触车子，完全不知该怎么办，找人帮忙才是上策。通常不管机器出了什么问题，都可以找布朗牧师——他在机械方面的神奇能力，众口相传。光凭两支衣架与一个旧犁，当场就可变出一个工具箱。他的解决方式不漂亮却管用。当他将修好的东西送还给你时，常会加上一句："这是一堆废物，但是在非洲，样样东西都用不久。"不幸，今天他外出了。无法可想，还是得去加路亚。我们将车子推到路旁，开始步行，抵达柏油路后拦下一辆丛林出租车。当时，我并未把教会门上的铭文"上帝的意旨决定一切"当作恶兆。

我们平安抵达，乖乖遵守漆在车上的乘客守则，不吐痰、不打架、不呕吐，也不敲破窗子。抵达加路亚时已近中午，奥古斯丁带我去他最喜欢的非洲餐厅吃饭，菜单选择只有两种：吃或不吃。我选择了吃，结果却没吃。他们用搪瓷大碗端上一只牛蹄，泡在热水里。当我说"牛蹄"并非指用牛蹄部位做成的食物，而是连皮带毛带蹄、货真价实的整只牛蹄。我努力进攻，却连牛皮都穿不过，突然食欲全消。奥古斯丁却以行军蚁精神将整只牛蹄吃到皮肉无存，只剩骨头。

---

1 英国大学教师分为junior lecturer、senior lecturer、reader、professor四个等级，前三者都是讲师。

此行有两大胜利。第一，我从当初贸然存钱进去的银行巧言哄骗出一笔钱来。第二，我找到副县长的机械工载我们返回波利。当时我愚蠢以为这是鸿运临头。他先载我们在城里的富来尼人区绕了几个小时，办了一大堆琐事，终于出发前往波利。道路非常狭小，挤满载运棉花、汽油，来往乍得与恩冈代雷的联结卡车。我惊恐发现这位机械工超越庞然卡车时，居然是双眼紧闭，整个车子急速往旁一偏，车轮离路旁三英尺深的排水渠不到数英寸。

尽管如此，我们还是在傍晚抵达我的车子旁。他快速检查一番，车子没问题，他只要敲一敲就好了。他爬到车下，我听到金属敲击声以及富来尼语咒骂。他微笑爬出车底。车子虽未完全修好，但开回来波利没问题，到时我再换新零件好了。

我高兴极了。奥古斯丁与我爬上车，以缓慢速度出发。转向轴还是怪怪的，但多少愿意照方向盘的指示前进。路上到处都是猫头鹰。它们常会踞坐路面，突然飞起来撞向车前灯；到处都是它们的尸体。多瓦悠人很怕猫头鹰，认为到了夜里，妖巫便躲在它们的翅膀下飞行。如果你的屋外或牛圈传来猫头鹰叫声，必须赶快寻找解方。

我们开抵通往波利的山头，开始下坡。直到驶近横跨峡谷的窄桥时，才发现转向轴又完全不灵了。我居然还有时间想起桥头两边的尖刺——那原本是栏杆。数年前，一位副县长在此车祸死亡，将栏杆撞得只剩尖刺。我们的车子先是撞上树干，弹回来撞上石头，直直往峡谷里冲。我整个人的力量全踩在煞车上，没用，车子在崖边悬了一会儿，随即掉下去。

一棵树干净利落接住我们，然后慢慢被重量压垮。我全然镇定，熄掉引擎，问奥古斯丁可还好，然后爬出车外。从峡谷爬上来后，看着底下尖刺嶙峋的岩石，我们突然无法自抑地歇斯底里大笑，非觉有趣，而是恐惧、如释重负与不可思议。我想我们呆坐了许久。逃过一劫，我和奥古斯丁都没受大伤，他胸口淤青，我的头撞到方向盘，手指、脚趾与肋骨大概也受伤。徒步返回波利，我们喝了几瓶奥古斯丁窖藏来应付危急状况的啤酒。此刻完全符合条件。

第二天，我们才完全明白损伤状况。仔细检查车子后，看来修理势必费时且所费不赀，但是我们逃过一劫仅受轻伤，实在太幸运了。我请当地医师检查，他宣称我们都没受伤。但是我的手指与脚趾角度奇怪，两根肋骨肿起一大块，显然他的检查并未看出轻微的骨折。我的两颚状况最惨，两颗门牙摇摇欲坠，整个下颚肿起来，痛苦不堪。我期待状况会好转，回到孔里继续研究豹子、山猫，靠镇定剂才能在夜里打盹入眠。

此阶段我最关注的研究是疾病分类，为此，我花了许多时间跟随当地一位传统疗者研究，不便之处是他住在孔里村旁高山顶上的悬崖。我们常常花数个小时讨论各式药草、疾病诊断与各种疗法的差异。

我前面说过多瓦悠人将疾病分为传染性疾病、头部巫术

(head witchcraft)、亡灵骚扰与污染性疾病。唯有传染性疾病与巫术导致的意外伤害可用药草治疗。判断疾病的成因是非常复杂的过程。有些疾病的名字同时指称病征与致病因子（譬如我们的“伤风”可指称某些症状，也代表病毒感染致病）。有些疾病的名字则特指病征（譬如“黄疸过高”可能是多种疾病的结果）。从病征确定疾病须使用多种占卜。病家先找来一个疗者，他将鸡的内脏丢到水里，也可找一种专家用玻璃球观看患者，确定病征。最常见的占卜术是在手指间搓揉一种名为扎布托（zepto）的植物，口中喊着患者可能罹患的各种病名。扎布托断了，当时所叫的病名就是正确疾病。接着占卜者再用同样方法找出致病因子是巫术、祖灵或其他，最后才是确定疗方。至少经过三道占卜手续，才能得到全部信息。如果患者无法到占卜者处，可以请人将谷仓屋顶上的稻草送去，谷仓是一个院落里最隐秘、最私人的处所。

如果占卜者确定是患者的哪位祖先搞鬼，解方是派人到头颅屋，用血、排泄物或啤酒喷洒这位烦渎的祖先头颅。

污染性疾病往往需要出动专家——割礼人、巫师或祈雨酋长。疾病的因果关系判断往往模糊暧昧。譬如，在我们看来是扭伤，他们却认为是虫跑进了手脚，属外力伤害。虫随雨而至，因此要找祈雨酋长治疗。碰触死者而罹患的疾病则需巫师治疗，疗法是以死者的衣物或其他私人物品擦抹患者。最可怕的污染性疾病来自铁匠与他的妻妾（制陶者）。与他们接触过多，尤其是碰触他们的工具，会生一种恐怖的病——女人的阴道会不断向内生长，男人的肛门则会脱垂。让男人致病的风箱非常类似阳具，它之所以攻击男性的肛门而非阴茎，可能和割礼的“官方版本”——割礼是缝合男性肛门——有关。

有些男人会施咒制造污染性疾病，以保护自己的财产。其中和我关系最密切者是孔里的仪式小丑。他拥有全区唯一的柳橙树，自从我向他买了两百个柳橙后，他便黏上了我（我必须承认我并不是要买两百个，而是二十个，错误使用数字惹来麻烦）。为了保护柳橙树不受孩子蹂躏，他在树上挂了某些植物与羊角，如此一来，偷吃柳橙的人便会像山羊般咳个不停，不得不向他寻求解药。

有些多瓦悠人因拥有能让人牙疼、下痢等的石头，赚了不少钱，患者必须向他们求取解方。多瓦悠人并不认为这种赚钱法有何不对。

头部巫术则是由近亲下在花生或肉里传染的。因为这种妖巫害怕尖锐的东西，所以尚未接受割礼的男孩千万不能豢养它，否则割礼时会流血至死。到了夜里，它会四处游荡，有人说它长得像小鸡，藏在猫头鹰的翼下。它吸人血与牛血，会造成死亡。为防止妖巫入侵，必须在茅屋顶上放置尖锐的蓟或豪猪毛。一个人有没有染上头部巫术，唯有死后检查头颅才知道。一开始，我不知道所谓“死于巫术”通常不是指巫师作法让人死亡，而是拥有头部巫术的人反被其害：一旦妖巫受伤，它的主人也跟着死亡。多瓦悠人用此解释旱季里年轻人前往都市打工，死亡率偏高的现象。他们都是年轻人（根本就是孩子），不太会控制妖巫。看到城里屠夫摊上的肉，十分兴奋，不小心就被砧板上的刀子给割伤死亡[1]。

断定一个人是否染上头部巫术，必须在他死后检查上颚两块像钉子的骨头。如果它们呈红色或黑色，代表妖巫已被杀死。如果一个家里接连几桩死亡都确定与头部巫术有关，通常某位亲戚会被指控为罪魁祸首。殖民时代以前，被指控施巫的人必经接受神判[2]。男的得喝割礼刀浸过的啤酒；如果有罪，他的肚

1　此段有关头部巫术的描绘并不清楚。译者特地写信给作者，请他进一步说明。Nigel Barley为此间读者写了一段详细说明，请译者翻译附于文后："头部巫术"直译自多瓦悠语的祖克沛思（Zuulkpase）。多瓦悠人和许多非洲人一样，认为人的身体就像容器，可以注入力量，也可以流出力量（因此瓦瓮才会在他们的象征体系里扮演重要角色）。头部巫术是多种巫术中的一种，可好可坏（译注：亦即人类学里所谓的白巫法与黑巫法，前者可产生有利的力量，起保护作用）。你很难用英文讨论头部巫术，区分它是不是一种有物质形体的东西。多瓦悠语言并无此种分别，它是一种介乎事物、动物与抽象力量的东西。一个人之所以染上头部巫术，通常是由亲戚透过食物下蛊。和小孩所吸收的其他力量一样，当孩子越长越大，这个妖巫也必须加以训练控制。它非常畏惧尖锐的东西，晚上主人睡觉时，它就出外游荡。刚染上者缺乏自主控制它的能力，往往不知道它的存在，它则永远尝食鲜血（尤其是主人的亲戚）。要证明一个人是否染上头部巫术，唯有在他死后检查他的头颅。虽然理论上，你可因他人施巫术而死，但多数时候多瓦悠人说"死于巫术"是指妖巫受伤，导致主人跟着死亡。

2　神判（或称神断）是用生理和身体的测验来判定诉讼当事人有罪、无罪或者权利归属的方法。详见Roger Keesing，前揭书，第844页。神判时被告须吞食毒药，或把身体的某一部位浸在烧热的液体里，或者和原告决斗。如果身体未受到伤害，则表示被告无罪。详见芮逸夫主编，前揭书，第189页。

子就会胀起来，流血至死。女的得喝掺了旦戈（dangoh，一种喀麦隆大戟科植物）有毒汁液的啤酒。如果她们不吐，就会死亡，证实有罪；如果她们呕吐，呕吐物白色代表无罪，红色则有罪。判定有罪者会被铁匠吊死。

一次，某女子被控对两个女儿下头部巫术，导致她们死亡。第二个女儿死后的头颅检查，我也在场。一名老者用弯棍将头颅从尸身分开，技巧纯熟，颇获赞美。他将弯棍伸进眼眶内，轻轻一挥，头颅便随之而起，牙齿全没掉进尸体肚内。女孩已死三周，腐烂气味臭不可当；死者父母必须答谢老者一副羊皮。照例，检查头颅充斥猥亵幽默，女人不得逗留——如果我们弯腰时放屁，她们会到处张扬。女人很不高兴地退场，男人开始检视头颅。我在多瓦悠兰期间检查过不少头颅，总是无法说服自己光凭头颅的形态差异，就能判断死者是否中了巫术。老人却往往结论一致。确定死者被下了巫术并不会引起公愤，而是满意。被指控的女人是我的近邻，大家开始笑说唯有白人才能做她邻居，因为白人不受巫术影响。对此侮辱，她不胜其扰，表示她愿意从死者头颅上走过。如果她是施巫者，就会当场死亡。她的丈夫不肯，对我说："有什么用？她去走一定会死，我还得花钱再买一个老婆。"

面对巫术，多瓦悠人并无我想象中的恐惧感：他们以漠然的平常心看待巫术。他们常对我说头部巫术分很多种，只有一种是坏的。有些头部巫术让你牙齿干净强健；有的则保佑你农耕顺利，对大家都无害。当我说白人国度没有巫术，所以我很感兴趣，多瓦悠人始终不相信。后来我才知道他们认定我的前世是多瓦悠巫师。多瓦悠人从不指责我说谎，只是摆出一种奇怪表情，尤其是听到地下铁、英国人娶老婆不用付聘金等漫天大谎时。

大体而言，疗者很愿意和我合作，赚取微薄报酬。他们只担心我会盗取疗方，自己开业。原始社会里，鲜少有免费的知识；相反的，知识有归属权。一个人是知识的主人，既然他的知识是花钱买来的，岂会不收钱便白白传授他人，那就像嫁女儿不收聘金，是个笨蛋。因此他们向我收钱，纯粹合理。多瓦悠人依据血统来历判断疗方好坏。古老疗方一定比新疗方好；任何新疗方都备受质疑，它缺少祖先的许可认证。因此疗者也懒得寻找新疗方。

疗者原本对我的诊所颇感疑惧，直到确定我只用白人药草治疗传染性疾病，与他们没有竞争。但是一个病例让我面临道德与策略的两难。祖帝保的弟弟就住在离我数栋茅屋外，经常到我那儿拜访。他是个瘦长、奇怪、和蔼的年轻人，据说脑筋有点不灵光。一天，我突然注意到他好几个礼拜不曾现身，我问村人他是否出外，获知他生病快死了。他得了严重的阿米巴性痢疾，家人跑去山顶悬崖请疗者诊断。他检查鸡的内脏后，确定他受到母亲亡灵骚扰，她要喝啤酒。家人去头颅屋喷洒啤酒，酋长弟弟的病情却毫无进展。请来另一个疗者，他说患者其实受另一个亡灵骚扰，只是这个亡灵假装是他的母亲。他们献祭供品，患者病势却越来越沉重。酋长的三老婆从小将这个小叔拉扯长大，忧心如焚，跑到我的茅屋前痛哭，询问我有没有白人药草可救他。我无法拒绝，事实上我的确有治疗痢疾的药与抗生素。我和大家解释我不是疗者，不知道我的药是否有用，如果他们希望我治疗他，我就试试看。我害怕此举会破坏我与疗者的关系，但是他们却看准我诊断一定错误。酋长的弟弟吃了我的药，迅速康复，几天内，便从骨瘦如柴变得活泼健康。大家都很高兴，疗者也不生气。他们只说此病例十分复杂，患者得的是传染性疾病，但是不少亡灵也加入捣乱，让患者病势沉重。他们处理亡灵部分，我治疗的是传染性疾病部分。

唯有这种时候我才觉得多瓦悠人可怜，认为他们的生活形态的确不如西方人。除此之外，他们享受自由以及啤酒、女人带来的感官满足，自觉富足与自尊。可是一旦生病，他们便在痛苦与恐惧中毫无必要地死亡。波利镇的官方医院毫无帮助。政府规定百姓就医必须携带笔记本，方便记录病历。部落文盲怎么会需要笔记本？大家都没有，波利镇也不卖，医院照规定行事，不认为这是他们的责任。医院拒收病人，不给他们亟需的紧急治疗，直到他们买到笔记本为止。我和教会都尽量提供给他们笔记本。结果是多数多瓦悠人不上医院看病，不少人死于缺乏救治。这种骄傲、没人性的官僚作风实在令人难以苟同。

同时间，我满怀罪恶地发现每当我到医院看病，仅因为是白人就可免排队，获得达官显贵般特殊待遇。

另一次敏感事件是某位法国植物学者旋风般来去喀麦隆，制作喀麦隆植物分布图鉴。当我返回村子，发现这位绅士驻扎在校舍，已经连续调查本地植物六个小时。多瓦悠人当然不解谁会单纯对植物感兴趣，他显然意图窃取多瓦悠药草疗方，到他处大赚其钱。这位法国植物学者的研究站规模比我阔气，他不爱吃本地鸡，自己带了鸡来，还有两名随从服侍所需。我们在丛林里共进一顿奇特晚餐，桌布与餐巾一应俱全，多瓦悠小孩则排成圆圈蹲坐在我们身旁，张大眼睛好奇张望。他向我和气解释采集植物样本以供日后辨识的重要性。面对非洲，法国植物学者与英国人类学家的距离显得微不足道，我们直聊到深夜。

第二天，本地疗者觉得我“兄弟”的非法偷袭行为实在太冒昧。我颇费一番唇舌才说服他，我和法国植物学者并非来自同一国家，祖帝保请他喝啤酒遭到拒绝，就可证明。他和新教会的布朗牧师一样，都是外国人。这些种族和英国人的差异，就像可恶的富来尼人与善良的多瓦悠人一样大有差别。

依我们的见解，传统疗者的疗法根本无效甚至有害。这些疗方大异西方世界观念，譬如用羊角摩擦患者胸膛治疗肺结核，荒谬到我们根本懒得检查它是否有效。人类学者只要依据交感巫术（sympathetic）[1]与感应巫术（contagiousmagic）的一般原则，也能表现得有模有样，这些疗者根本不够看。多瓦悠人在这方面的信仰丝毫不令我吃惊，直到我和祈雨酋长开始工作为止；有关这部分的故事容后再述。

多瓦悠多数疗方以三大类神奇植物为主，从通奸到头疼，诸种痛苦都可治疗。这些植物又区分为几类，光凭外表，门外汉绝无法区分。有时，多瓦悠人说起话来就像顽固的实证主义者，无法眼见为凭的东西他们一概不信。我问："你如何区分这种扎布托和另一种的差别？"或者"你怎么知道它是治疗头疼还是断绝通奸的植物？"他们不可置信地看着我，这么简单明了的事情："试了才知道，不然怎么办？"但他们又会滔滔不绝说些造雨石头、人变成豹、蝙蝠没肛门所以从鼻孔喷出排泄物等没影子的事情——违反他们的实证主义。你永远无法预

1 交感巫术一词是由弗雷泽（James George Frazer）所创，他在《金枝》（*The Golden Bough*）一书中说，分析巫术赖以建立的思想原则，便会发现它们可以归结为两个方面：第一是"同类相生"或果必同因；第二是"物体一经互相接触，在中断实体接触后还会继续远距离地互相作用"。前者可称之为"相似律"，后者可称作"接触律"。透过"相似律"引申出的巫术，施巫者能够仅仅通过模仿就实现任何他想做的事。透过接触律，施巫者则相信能透过一个物体对另一个人施加影响，只要该物体曾被那个人接触过，不论该物体是否为该人身体的一部分。基于"相似律"的法术叫做"顺势巫术"或"模拟巫术"。基于"接触律"的法术叫做"接触巫术"。不管是"顺势巫术"或"接触巫术"都奠基于交感作用，施巫者相信透过一种我们看不见的神秘媒介，可以把一物体的推动力传输给另一物体，亦即经由神秘的交感作用，可使本来无关系的两件事物发生作用。详见弗雷泽：《金枝》，台北：久大、桂冠联合出版（1991年），第21—23页。

测他们的答案会是什么。光是“我不知道”,他们就有三种说法，怒气程度不同。有时我能拗到直接答案,多数时候是“我不知道，我没看到。没看到怎么知道？”大家开始嗤笑我这个人什么都相信。

这段时间，我开始觉得自己搜集到一些数据了。我逐渐适应非洲生活与田野方法的挑战。我还记得某篇文章说淘金是每三吨废物才沥出一盎司黄金；此言如果属实，田野工作和淘金颇相似。

我的双颚并未逐渐痊愈，越来越糟。牙床开始流出血液混合脓汁，不悦的黏液，该去看医师了。我绕道教会找布朗牧师，他雀跃闻知非洲摧毁我的所有期许，印证他对黑暗大陆的悲惨观点。他愿意帮我修车，但不保证何时能修好。如果我早知道修车要九个月，我就不会对他如此感激涕零。当时我却觉得放下心头大石，搭送信便车前往加路亚。

我始终不明白邮件车的驾驶为何不愿顺道搭载外国人，只要付点小钱，他就让人搭便车。碰到西方人，却搬出法规奉如圣经，断然拒绝。有时碰到善心宪兵，他会帮你说项。找不到便车离开波利，使我的非洲生活更添挫折。终于我来到加路亚，据说全喀国只有两个牙医，一个潜藏在此，另一个在首都。人们告诉我有中国来的牙医，结果只是烟幕弹，全是农耕机驾驶员。最后我终于在当地医院追踪到牙医。

当时我还是个头脑不清的西方自由主义者，乖乖排队等看病。不久来了个法国商人，挤到队伍最前面，塞给护士五百中非法郎，问道：“有没有白人牙医？”护士争辩说：“他不是白人，但是从法国来的。”那位流亡海外的法国人想了一下便离去，我留下。

当手术室门打开，我讶然发现自己被其他排队的非洲人推到队伍最前面。手术室里只有一些老旧的牙科器材，还有一张大大的里昂大学文凭，给我不少信心。我对一个大块头男人解说我的病状。他二话不说，拿起一把钳子拔掉我两颗门牙。突如其来的攻击让我对拔牙的痛苦来不及反应。他说我的门牙烂掉了，甚至暗示说搞不好它们老早就烂了。现在他把烂牙拔掉，我好了，可以到外面付钱给护士。我呆坐椅子，鲜血直淌衬衫胸口，试图让他明白他可以进行下一步治疗。少了两颗门牙，还要用外国语与人争辩，实在很困难并毫无进展。最后他终于发现我是难缠的病人，恐吓说好呀，如果我不满意他的治疗，他可以去叫牙医来。他转身离去，留下我狐疑到底是谁帮我做了拔牙手术。我居然掉进这么明白的陷阱，误以为站在手术室、身穿白外套、准备帮你拔牙的人，一定是牙医。

另一个男人出现，也是穿白外套。我忙问他是不是医师。他说是。刚刚那人是他的技工，也修手表。补起我空空的门牙要花不少钱，难度高，需要精良技术，他有这种技术。我告诉他除非我能说话，否则我无法工作，也就没法付钱给他。他顿时变聪明，叫我下午再来。他会做个塑料的东西。又说我是高贵病人，配用得上麻醉，在我的牙床注射局部麻醉剂。拔完牙后才打麻药，这实在很怪，但是我痛到毫不在乎了。

在拔牙与补牙间的空当儿，我在加路亚游荡，门牙漏风，像狼人般青面獠牙。迎面走来的人避之唯恐不及。我胸口沾满血，仿若身受重伤。宪兵怀疑我干了什么分尸坏事，盘问我时，我只能含糊不清、发音不全地回答。

下午我回到医院，医师为我补上两颗在牙床上靠不住摇晃的塑料假牙，给了我一瓶粉红色漱口水。收费超过法定标准十倍。没辙，只好照付。当我离去时，发现用来为我注射麻药的针筒弃置在地。

适应这个塑料假牙可是我情愿不要的麻烦事。多瓦悠人却喜爱不已：许多人还仿效我，刻意拔掉门牙。我问他们干吗如此？是看起来较美吗？不是。那是（此刻人类学者沉浸于幻想中）为了给身体提供一个像村落大门的入口吗？也不是。这是为了上下颚死锁时，还有一个洞可以把食物塞进去。这种事常发生吗？据他们所知，从未发生过，但有可能发生呀。能够一边说话一边拿开门牙，极端吸引多瓦悠人。

现在已接近收成季，多瓦悠人赶在雨季最后一个月把许多属于湿季的仪式举行完毕。譬如男人死后，必须将他的弓安置在头颅屋后面，举行安弓仪式。女性死者的水瓮必须由儿子送回到她的兄弟处。我迫不及待要看这些仪式，唯有看过并记录所有仪式，才能分析其内在逻辑、勾勒其架构。

我的可移动式假牙大大提高马修的地位，让他很快慰。他听说本地疗者即将为过世老婆举办仪式。每次上山拜访疗者都是痛苦经验，必须攀爬摇摇欲坠的岩石，一失足便会摔落陡峭深渊。但是没办法。他选择这么不亲切的地方居住有几个原因：首先，这是山地多瓦悠人的传统居住方式，在陡峭山边开辟梯田，必须四肢着地才能耕种；此外拔高数百英尺，气候适合种植少数特殊品种的小米，它们比平原地区大片种植的普通小米值钱。理论上，供祭祖灵必须使用这种高等小米，给祖先喝的啤酒也用它酿造，酒精浓度较高。此外，高地农田较少被牛儿践踏。

相较于攀爬时的辛苦，抵达之后的工作环境宜人：山地村落气候舒爽，人们热情欢迎我，其实离我的茅屋也不算太远。我检查了相机、录音机后，先去拜访主人并贿赂他，探询他举办此次仪式的动机、该准备些什么。先行拜访是聪明之举。一旦仪式开始，大批亲属四面八方涌入，谁也没时间理会人类学者的愚蠢发问。此外，先行拜访给我充裕时间检查我得到的答案、思索我要问的问题，看看有无改进之处。仪式过后几天，我会二度造访村子，询问仪式当天发生的一些事，核对仪式参与者的身份，它和其他村落举行的仪式有何差异及不连贯之处。这时仪式器物尚未归还主人，正好可以拍照，这比仪式中拍到的照片更清楚。我都将底片寄回英国，请朋友帮我冲印。在喀麦隆冲洗底片既贵又不可靠，但是底片在这种气候一放十八个月，也很危险。寄回英国有可能半途掉了，也要回国后才能看，但整体而言，还是比较聪明。最大的缺点是大大增加我与邮局人员的接触，即使以当地标准，他们也堪称是蠢笨与无能的大师。

就在仪式的前几天，我的生活水平突然大大改变。那天我进城取信，来了一辆陌生卡车，满载箱子、桶子与行李。陌生车辆向来招引诸种揣测。卡车上是一男一女陌生白人，身为驻地白人，上前探头探脑是我的责任。我们用生硬的法语交谈，不久即发现我们都来自英语系国家，男人热情握手，差点捏碎我两根手指早已骨折的手。

他们是约翰·博格与珍妮·博格，与新教会的布朗牧师是同事，奉驻波利。他们是美国人，年纪还轻，初次到非洲，和我当初一样饱受震撼。约翰负责主日学教学，珍妮是他的太太。我们都有受过高等教育的口音。

他们在波利镇安顿下来后，我更是非进城取信不可。有他们愉悦相伴，你可以大说英语、在厨房吃珍妮烘培的面包、听音乐，聊些小米与牛只以外的话题。约翰的任务是和多瓦悠人沟通“基督精神的意义”，我的任务则是确立“多瓦悠文化的意义”。我们的相互帮助，便在提醒对方目标常有力有未逮之处。最重要的，约翰傲然拥有十二大桶垃圾小说，慷慨赐借。我在多瓦悠兰之所以不曾发疯，这些小说厥功甚伟。仪式的漫长间隔、七点之后村民全部上床的无边沉闷夜晚，一本小说在手，便不再那么痛苦难熬。顿时，田野工作变成我此生最浓缩的阅读经验，我从未有机会如此大量阅读。不管是坐在石头上、爬山半途中、坐在河流中、蜷缩在茅屋里就着月光，或者拿着煤油灯在十字路口等待，我都少不了一本约翰的平装小说。当我的期望落空、人们允诺我的神圣誓约破裂，我就遁入田野工作的备档心情，拿出我的平装小说，和多瓦悠人比赛谁能熬得更久。

我赢得令人艳羡的“固执”美名。如果有人约了和我见面却爽约，我就会拿本书坐下来等，直到他现身为止。我觉得自己终于赢得西式胜利，打败多瓦悠人的时间观。

约翰和珍妮除了解决我的交通问题，愿意帮我从城里运送必需品，还满足我的其他需求。约翰把办公室钥匙借给我，他外出时我可使用。他的办公室里有一张真正的桌子，这是我到多瓦悠兰之后看到的第一个平坦书写桌面，还有电灯与纸。没住过非洲山区部落的人，绝无法体会这是何等奢侈。只要跨进他的办公室，我就可将多瓦悠兰锁在门外数个小时。我可以摊开笔记分析数据，检查哪些地方还不完全明白，哪些调查又是值回票价。在毫无干扰、中断的状况下从事抽象思考——非常不非洲。

这些当然都是我们初次见面后的事。但仪式部分的发展也超乎我的预期，前面说过我忙着记录疗者之妻的水瓮仪式，我照宣布的仪式日现身，讶然发现它居然准时举行。我必须承认爬山耗掉我太多精力，到了山头，我差点站不住，世界在我眼前打转。我尽力记录仪式——死者水瓮如何布置成接受割礼者的模样，男人将水瓮高举过头边歌边舞。但情况显然不对，我的眼睛几乎睁不开来，相机重得拿不动，多瓦悠人的“解释”也令我恼怒不已。当时我坐在牛圈的墙上，忙着厘清仪式参与者的亲属关系，一个男人警告我不要坐在那里，以免染上可怕重病。我问马修他是什么意思。马修说问题出在角落的破瓦瓮，它们蓄积气体，会吸走我胃里的维生素。我实在受够这种胡言乱语，突然勃然大怒，连自己都大吃一惊，因为这是受过教育的多瓦悠人的典型答案，我早该习惯了。如果我当时心智正常，便会察觉这是传统多瓦悠人思维模式伪装成西方想法。后来我颇费一番工夫，才发现破瓦瓮下埋的是保佑牛只繁育的石头。它会扰乱人的生育，唯有丧失生育能力的老人才能接近。坐在那里，我可能终生不育。

到了仪式尾声，我几乎无法记笔记，以可能摔断脖子的高速飞奔回村，颓然倒在床上。第二天，太阳尚未完全露脸，我便爬进城里看医师。他看看我的眼珠，在显微镜下检查我鲜黄色的尿液，宣布我感染了病毒性肝炎。他问：“最近你可曾用过不干净的针头注射？”我想到加路亚那位牙医。唯一疗方是大量摄取维生素 B 群、休息与营养饮食。考虑我的状况，这些完全不可行。在床上躺了几天，我觉得好多了，便回到山上继续询问水瓮仪式的细节。

我在头昏脑涨的状况下工作了一个星期。约翰和恩冈代雷教会的一位传教士开车到村里探望我。我不记得谈话内容，好像是在聊当天我买到的阳具状山药究竟有何性意涵。他们意味深长地看了对方一眼，开始一阵忙乱。他们担心我的状况，要载我去恩冈代雷的教会医院。

我不认为自己需要这么强力的治疗。幸好，他们坚持第二天出城时再来看我，让我思考一下。我拿着肥皂前往洗澡处，离开村子不到一百码，便突然累得走不动。路边正好有大石，我一屁股坐下，无法抬动双腿。大雨骤然降下，我仍无力移动身体。想起今天是我的生日，我不可自抑放声大哭。就在此时，邻村的贾世登发现我。我抽噎说自己无法走路，他一把捞起我，背我回茅屋，我沉睡不醒，直到被抬进医院为止。

第九章

非洲总有新把戏

Ex Africa semper quid nasty

任何一家非洲医院就西方标准来看都很恐怖。没有西方医院的粉嫩色彩与低声细语，也不在走道旁诊疗室或屏风后面治疗伤员，而是在众目睽睽之下展示令人不悦的病体。非洲人生病，全家人坚持和他一起住院，在医院里举炊、洗衣、给孩子喂奶，把医院当成家，旁若无人以刺耳嗓门操持家务。收音机震天作响，小贩叫卖各式垃圾货品。长长的队伍里，女人背着孩子、男人一脸忧郁，人人手上紧抓着纸，好像护身符。男护士穿过病患队伍，心无旁骛，全然无视紧抓他们的手与哀戚恳求。医院周遭更是生态灾难。树叶全被摘下擦手，树枝被扯下充当柴火，新月形的草坪被踩得奄奄一息，上面一坨坨排泄物，鬼头鬼脑的狗儿尽兴大舔。

坐镇这一团混乱的是医师，通常是白人，工作过度，饱受骚扰，奔来跑去处理各种急难事件，以赛过十二个部门的效率提供最基本的医疗服务。他们为我注射丙种球蛋白，整整两天，我都无法移动双腿。尼尔森牧师夫妇再度收容我，决心好好喂饱我。

肝炎的大麻烦是它很容易变成慢性，纠缠我直到我离开喀国为止。因此第一要事是筛检出我罹患何种肝炎。肝炎筛检只有雅温得医院才能做。那里也有合格牙医能帮我做一副较可用的假牙，直到我回英国为止。我的西方朋友显然受不了我吃饭、聊天时，假牙常常飞出去，频频鼓励我去雅温得换假牙。

财务灾难悄然逼近，我的钱还是没来。银行连最简单的指示都无能执行，我欠教会的钱已多到难堪的地步，还得面对修车与“身体大修”的额外支出。走投无路，我发电报给英国同事，请他们借我五百英镑。如果他们能电汇给我，我可以去雅温得的英国大使馆领取。

此次身体崩盘来得还算凑巧。主要的庆典季节已经结束，我打算参观的丰收祭尚未开始，大约有三个星期时间整修自己，再回到田野场。运气好，说不定可以赶上丰收祭。拿着假牙，我出发前往雅温得。

因为身体虚弱，我决定不计代价搭乘卧铺。出我意料，卧铺很干净舒适，1910 年代“火地岛铁路公司”（Tierra del Fuego Railroad Co.）的出品。我的一夜好眠梦想却被服务员摧毁，他坚持安排我与一位恐怖的黎巴嫩妇女及其瘦弱的女儿同住一间。服务员指出我的铺位，我将行李放妥，倒头便睡。突然，那位黎凡特（Levantine）[1]悍妇一把将我扯起，嘶声怒吼："在我女儿结婚前，没有男人能与她同房睡觉。"她解释说："她还是个处女。"我与服务员以全新兴趣打量这位女孩。我试着解释我并不觊觎她女儿的肉体魅力。女孩咯咯笑，服务员咆哮，我被全然漠视。

无视那位悍妇的骚扰，服务员唠叨念了一大篇规定。和所有非洲争论一样，他们的口角亦是周而复始、无关宏旨。

"我认识一个铁路局主管，我叫他开除你。"

"我兄弟是移民局督员，我叫他驱逐你出境。"

"野蛮人！"

"娼妓！"

随即他们在车厢门口毫不体面地扭打，互相大啐口水。我与那位女孩沉默交换同情眼神。该摆出决断的样子了，我吃力起身。妇人似乎担心我从背后偷袭她的女儿，紧握拳头，奋力扑到我的面前。服务员趁她不注意，一把抓住她的背，将尖声大叫的她拖到走道。众人群集围观，不少是出外旅行的警察，漠然袖手，一些可恶的观众则鼓噪叫他们打架。

我则一跛一跛沿走道前行，发现几乎所有卧铺都是空的，随便挑了一个睡上去。服务员视此为恶意背叛，用瞪视黎巴嫩

1　黎凡特指地中海东部以及爱琴海沿岸的国家，自希腊到埃及，包括叙利亚、黎巴嫩、以色列等。

妇人的恶狠眼神瞪了我许久，直到我拿钱贿赂才打发了他。整晚，我都听到那位黎巴嫩“哨兵”只要瞥见敌人经过，便拉开车厢门对他大声咒骂。第二天抵达雅温得，服务员死命阻挠那位妇人找行李推夫，她则企图泼他茶水。

我和上次在雅温得认识的法国朋友约在老酒吧见面，闲聊大家的近况。多数失踪面孔都是感染了肆虐西非洲的致命病毒性病。非洲社交生活贫乏，通奸是最大消遣。我惊恐发现那些纪念品小贩还记得我是那个什么都没买的人，决心这一次不让我漏网。

初抵喀麦隆时，我对雅温得的丑陋与肮脏印象深刻，现在它却似天堂般美丽、品味非凡，充满文明舒适。短短数个月，我的标准便有了惊人变化。赤贫与富裕的骇人并存也不再撼动我。当我与白人同伴坐在咖啡馆时，一个孩子站在人行道上，年纪小小，却不知受什么政治激进主义影响，对外国人破口大骂。咖啡馆客人似乎觉得很有趣，丢了几个铜板，那个孩子连忙趴到泥巴地上拾起。

我很快住进朋友的公寓，再次发现英、法两国年轻人的生活优先级大不相同。生活在非洲，独立的英美人士不是自己种植，就是吃罐头食物，法国人却坚持法式料理。不教书时，他们的生活就是到丛林赛车、到大使馆区参加派对，或者从事其他观光冒险。他们当中有一人酷爱剥制动物标本，尤其擅长剥制穿山甲。据说穿山甲很难杀死，因此他整日忙着实验各种杀死穿山甲的新方法。有时澡盆里浮着他宣称刚淹死的穿山甲，有时冰箱冷冻库门关不上，里面是他“冻僵”的穿山甲。

奇怪巧合，综合医院里新来的医师认识我，他是我一位老友妹妹的男友，我们曾在法国拉罗谢尔（La Rochelle）的酒吧见过一面。发现世界这么小，而且依据非洲扩展式亲属关系运转，真令人欣慰。他安排我验血。我对这项检查颇感矛盾。我就是因针头感染而生病，再挨一针能治病吗？

第二天，我去大使馆打探钱来了没。大惊发现自己成为外交工作的主角。伦敦外交部转来一大堆夸张报告，说我的身体伤残了，以致大使馆一位人员慎重考虑走出首都护围，寻找我的下落。典型作风，他们费劲解释为何无法帮忙，为我安排优先看牙医，却矢口否认知道钱的事。

我在雅温得待了两周修牙，用新假牙大啖肉与面包，某天还吃了奶油蛋糕（我回英国后，天天吃两个奶油蛋糕，直到恢复体重为止）。再没什么比大病初愈后四处走动更快乐。有一天，我与烟草店老板一起外出吃饭，不知为什么，突然幸福感紧紧包围我，后来我才发现我坐的是布套扶手椅。在多瓦悠兰，我不是坐在石头上，便是坐酋长的摇摇欲坠折叠椅或教会的硬背椅，这是数个月来我第一次坐到扶手椅。此地还有戏院，配备奢侈，坐在后座的人有一种机器可以听音轨，不必仰赖前座的人口耳相传。最棒的是这里的房子不是浪板铁皮屋顶，大雨不致冲毁一切。

但幸福感短暂。此地白人生活集中于酒吧，到了晚上，他们就群聚于此互吐苦闷、抱怨雅温得种种。为防肝炎复发，我严禁喝酒，酒吧对我而言，实在乏味透顶。到后来我要返回内陆时，竟一点不觉惋惜。我也担心只要我转身不注意，多瓦悠人就会偷偷举行丰年祭。

我顺道到医院拿验血报告。第一份报告说“样本遗失”。第二份报告说“验血试剂缺货”。我早就知道是一场白忙。但是我觉得身体好多了，而且配备新假牙，可以发出基本的英语发音。财务状况则依然吃紧。数个月后，大使馆才发现钱的确是汇来了，只是塞在某个抽屉里。我更讶异大使馆人员极端缺乏手腕，居然在乌龙事件后一个星期寄来女王生日派对的邀请函；请柬背面写着：“如果阁下无法光临，大使也不觉意外。”

我平安抵达恩冈代雷，与约翰、珍妮碰头，搭他们的便车回波利镇。美国派来增兵，那是布鲁一家人，男主人是华特，他将在教会学校教书。他、约翰与我成为灵魂伴侣。华特迅速得到瓦区（Vulch）绰号，因为当地人将他的名字念成兀鹰(vulture)。华特是《时代周刊》填字游戏迷，经常坐在阳台上，与填字游戏数个小时痛苦奋斗，不时绝望呻吟或者兴奋跳跃。他极有音乐才华，很快便取得教会那台饱受湿气与白蚁侵蚀、油尽灯枯、哮喘不已的钢琴独家使用权。后来他搞到一个调音较好的乐器，我才发现他真的能玩音乐。他的太太杰奎琳是完美的陪衬者，统管一切务实工作：裁衣、养鸡、钉钉锤锤、生养那些“瓦区”边玩填字游戏边心不在焉逗弄的小孩。他们家永远访客川流不息；主人还欢迎多多益善。打从丛林来的客人永远不知道他们家里会有谁，到处是打开的行李、吵闹的小孩、猫狗与变色龙。这就是“瓦区”的家。

我不再觉得自己在喀麦隆孤孑一人。最坏的已经过去，我已克服种种困难。田野场不远处就有我的朋友，当我生病、沮丧、被孤寂打倒时，就可逃进我的避难所。现在，我可以开始进行此行的研究了。

第十章

仪式与错误[1]

Rites and Wrongs

我离开了三个星期，欣慰发现路旁的小米尚未到收割期。

自从我读了马林诺夫斯基那篇反对人类学者赖在教会阳台的激烈文章后，就对教会阳台大感兴趣，我发现坐在阳台上沉思非洲，往往心情愉悦且收获颇丰。阳台正前方是通往城镇的干道，背后是月光笼罩的山头，嘈杂与闲逸在此美妙处所兼容并存。

经历恩冈代雷的寒冽，此刻我欣然坐在阳台享受美景与仁慈的温暖，远处山头飘来阵阵鼓声。再度，我觉得自己像四十年代英国电影里的典型白佬，聆听远处山头的土著鼓声，怀疑

---

1 本章的原名Rites and Wrongs，有双关语含意，“仪式”（rites）一字在发音上与“正确”（rights）相同，因此章名亦有“正确与错误”的意思，扣合本章所述：作者在探讨多瓦悠仪式所反映的宇宙观时，犯了许多错误，也有不少正确判断。

这是否代表令人胆战的屠杀即将展开。我认出那是深沉的死亡之鼓。有人死了，还是个富人。鼓声在山头回响，很难判断它来自何方。我问厨子鲁宾知不知道,他说鼓声来自蒙哥(Mango)村，结果鼓声来自我的村子。责任感驱使我起身：迄今，我尚未见过男性大型葬礼。我和朋友告别，举着借来的火炬，奔回孔里。

我一踏入村子，马修便热情迎接我，要求预支薪水。死者是孔里村最偏远处的一个有钱人，因为马尤（Mayo）的关系，我和那个院落关系不错。马尤是祖帝保父亲的老朋友，政府不顾孔里居民反对与世袭原则，派封马尤为酋长[1]。因为祖帝保的父亲突发狂想，认为政府有权课税，他也可以开征自己的特别税，被政府断然否决，气愤不已。为了酋长之事，副县长、孔里居民与马尤之间关系恶劣。马尤总是散发一股乏味的冒牌酋长味道，被村民视为政府的买办。奇怪的是，马尤与祖帝保的

---

1 chief一字，一般翻译为酋长，代表握有政治实权的人，但是在人类学里，chief有很多定义。根据芮逸夫主编，前揭书，第188—189页。chief译为首领，它在不同文化中有不同的土语称谓，此一名词可指：a.公认为保有唯一优越地位的人；b.资格上具有社会所称许的优越成就之个人；c.少数保有世袭阶级头衔的人；d.具有头衔的元老，他们有优先规定头衔继承顺序以及处理争端的权力；e.具有特殊但非唯一的祭仪职位者，譬如非洲努尔人的豹皮首领；f.凡被欧洲殖民政府授以行政权的人，通常都称为chief，不管他在原来社会结构中的地位如何。依据本书作者所述，多瓦悠社会并无一般定义中握有政治实权的酋长，孔里便至少有三位以上的首领级人物。一个是祖帝保，他原先在社会结构里是个Waari，也就是拥有许多牛只的人。另一个是卡潘老人，他是祈雨酋长。还有一个便是政府册封的马尤。

坚固友谊始终不变。我认为马尤是我碰过最好的多瓦悠人，慷慨大方、乐于助人、意志高昂，帮过我无数忙。马修刚从马尤的院落回来，已经记下葬礼流程，令我欣慰不已。

尸体已经用小公牛皮裹过一次，取自死者兄弟专为此场合宰杀的牛只。女人身戴表示哀伤的树叶，敲击空葫芦壳，满村奔跑哀号。死者妻妾坐在停放尸体的圈地，眼睛呆望前方。笨得很，我居然趋前致意；她们根本不准动，也不准说话。看到我闹大笑话，男人一边裹尸一边窃笑。其他亲属（尤其姻亲）也献上包裹尸体的兽皮、布匹、绷带。死者的女婿携妻前来，让她站在牛只圈地中央，对着她的小腹丢掷供品，此举代表他与死者之家的关联。死者岳家的人则将供品丢向死者亲属的脸上。此举通常表示侮辱，精确点出男人对岳家的尊敬。女婿与岳家的对应关系，前者居于劣势，后者居于优势。

葬礼时，男人互相打趣玩笑。后来，我才知道他们与死者同时接受割礼。终其一生，他们见面就应互相戏谑侮辱，而且可以随意拿取对方的财物。突然间大雨如注，大家都消失。我问："他们去哪里？"

"他们去树林里大便。"

当时，我天真以为这是暂停，在众人的共同默契下，让一早就参与仪式的人可以休息一会儿，到树林里解放后再继续。后来，我才发现到树林里大便也是仪式的重要部分，间接点出这些戏谑兄弟的割礼真相——他们的肛门并未缝合。马修、马尤和我躲到茅屋等待大雨停歇。马尤告诉我村里如有人死亡，第二天上午男人会聚集村外的十字路口举行仪式。这是马尤的典型作风，主动透漏其他人吝于分享的讯息。

> 男人都到十字路口，小丑和巫师也去。与死者同一批接受割礼的人也去。他们面对面坐下，把草放在脸上。一个人说："把你的屄给我。"另一个人回答："你可以拥有我的屄。"然后，他们开始交媾，用细棍子。一个男人放火烧草。他们大声呐喊，加入其他男人。结束了。

马尤觉得整件事非常恐怖，边说边放声大笑。基于礼貌，我也跟着笑，脑袋却不断打转，企图厘清讯息的意义。多瓦悠仪式让我头晕眼花，看似充满含意，却无法勾勒出他们的象征体系。我始终觉得拼图少了一大块——一个重要事实，因为太过明显，人们遂不觉得有必要告诉我，因此我把拼图整个拿反了，看错角度。我怀疑少掉的那一大块就是割礼，但是大家还不愿跟我谈它，数个月后，我才将整个图像拼凑完成。事实上，十字路口的那一幕是男孩割礼的精简版，结构由割礼蜕变而来，多瓦悠其他仪式亦复如此。所有生命危机、岁时祭典都以割礼词汇描述。这也是为什么割礼衣服会不断出现在极不合理的地方，譬如用来装饰死亡妇女的水瓮、包裹死者等。

外面传来呐喊声。当我们在茅屋躲雨时，男人已从树林回来，将一顶红帽子绑在尸体上，就像接受割礼者戴的红帽。他们推挤尸体，威胁割他包皮。部分葬礼还有一个裸体男孩与尸体抵背而坐，男人割断绑在男孩阴茎上的红带子，模仿割礼。

马修与我待到很晚，录下仪式歌曲，搜集各式闲言；这些录音带够我们忙一阵子了。

我们刚回到村子坐下来吃当天的第一顿饭，便听说邻近村子要举行头颅祭，可能是明天，也可能是后天。眼前这场葬礼进度暂停，尸体要维持原状放两天。我们可以先丢下这边，去参加另一边的大事。

吃饭时，马修又露出那种令我畏惧的狡猾表情。每当他别有居心，总是酝酿良久，以致当他表明企图时，我反而松了一口气。终于他开口了：当我进城疗养时，他得空拜访一些亲戚，也整理了我的茅屋。在我的皮箱底找到一套旧西装。那是一位同事建议的："你总需要一套西装吧？"理由为何，我不知道。几个月来，我带着这套西装流浪，始终找不到机会亮相，终于将这位同事的劝告打入"给田野工作者的疯狂无用建议"名单里。马修却另有想法。他恳请我穿这套西装参加头颅祭。他说这会令大家印象深刻。我断然拒绝。马修闷闷不乐。那么还有一件事，我需要一个厨子。我不该自己烧饭；何况像今天这样，我们出去忙了一天，回到家里就有饭吃，不是很好吗？他可以引荐他的兄弟。为求耳根清净，我答应与他的兄弟谈谈，心里却一点都不想加重负担，搞什么“居家生活”。

第二天尚未破晓，马修便叫醒我。满脸笑容，他有个惊喜给我。昨夜他提到的厨子——他的弟弟——已经来了，而且烧了早饭。那是油漉漉、烧得焦黑的内脏。我讨厌多瓦悠人煮东西总是放一大堆油。厨子被带到我的面前，准备接受我的嘉奖。他是年约十五岁的年轻人，奇怪的，两手都有六根手指。我对此颇感兴趣，觉得应该研究多瓦悠人对身体畸形与残废的想法。年轻厨子将优良手艺归功曾在加路亚替白人工作。他在那里做厨子吗？不是，打扫的。我觉得疲累不堪，这个问题必须等我体力恢复了，才有办法应付。今晚，我再和他谈。

完全符合多瓦悠人的时间观，头颅祭仪式未照宣称时间举行；这让我有机会询问多瓦悠人秘而不言的仪式部分。严格来说，这不是他们的错。我要求看“泼洒头颅”，据我所知，这是头颅祭的名字。没错，但它代表对着头颅泼洒排泄物与血液的仪式部分。所以我要求看“泼洒头颅”，我就只看到“泼洒头颅”，不少刺激性活动我都没看到，而且是由我不知道的人参与。譬如男人会抱镜跳一种非常自恋的舞；一起接受割礼的哥儿们必须爬上死者的屋顶，用肛门摩擦屋脊；女人以形似阳具的山药做出各种奇怪动作，令我颇感困惑，后来我才发现那是男孩受完割礼的仪式变形。换言之，死者的妻妾在最后一次辞别丈夫后，被当成刚受完割礼的人。共同特点是接受割礼者与寡妇都经过一段时间隔离，可以再融入社会生活里。她们的丈夫——头颅祭的主角——也被视为刚受完割礼，他的头颅被放在头颅屋里，那也是割礼仪式的最后高潮地点。

自然，当时我全不明白这些。只忙着记笔记，无能猜测我努力记录的是什么。多数时候，我的发问只是散弹打鸟，希望能撞到一两个可以继续发挥的问题。象征主义领域的困难在于，你很难判定哪些资料可用来解释象征体系。你试图勾勒多瓦悠人的世界——他们如何建构与解释自己的宇宙观，但此类数据多半属于意识不及的范围，你不可能直接问多瓦悠人："你生活在什么样的世界？"它太模糊了。解开宇宙观之谜,某个词汇、信念，甚或某个仪式的结构都可能至关重要，你必须将它们组织起来。

譬如，我曾说过铁匠是隔离阶层。隔离规则包括不能与族人共食、一起汲水与耕种，也不能与其他阶层婚配。人类学者碰到这种案例，会怀疑是否有其他沟通形式也强调了铁匠的隔离，譬如当地人对语言的想法。事实的确如此。我发现铁匠讲的多瓦悠语和一般人不同，有一种特别的口音。多瓦悠人对乱伦与同性恋的想法，是否也强调了铁匠的隔离？对我而言，同性恋尤其是奇怪的领域。某次，一头公牛的睪丸感染寄生虫必须切除，我终于有机会询问同性恋的问题。平常如果数头牛同时要阉割，地点会在男孩割包皮的小树林，又是人认同牛的另一明证。那次，牛只全被赶进牛圈，好捕捉生病的牛。这时一只不到一岁的小公犊试图爬到另一只小公牛身上。我指着这个画面，希望多瓦悠人会说同样的事情也发生在铁匠阶层。我的问题越深入，气氛就越尴尬。事实是，西非洲多数地方的人从未听过同性恋这回事，都是白人在说。多瓦悠人极端怀疑同性可以交媾。公牛爬到公牛身上，他们的解释是“在争夺母牛”。比起西方社会，多瓦悠男子同性间的身体接触较多，但全无性意味：男性朋友可以手牵手散步；年轻男子可以交颈共眠，丝毫不涉欲念。久未见面的多瓦悠人会一屁股坐在我的大腿上，抚摸我的头发，看到我对这种公开的亲昵举动大为困窘，他们觉得很有趣。所以，我的猜想查无实据，铁匠阶层并没有乱搞同性恋的名声，但他们吃狗与猴子，多瓦悠人不吃这两种动物。人类学者可能会说，这两种动物太接近人，所以多瓦悠人不吃。吃它们，等同饮食的乱伦或同性恋。

因此，你在数据泥淖中小心行走，不断犯错而后修正。不过我必须承认，今天我比较烦恼的是厨子问题，如何才能摆脱他的服务。我终于想到妙招：我正打算盖新茅屋，可以聘他做工人。大家都不伤感情，而且他抹泥一定比烧菜好。

除了对仪式感兴趣外，这次的头颅祭也让我有机会再访卡潘老人，因为祭典就在他的势力范围举行。和平日一样，他被众多随从包围，有人为他打红色洋伞，他则痛饮啤酒。他迫不及待要比较我们的假牙，确定他的假牙比较高级后，他龙心大悦，邀请我一个月内再访，他会派人通知我。

雨季差不多结束了，未来五六个月都不会再下雨，真是一大安慰，我向来讨厌下雨。回程路上，我们却碰上可怕的暴风雨。先是山头传来小小的声响，接着变成闷雷巨响。天上出现巨大云层，在山头旋卷。我们显然来不及回到村子，就会碰上大雨。狂风奔过平原，撕扯绿草、拔下树叶。马修不认为这是普通暴风雨，而是祈雨酋长发威。我必须承认：如果我不是固执偏见的西方人，可能会同意他的看法。暴雨如鞭，不到两秒钟，我们便全身湿透了，瑟瑟发抖。狂风的摧残也非常惊人，连身上的纽扣都被扯掉，我们被迫在独木桥旁暂停。这座桥是剖开的树干，上面长满青苔，横跨四十英尺的峡谷。我们绝对无法在狂风中穿行此桥，只能坐下来等待。马修害怕卡潘老人会指挥雷劈死我们。我告诉他白人不会被雷劈，他紧跟着我就没事，他马上接受我的说辞。西非洲显然是全世界遭雷殛最多的地方。我还记得自己边躲雨边想，此地车子都有一个“摩托约”(motorjo)，他的工作就是专门捆绑车顶的行李，或者爬到车顶替乘客卸货，所以“我的马车夫被雷打死了”[1]这句话可能最适用于此地。

暴风雨终于逐渐停歇，我们回到村子。故事迅速传遍全村，一整个晚上，我都和人闲聊祈雨酋长种种，一夕间，他就成了村人可以和我公开讨论的话题。

---

1 经译者去信向作者查询，此句话有典，语出老牌影星狄鲍加的自传第一册书名。狄鲍加回忆年幼时学外国语，曾在常用词汇里读到“我的马车夫被雷打死了”，觉得这句话一点用处都没有，遂用作自传书名。

有些多瓦悠人已经开始收割小米，虽然收割季尚早，但我该去田里四处打转了。收割小米必须建打谷场，在泥地上挖一个浅洞，糊上泥巴、牛粪和荆棘类植物，形成硬地。为防妖巫作怪，必须使出尖刺物法宝：蓟、小米梗或竹梗上的芒刺，甚至豪猪毛。割下的小米稻穗至少要晒干数天才能打谷。打谷非常辛苦，硬壳乱飞，颇伤皮肤，就连一身厚皮的多瓦悠人也刺痕累累。他们轮流打谷、喝啤酒，不顾体面大肆搔痒。我对打谷场特别感兴趣。打谷场在其他文化里，都是推敲象征体系的焦点，多瓦悠兰的打谷场也有许多复杂禁忌。我已经知道他们有所谓“真正耕耘者”的特殊阶级，负责打谷场的各种防范措施。两周后，其中一个“真正耕耘者”要收割小米，我安排好了去拜访他，届时就知道他在文化体系里的位置。我和村里女人混得颇熟，她们是不错的消息来源。据她们的说法，触犯禁忌将影响生育能力，怀孕妇女绝不能进入打谷场，这和我想的完全背道而驰。多瓦悠文化里，人的繁生与植物丰收交互影响，而且是好的影响。譬如女孩初经来潮，必须被隔离在小米磨坊。又譬如，唯有姻亲可互赠发芽的小米。铁匠阶级不能与一般人发生性关系，所以也不能踏入女人的小米田。换言之，小米的生长周期与女人的性发展有许多阶段性平行关系。据此，我认为生孩子与打谷应是对称关系。如果治疗难产是将产妇放到打谷场中央，那就完全符合我的模型。怀孕妇女不能进入打谷场，着实令我困惑良久。约翰外出时，我甚至向他借了办公室一天，坐在里面端详我的笔记，试图找出哪里错了。如果我的模型不成立，我前面解开的多瓦悠“文化图像”必须重新来过。

我决定找我最喜欢的女报告人玛丽约（Mariyo）聊聊，她是祖帝保的三老婆。自从我的药治愈酋长的弟弟后，我们就成了好朋友。基于几个原因，我对她颇感兴趣。首先，她住在我的茅屋后面，我无法不注意到她的屋子入夜后便传出连串屁声、咳嗽与震天响的打嗝声，对她深感同情，终于有个多瓦悠人的肠胃和我一样烂。一天我向马修提起此事，他放声尖笑，跑去和玛丽约分享我的最新蠢行。不到一分钟，她的茅屋传出尖声大笑，笑声从一间茅屋传到另一间茅屋，让我能掌握笑话的传播速度。马修终于回来，笑得眼泪都掉出来，几近虚脱。他带我去玛丽约的院落，指出正对我茅屋背面的小屋，里面养着一只山羊。我对山羊一无所知，不知道它们排气的声音很像人。经此事件后，我和玛丽约便产生出戏谑关系，可以相互欺骗愚弄。多瓦悠社会有不少戏谑关系，对象可以是特定的亲属阶层，也可是互有好感的人。戏谑关系有时非常有趣，有时则十分乏味，因为它完全不考虑你的情绪。

因为我与玛丽约的戏谑关系，她成为较无心防的报告人，也愿意接受我对“开玩笑”与“问问题”的严格区分。在我认识的多瓦悠人中，唯有她大约知道我在干什么。一次我问她女性死者的水瓮仪式里，死者的女亲属头发剪成星形，她们在其他场合也做这种打扮吗？她说不。其他多瓦悠人的回答一定到此为止，但是玛丽约却会主动加上："男人有时会。"然后告诉我哪些场合男人会把头发剪成星形。因为多数多瓦悠女性仪式只能视为男性仪式的蜕变，这给了我一些解释线索，也打开新的探索领域——身体装饰与瓦瓮装饰的对称关系，以及哪些当地观念让女人被视为有缺陷的人。

我从别的女报告人处听到怀孕妇女不能进入打谷场，我很好奇玛丽约的说法会是什么。我缓慢推进问题。打谷场用什么做的？在打谷场干什么？有什么禁忌吗？什么人不可以进入打谷场？她也回答说怀孕女人不可以，但是加了一句："至少，胎儿还没有足月前不可以。"如此一来，观点完全不一样了。她继续解释，怀孕女人进入打谷场可能会早产。我的小米生长与女性生育对称模型终于保住了。人类学门外汉绝无法体会这么个小消息所带来的满足。多年的单调苦读、数个月的生病、孤寂与乏味、连续数个小时的蠢问题，统统值回票价。人类学领域里，假设获得证实的机会很少，理论模型得以确立正是我亟需的士气提振。

但是一如非洲常态，秩序井然的工作必遭无数琐碎小事打断。我必须停工一天，对入侵茅屋的各种生物宣战。蜥蜴，我能忍受。它们在屋顶上奔跑，倏忽来去屋梁，唯一的不便是它们喜欢在你头上大便。山羊则是永恒的诅咒，你必须学会防范。我与一只公山羊长期对峙，它最爱在半夜两点溜进我的院落，在锅炉上跳来跳去。赶走它，只能保证一个小时安静，之后它又溜回来上演安可曲，用后蹄踢翻我的煤气灯贮气瓶。最糟的是它一身臊臭。多瓦悠山羊臭到极点，如果你在森林里追踪山羊，根本无法凭气味判断它是否十分钟前才打此经过。靠着贿赂酋长的狗儿波尔斯，我终于打败这只山羊。波尔斯狂爱巧克力，每晚给它一小块，便足以诱惑它整晚守在我的茅屋前赶山羊。后来波尔斯招来老婆、小孩，变成家族事业，迅速消耗我的巧克力库存。多瓦悠人每次看到我的狗随从们浩浩荡荡跟我深入丛林，都觉得好笑，还给我取了"伟大猎人"的绰号。

白蚁也时时威胁纸张，它们有种狡猾习惯，会从书本里蛀起，吃光里面的纸张，直到整本书只剩薄饼般的外壳。小小的化学战便歼灭了它们。

老鼠比较恼人。它们固执拒绝我的食物。和多瓦悠人一样，此地老鼠也只爱吃小米，此外就是我的橡皮管，一晚上便啃光滤水器管子。它们合力攻击我的相机。老鼠最讨人厌的一点是行动笨拙，冲翻碰撞东西。它们的命运终于在某个恐怖夜晚底定。那晚我在黑暗中突然惊醒，发现胸前有东西蠕动。我动也不敢动，深信躺在我心脏上方的正是致命绿色非洲树蛇。我暗自估算它的大小。我该静躺不动，祈祷它走开吗？不幸，我睡相很差，万一不小心睡着了、翻身压到它，岂不是致命大祸？最后，我决定上上策是默数到三，一跃而起摔掉它。我数到三，大叫一声，纵身往旁边一跳，膝盖狠狠打到床沿。我以自己都不敢置信的精确灵巧，一把抓起火炬照向我的攻击者。就在屋梁上，一只小得不能再小的老鼠瑟缩呆立。我觉得万分羞愧，直到第二天上午，我发现它居然企图啃食我的假牙。这个发现让我硬起心肠，到村里搜罗捕鼠器。一晚上就杀了十只老鼠，全进了村里孩子的肚子。

比老鼠更烦人的是蝉。多瓦悠兰山区有上千万只蝉，愉悦鸣叫，形成热带非洲的夜晚氛围。但如果只要一只蝉困在你家，准叫你发狂。它们有一种怪习惯，总是密藏在小缝隙里。光凭叫声，很难判断它的所在。白天，它们静默无声。晚上，便发出刺耳恼人的尖叫。唯一办法是用杀虫剂整片喷洒，过一会儿，或许会出现咳嗽不已的蟑螂、喘不过气来的苍蝇，以及晕头转向的蚊子。这也只能让它们逃出屏障，头晕目眩在地板上疾奔，你再用重物至少狠狠拍打十下，才能摧毁它们。连续数夜失眠后，执行死刑所需的暴力与怒气会自然涌生。

但是真正激怒我全面宣战的是发现蝎子藏在置放鞋子的茅屋墙角。毫不知情下，我拿起鞋子，大惊看到一只巨大的蝎子从鞋里冲出，朝我攻来。我完全不像男子汉，失声尖叫，退到门口。门外站着一个约莫六岁的多瓦悠孩子，揶揄地望着我。紧张让我失去语言能力，一时忘了蝎子要怎么说。我用类似《旧约》的言语大喊："里面有个刺辣的畜生！"那个孩子朝屋内望，深深鄙夷，赤足踏扁那些蝎子（为了各位的福祉，我必须提醒大家：蝎子虽甚少使人致命，但是蝎螯十分刺痛。最好先用冷水浸泡患部，然后服用治疗花粉热的抗组织胺）。

多瓦悠人总是讶异我万分畏惧蛇与蝎，却不愿开车碾毙最恐怖的鸟——猫头鹰。他们还曾看到我抓起变色龙放到树上。众所周知，它含致命剧毒，好几个孩子因此患病，真是笨蛋行为。我唯一有用的愚行是敢触摸食蚁兽的爪子。多瓦悠人不能碰触食蚁兽的爪，碰了，终身阳具都会软瘫无力。食蚁兽的爪子也可用来杀人——放入面包树的果实里，喊出被害人的名字，果实成熟落地，对方就死了。如果有人猎到食蚁兽，便会公开召唤我，当众将爪子交给我，以示对族人并无恶意。我必须将爪子带到山头，埋到人迹罕见处。多瓦悠人颇感激我扮演的宇宙污染控制官角色。

我从旅人处得知"真正耕耘者"的小米尚未收割，所以我有喘息时间观赏最新娱乐——孔里的选举。副县长宣召所有村人于某一天、某一地点集合，他要向大家说明此次选举。结果，他根本没现身。让村人在那里呆等了两天，才陆续回到田里干活。数天后，村里来了一个"古米赫"。这些讨厌鬼是退役军人，受聘于中央政府，负责压制宪兵无力维持秩序的顽强村落。每当"古米赫"光临一个村落，便长时间霸占民宅，白吃白喝，尽情指使主人。有些地方，民众不知道也不懂珍视自身的权益，让"古米赫"为所欲为。这次，"古米赫"是来确保投开票所的设立。多瓦悠人对全国性政治不感兴趣，投票热情必须激发。

所有多瓦悠男女必须在指定时间去投票。酋长的责任是确保投票顺利，马尤谦卑扛起责任，祖帝保则坐在阴凉处发号施令，指挥大家做事。我坐在他旁边，两人针对通奸有了一番精辟讨论。他说："拿玛丽约来说好了，大家都说她和我弟弟上床。但是你看到我弟弟生病时，她多么焦急。这证明两人并无暧昧。"对多瓦悠人而言，性与爱毫不相关，甚至还互斥。我明智点头表示同意；向他解释性爱还有其他面向，徒劳无功。

投票处，民主程序热烈展开。一个男人没把妻妾全带来投票，遭到斥责。

"她们不肯来。"

"你就该打她们一顿。"

我问了几个人此次选举是干吗的，他们茫然以对，解释说：你带身份证来，把身份证交给那个官员，他在上面盖章，帮你投票。我知道，但选什么呢？他们又茫然以对，我们不是说了吗？你带身份证来……没人知道这次选举是在干吗，也不准投反对票。选了一天后，官员觉得投票数不够，把大家叫来再投一遍。选举结果出炉那天，我正好在戏院看到新闻片，官方宣布喀国唯一政党推出的唯一候选人赢得百分之九十九的选票。戏院观众在黑暗的保护下发出嘲弄嘘声，我觉得这才是健康表现。

但是村里人人都把投票看得万分严重，一切照规定来。身份证细心查验，橡皮章一点不差地盖在身份证的投票格内，村人的投票率务必精确计算，选举人名册从这个官员交给另一个官员，每一道关卡都得签收。大家似乎不觉得费力盯紧琐碎细节与明目张胆忽视民主原则之间有莫大矛盾。

同样的事情也发生在学校。他们全部精力都花在一套不可思议的官僚标准，用以决定哪些学生可以升级，哪些要留级一年，哪些又该退学。他们使用这套神秘公式计算学生平均成绩的时间，大约等于教学时间。但是到了学期尾，校长又独断决定学生成绩太差，统统加二十分。或者收了家长的礼，擅自更改学生成绩。也有可能政府决定不需要这么多学生，宣布考试作废，变成大闹剧。看到宪兵背着轻机关枪守护考卷，你真会忍俊不禁，因为几天前便有人打开试卷封套，偷偷将题目卖给出价最高的考生了。

结束选举插曲，该是我去探望“真正耕耘者”的时候了。到他那儿，必须步行二十英里山径。天气一天热过一天，我徘徊在晚间出发比较凉快，还是白天搭人便车。最后我选择搭便车，运气不错，碰到一个来往两个教会的法国天主教神父。他好心载我们一程，听他发表多瓦悠文化高论，旅途颇为愉快。这位神父的理论直攻“性压抑”，一切都和“性”有关。男人被杀后竖立的木叉，一边是阳具，另一边是阴道；割礼的紧张代表他们对阉割的深层疑虑；他们谎称割礼是用牛皮缝合肛门，显示这个民族有肛门妄想。看来，这位神父不仅读了心理学教科书，还读了一点人类学。仔细想想，他这番理论显示他读过一点有关多贡（Dogon）人的文献。多贡是马里共和国里知识水平最高、最喜欢自我分析的民族。谈到多瓦悠人，他摇头叹息。他与多瓦悠人相处多年，至今他们仍不肯告诉他族人的神话和原初之蛋（primal egg）[1]。在他发现多贡人不似法国人后，简直无法接受多瓦悠人也不像多贡人。

他说，你无法否定这个论点，无所不在的潜伏性欲和非洲文化的性自制氛围绝对脱不了关系。或许过于仰赖《圣经》，会让人深信所有真理都在一本书里。对某些人来说，文化相对观（cultural relativism）[2]是很难接受的观念，尤其是信仰坚定者，不管他是神职人员、自满的拓荒者或德国义工。一位德国义工曾一语道破他在喀国的三年真相："如果土著没法吃这个，干他的，他们可以卖给白人，我才不管。"

我们的目的地是个荒凉村落，位于坚硬的花岗岩山脚下。这么薄而干炙的地面能种出植物，真是个奇迹。这里的气温与"我们那儿"落差颇大，马修和我迫不及待跌坐在树荫下凉快，村人则帮我们去找人。

"真正耕耘者"现身，是个枯干瘦小的男人，一身破烂。他根本喝得烂醉，现在才上午十点呢！我们行问候礼如仪；人们拿来草席让我们坐下。正如我畏惧的，他们开始准备食物。

1　许多神话论及万物起源，不少神话以万物系从原始的混沌演化而出，有时即以此混沌形如鸡蛋。详见芮逸夫主编，前揭书，第190页。

2　文化相对观是一种伦理学的主张，强调文化是不同且各具特性的，包含了不同的期望与理想，因此只有从该文化本身的标准及价值才能了解及评量该文化。详见Roger Keesing，前揭书，第823页。

我颇能接受多瓦悠的怪诞膳食，包括山药、花生，甚至小米。不幸，当我拜访陌生村子，按照习俗，他们必须招待我吃肉以示尊敬。既然他们不会为了取悦我特地杀头牛，送上来的一定是那种吊在炉火上、断断续续不知熏了多少时日的肉。撒上沾酱后，便发出阵阵令人作呕的臭气。幸好，观看陌生人吃饭不礼貌，马修和我必须退到某间茅屋进食。我大可拒吃主人奉上的佳肴，不致得罪他们，躲到墙角思索其他事情，让马修一个人吃两人份。

趁他们炮制熏肉大餐时，我开始与主人随口闲聊，问些我早已知道答案的问题，正如我担心的，他的答案闪闪躲躲，半真半假。此外，他还不确定是不是马上要举行丰收祭。或许，他可以安排明天举行，或许不行。理想上，田野工作者应拒绝与这种人打交道，只与那些礼貌、友善、慷慨的人往来，他们会认为回答人类学调查员那些无意义、紧迫钉人的问题，是件有趣又有益的事。不幸,这种人很少。多数人不是有其他事要忙，就是很快便觉乏味，被问话人的愚蠢惹恼，或者倾向给你好听的答案而非实情。面对这些状况，最好的策略就是贿赂。一点点钱就可使人类学者的探索变成值得投入的活动，打开原本深锁的门。今天的状况亦如是。一点礼物便保障丰收祭会尽速举行，绝不拖延，而且我可以从头参观到尾；他现在就去准备。当他摇摇摆摆走开，他的某个老婆端来巨大一盘熏肉。

尚未吞下一口刺鼻熏肉，我们便听到挥舞镰刀的声音；开始收割小米了。马修小声透露“真正耕耘者”急着讨好我的原因。快要缴人头税了，他可以用我送的礼去缴税，省得和那些有需要的亲属分享。

田里整天都在忙碌，我坐在一旁观看，急着想和工人说话。多数时候，我们都言语不通，显示我对多瓦悠语的了解非常区域化。我们的谈话经常陷入漫长尴尬的沉默，你无法对无言的陌生人大喊：“说点什么吧！”这有违多瓦悠的习俗，保证驱散所有谈话念头。

田里的男男女女工作一整天，弯腰割稻时，汗水像小河一样流下脸庞与胸膛。田里，小米梗飒飒翻腾，地面上，彩色稻穗堆积如山，约莫十到十一英尺高。偶尔他们休息一会儿，喝口水或者和我一起抽烟。我的旁观并未带来困恼，他们反而担心太阳的方向是否让我不适，会不会太热了。大家都在猜测今年的收获量。收获就摆在眼前，估算有何困难？事实并非如此。他们以一种未来式谈论收成，好像缺乏精确实据足以论断。小米倒下的方向象征收成好坏，稻穗高及男人脚踝又代表什么。他们极度担心妖巫会在最后一刻抢走收成，或者让好小米变坏，怎么吃都吃不饱。为了防止破坏，他们在堆放收割小米的地方竖起层层尖刺物，对付前来掠夺的妖巫。奇怪的是，两名工人踩到竹刺流血，却未被视为恶兆。“真正耕耘者”的数名兄弟在营火旁交头接耳，据我猜测，是在讨论深奥的巫术秘密。我派马修送上烟草，刺探他们在说些什么。他们在讨论我的头发抹了什么药草，才这么直而细。女人喜欢这样的头发吗？白人为什么不顺其自然，按照上天打造我们的样子维持黑又卷的头发？

此次收成动用十到十五名工人，全是“真正耕耘者”的兄弟与儿子。不到一天便收割完毕，工人退下去休息、吃饭。远处传来歌声，我循声而往，来到几英里外的山头，看到女人的葬礼，死者已经用兽皮与尸布包裹，要从丈夫的村子送回父亲的村子下葬。出殡队伍必须经过山间小径，让害怕黑暗的多瓦悠人更添恐惧，急着在太阳下山前出发。马修跟我保证天亮前田里不会有事，我便放他跟随出殡队伍履行亲属义务。我站在璀璨的红色夕阳下，肚皮因整天未进食而咕噜作响，看着出殡队伍高举临时做成的担架，边唱边跳，烟尘滚滚地出发。当他们爬上夕阳余晖的山头时，暮色悄然掩没村子。田里突然爆出一阵歌声。有事了。

我一直不知道是村人的狡猾、误解，还是马修搞鬼，我才被排除在这个仪式外。这种事情问得越多，越不可能得到答案。根据我先前参加的丰收祭经验判断，我尚未错过重头戏。男人全聚在打谷场，女人与小孩除外。各种预防妖巫的植物放在小米堆上，男人齐唱女人不准听的割礼歌曲，没人在乎我的现身。打谷仪式开始，男人全身赤裸，只着阴茎鞘，一边打谷一边缓慢舞动。他们右手高举一支木棍，左手握紧右手，用力挥打稻穗。然后往左移一步，重复同样的打谷动作。连续数小时，他们不停吟唱，伴随木棍敲打小米穗的齐声闷响。月儿浮现天空，打谷节奏仍不停歇，米糠四处飞扬，黏在汗湿的身体上。即使夜色已深，地面辐射出来的热气依然令人窒息。

接下来我便什么都不知道了，张开眼已是天亮。男人还在工作、吟唱，靠大量啤酒撑精神，我则四仰八叉躺在石头上，屁股因靠到荆棘而疼痛不已。喝了大量啤酒的宿醉感好似一整晚奋泳英吉利海峡。我被一只山羊惊醒，它已吃掉我带来打发时间的二次大战德国潜水艇舰长自传，又努力啃食我的田野笔记。幸好，我学会多瓦悠人将重要物品挂在树上的习惯，检查后，只有鞋带被啃掉一半。我断然赶走那只羊，回去加入那些男人，现在仪式已进行下一个阶段，替打过的小米吹糠。男人们互相打趣说笑，显然不仅是亲戚，有的还是同一批接受割礼的人。一个男人大叫："今天没风，我们要怎么吹糠？我们必须一起放屁。"他将小米穗高举过头倒入篮子里，糠皮四飞。他的话引起众人歇斯底里狂笑，连我都受感染。吹糠工作快速进行。有人剁下鸡头丢入小米堆，并煮了当地人称为"蝎子食物"的野山药，从四面八方丢入小米堆中。主人身穿庆典服饰，从村里被请了出来，抓起小米堆放入篮子里，篮子上挂着一顶红色的富来尼帽。他快步奔回村里。当第一批收成倒进高大、圆锥形的谷仓后，整批收成都安全了，不受巫术伤害。

我无法精确说自己是何时开始分析数据的，但是一点一滴，它们逐渐拼凑成形。我确信刚刚看到的那幕只能用割礼模型来理解。我听过不少割礼的事情，知道打谷过程是遵照“打死富来尼老妇”故事的结构。

> 一个富来尼老妇有个儿子。他生病了。他在斯克草中奔跑，割伤了自己。阴茎变得肿大，里面都是脓。富来尼老妇拿出一把刀割他的阴茎，他就好了。阴茎变得漂亮。她又割了第二个儿子。有一天，她散步经过多瓦悠村落，多瓦悠人看到割过的阴茎美好，便将老妇打死，夺走了割礼。他们不准女人观看割礼，但是富来尼女人可以看。故事结束。

好几个场合会重复搬演“打死富来尼老妇”的故事，最重要的便是男孩割礼。扮演老妇者呻吟走在路上，多瓦悠人则潜伏突袭。她从他们身边走过两遍，第三遍时，多瓦悠人一跃而出，乱棒将她打死，割下她身上的叶子。男人堆起石头，上面挂着篮子与老妇的红帽，之后，他们便唱起割礼之歌。女人与小孩都不准在场。

“蝎子食物”点出其他联结，特别是祈雨酋长主持的繁生仪式。在每年的收成首度送入村子前，必须先举行某些仪式，否则蝎子会侵入茅屋攻击人。到目前为止，没有人告诉我蝎子跑进我的屋里，是因为我愚蠢触犯上述禁忌，将外面的食物带进村里。将“蝎子食物”丢到收成上，是让蝎子分心留在丛林里。

正如头颅祭时泼洒山豪猪的排泄物，是让危险的祖灵远离村子。后来我才知道“蝎子食物”也和人的仪式有关，譬如女孩初经来潮与男孩割礼后。因为这个关联，我才能确定快要成年的男女被视为即将收成的作物。多瓦悠人会特意安排受完割礼的男孩与新收成同时进入村子。显示两个仪式模型相同。

我在村里又待了一天，确保没有仪式还要进行。我那任性的助理天黑才回来，衷心忏悔，为表歉意，他偷偷让我看可以让女人流产的巫术石。怀孕妇女为求生产顺利，必须付钱给石头的主人。他的家族靠着这颗威力强大的石头，收入颇稳定，但不及前面那个人家，他们的石头可以让人下痢。多瓦悠人不敢让传教士知道这些石头，因为曾有一位法国副县长下令传教士摧毁这巫术石。多瓦悠人相信这位副县长的真正目的是将石头据为已有，大发其财。

第二天我们跋涉回孔里。在这趟冗长乏味的旅程里，唯一的意外是我在渡河时失足，一头栽进深水里，浸湿了所有我在丰收祭拍的底片。令我沮丧到极点，从物质角度来看，这趟探险并不成功——底片没了，笔记也完了。但是，照片与笔记不过是（也应该是）激发概念的工具，我脑中已有几个想法了。

为了犒赏自己，我走访教会，待了好几天，直到周五取信日。数日不曾梳洗、天天睡在草地上，又吃得不好。此刻能睡在一张真正的床上、洗个真正淋浴、吃顿像样的饭，实在太棒了。最棒的是能够和人聊天，甚至还听到新闻。多瓦悠人过着几近

“山中无岁月”的生活，从不知什么叫新闻。

副县长要滚蛋了！

消息指出，在副县长统治波利十四年后，终于要改朝换代了。当我回到孔里，大家都对此条新闻兴奋、震惊不已。村里弥漫一股嘉年华气氛，男人群聚狂饮庆祝“宿敌”终于滚蛋。这是收集闲言闲语的大好时机，他们迫不及待地告诉我副县长过去的诸种恶行。村人决定派人前往波利打探最新消息。祖帝保说他愿意协助副县长搬家，甚至愿意帮他把家具扛到十字路口呢！我听说副县长听到调职命令后，曾到多瓦悠村落找人施法改变命运。村人甜蜜微笑，遗憾答说作法植物都死了，爱莫能助。另一个打城里来的人说，他曾和副县长的仆人隔着卧房窗子说话，他的主人一点东西都不肯留给这个年迈仆人呢！他穷得连件衬衫都没有，副县长还命令他烧掉所有拿不走的衣物。这段话引起公愤。我已预见将来告别孔里时，必先满足他们的期望。

访客川流抵达，不断增添珍贵的讯息。最后是奉祖帝保命令、骑脚踏车去采买啤酒、打探消息的贾世登。他看来有点惊魂未定。多瓦悠人喜欢说故事，贾世登逮到机会。大家全坐到营火堆旁，我则坐到远处。

贾世登说，波利镇人人喝得大醉（祖帝保顿时露出艳羡颜色），人事不知。有人看到副县长在打包，他则到市场看看有没有新消息，谁知道市场挤满从监狱出来的囚犯。波利镇前不着村后不着店，狱卒认定他们哪儿也去不了，就把他们放出来，自己好去喝酒、钓鱼。贾世登骑车经过市场时，两个男人正在攻击一个多瓦悠女人。那个女人尖叫：“这下你们可好了，我丈夫来了！”两名恶棍放开她，扑向可怜的贾世登；那个女人趁势逃跑，放声大笑。大家都觉得这个故事好笑极了，贾世登也为自己的倒霉遭遇捧腹不已，这个夜晚遂以狂欢骚闹收场。唯有祖帝保郁郁不乐，那两名歹徒偷走了他买的啤酒。

第十一章

雨季与旱季

The Wet and the Dry

旱季真的降临，大地焦干，变成短草覆盖的荒地。多瓦悠人的生活形态也改变了：除了有灌溉系统的高山区，其他地方都休耕，直到下个雨季来临。男人致力饮酒、编织、呆坐无事，偶尔出去狩猎；女人捕鱼、编篮、制陶。年轻男子则到城里寻找打工或干坏事的机会。

我脑中有几个计划，都得等圣诞节过后再说。此刻正值岁时祭典的低潮期，留在多瓦悠兰实在太沮丧了，所以我约了约翰、珍妮到恩冈代雷教会共度佳节。我们过了简单清新的圣诞节，比我印象中的圣诞节更具宗教气氛，宁静与狂热交错跌宕。华特更是狂热，全副精力投入节日庆祝。我们肆无忌惮喝到烂醉，努力忘记窗外并无厚雪，空气并非冰爽。此次圣诞节当然也有沉重时刻。某位魁梧的异乡客看到主人端出冰淇淋，居然感动落泪；目睹芒果干与香蕉干制成的圣诞节蛋糕，另一个客人也大为感动。看了太多闪烁的圣诞节灯火，我莫名其妙疟疾发作。一个星期后，我精神抖擞、满载粮食返回孔里，开始建屋工程。

建屋麻烦得要命。一会儿地太湿，隔一周又变得太干。一会儿没有桶子可以装水，接着铺屋顶的草还没好。监工不是生病、出外访客，就是要加价。合约条件，包工已装模作样地谈判过三回。如果我不多付一点，就必须为嗷嗷待哺的小孩、哭泣的老婆、哀伤的男人负责。如此数个星期，我决定采用多瓦悠人的方式，请酋长召开法庭仲裁。

多瓦悠法庭对所有人开放，但是在长者面前，女人与小孩必须谨遵身份规矩。庭讯开始，村人便聚集村口圆形广场的大树下，随即展开冗长无意义的讨论。诉讼双方雄辩滔滔、倾诉自己的痛苦，接着传唤证人，围观者均可质询证人。酋长虽不能强制仲裁，当事者却能感受舆论压力，通常会接受酋长的调停。否则案子就得送到波利镇，接受外人的仲裁，还要蒙受骚扰地方官被判刑坐牢的风险。

基于对多瓦悠语能力不足、对法庭程序陌生，我照着马修为我准备的讲词简单说明自己的冤情，讲词结尾是："在多瓦悠人中，我不过是个小孩。我委请马尤替我解说事情原委。"马尤进行得很顺利，将我的对手勾勒成没良心的坏蛋，欺负我没亲没戚，看我天性善良就讹诈我。辩论你来我往，我则摇晃身躯，不时呢喃："就是如此。这样很好。"最后我答应付两倍价钱，大家都满意了。我必须强调这不代表我被敲诈，多瓦悠富人做什么都得多付钱，否则便是对族人不义。有了这个经验，我都让马修采买东西，虽然我知道他会从中抽取回扣，结算下来还是划得来。新屋落成，连花园带遮阳台，共花了我十四英镑。

当天另一个案子则呈现多瓦悠法庭的典型功能。一老者指控某年轻人偷了他一袋小米。老者说年轻人从他的谷仓里偷走小米，男孩矢口否认。老者遂破对方家门而入，没找到小米，只找到他宣称属于他的小米袋。开庭时两造互相侮辱，观众兴奋不已，加入侮辱阵容，口出更荒谬的谩骂："你屁眼长刺。""你老婆的屄闻起来像烂鱼。"最后大家忍不住大笑，诉讼双方亦是。

某男子声称看到男孩侵入老者的谷仓，但是他没出庭。酋长宣布休庭，下次要听证人证词。下次开庭，男孩与证人都来了，但是原告没来；证人说他什么也没看到。第三次开庭，有人提议神判：男孩将双手伸入沸水捞石头，随后包扎双手。一个星期后，手伤如果痊愈，他便是清白的，老者必须赔偿他的损失。老者不接受此建议，男孩随即要求老者赔偿撞坏的门。老者否认破坏他的门；是男孩自己弄坏门，借此侮辱他。酋长宣布休庭，下次要宣证人。第四次开庭，证人来了，但是原告与被告都没出席，案子就此无疾而终。自始至终，两造对对方似乎都无真正恶意。

对多瓦悠人而言，法庭是公共娱乐，因此不吝芝麻小事都要告上法庭。我另一次出庭机会是被当地人告上一状。

人类学文献经常记载田野工作者不被当地人接受，直到某天他拿起锄头，开始辟菜园，境遇才获得改变。多瓦悠人可不是如此。每当我试图做点劳力工作，他们便大惊失色。如果我去提水，颤巍巍的虚弱老妇会连忙替我提水瓮。当我想要辟菜园子，祖帝保吓坏了。我干吗要做这等事？他绝不碰锄头；他会找人帮我种菜。所以，我有了一个园丁。这个男人的菜圃就在河边，旱季里也可以种菜。他拒绝讨论报酬——我应当等到收成后，再依他的工作好坏决定酬劳。这是多瓦悠人的常用伎俩，迫使主人出手慷慨。我给他一些朋友寄来的种子：番茄、小黄瓜、洋葱、莴苣等。要他每样种一点，看结果如何。

我差点忘了此事，直到一月底，园丁通知我菜园收成了，可以前去一看。那天热气氤氲，即便以旱季而论都异常炎热，大地烤成棕焦色，深深龟裂。但是深入丛林步径两英里，就是一个绿色洼地。走近一看才发现是沿河岸辟建的梯田。显然这是艰难工程，雨季一来，梯田便会冲毁不见，第二年还得重来。园丁现身了，当着我的面给所有作物浇水一遍，一面夸张拭汗，确保我明白大热天工作的辛苦。他说他到处收集黑泥与羊粪送来此处，每天耐心给幼苗浇水三次，看守它们不被动物践踏。虽然红萝卜给蝗虫吃了，富来尼人放养的牛只踏坏洋葱，但是保住了莴苣。横在我眼前的就是，整整三千颗，同一时间播种，再过一个星期便全部熟透。他夸张比划：这些——全是您的。我必须承认，我被从天而降的“北喀麦隆莴苣大王”头衔吓得说不出话来。我绝无可能应付这么多绿色蔬菜。我连拌生菜的醋都没呢！

接下来几个星期，从未有人像我吃了那么多莴苣。我送了一些给教会，波利镇官员也大啖我的奉献。多瓦悠人收到我的赠礼，觉得十分有趣，拿去喂羊，因为不适合人吃。我说服园丁把莴苣拿到市场贩卖，成绩不佳。最后我们因我该付他多少钱起了争执。原先我只想辟一小块经济实惠的菜园子丰富我的菜色，对此结果甚为不悦。我说要付他五千中非法郎买下我能吃的莴苣，他可以保留剩下的莴苣卖到城里。他坚持我该付他两万法郎，毫不让步。

我们的争执闹上法庭，莴苣继续生长、熟透、腐烂。我依据马尤建议我的法律程序，给酋长送了六瓶啤酒，帮助他深思审议案件，我的对手也送了六瓶啤酒。

在广场的中央大树下，案件辩论许久。我坚持自己的论点，那些收成对我毫无用处，我从未叫他一口气种三千颗莴苣，而是不同种籽各种一点。我的对手坚称无论如何，他做了多少工就应得到多少报酬。我们不断重复相同论点，直到力竭。最后酋长介入：裁定我应付一万法郎。根据以往经验，一个人不能轻易答应任何条件，我现出犹豫之色，终于点头同意，说我不希望园丁难过。园丁勉为其难接受，说他也不希望我难过，为了表示感激我的慷慨，他要退给我一半的报酬。所以他最后拿的就是我原先提议的金额。大家的尊严都保住了，皆大欢喜。我始终搞不清楚这是怎么一回事，也没有人能解释。

我与法庭的交手经验让我想到法律案例可能成为有用的历史资料。在英国时，我曾在古老的殖民地期刊里读过一些此地的法律案例，数据相当有用。能找到这类数据的地方是波利。我好奇想见新来的副县长，最好能去拜访他，自我介绍一番。在村里校长的陪同下，我步行到波利镇。

这位年轻校长是巴米累克（Bamileke）人，他们有时被称为“喀麦隆犹太人”，充满爆发力与企业家精神，只要有企业、利润与生意的地方，就有他们。他们掌控许多行业，也是北方教师阵容的主干。他们派驻未开发地区，作为兵役的替代。这位老师有习惯在上午授课的空当光临舍下，喝杯咖啡。他的谈话内容总是同一主题的变奏——北方的恐怖、落后、原始。他解释：“这些人就像小孩。你教他们洗澡、穿衣、分辨对错，当然他们觉得太难了，开始哭泣，但是到头来他们就会知道好处。这就是我们南方人在北方的工作。”

他会一连数个小时滔滔解释为何需要教导北方人逻辑思考，想要逻辑思考，当然得学法语。有时我们静静啜饮咖啡，他会告诉我南方人对抗法国的故事，以及他如何帮助亲戚谋杀了一个白人老师。

新来的副县长矮小精悍，穿着富来尼长袍，两颊有深深的装饰留疤。多瓦悠人称他为“布威洛”，意指“黑皮肤的白人”。他才上台没多久，城里已展现新气象。办公大楼整修过了，新官邸有人居住。市场小贩被迫使用磅秤，货物必须标价。最惊人的改变是马路修好了，现在固定有巴士来往其他城镇。他真是新官上任三把火。

“黑皮肤的白人”愉快地迎接我，我们针对他的施政计划交谈许久。他说得一口流利法语，去过欧洲许多地方，他决定教化多瓦悠人，意指将他们变成法国人，像他经历的蜕变一样。值得注意的是，每当富来尼人进来报告，打断谈话，副县长都坚持对他们说法语。他会找人帮我查阅法律案例，我还可以带走。我吃惊极了。从未有喀国官员如此愿意合作。

我们和善告别，他答应到我的村子探望我，因为他正在视察全县，了解辖区现况。我没把他的话当真，并未期望任何官员会远离城里的舒服住所，但是我错了。他真的到孔里来看我，并巡视全村，提出尖锐问题。多瓦悠人惊吓不已。富来尼官员的光临就好像祖灵现身。当他离去时，以愉悦乐观的口吻指着村子说：“想想看，几年内，进步将取代这一切。进步迹象已经出现。怎么说呢？今天我在市场居然买到莴苣，已经有人开始种了。”我喃喃不置可否。摧毁这种对未来的罕见信心，太不应该了。

西方人常讶异地发现非洲人拥抱许多西方人早已扬弃的态度。1940 年代的殖民官员可能会同意那位巴米累克族校长或这位富来尼副县长的看法，但是这两位非洲人铁定不喜被相提并论。他们对何谓进步只有模糊观念，加上土著常被刻画为固执、无知，为了土著自身的好处，必须逼迫他们赶上时代，两者相加，就使这些非洲人与帝国主义者连成一线。

不仅帝国主义的“优点”遗留下来，缺点也是，包括打着发展旗号进行经济剥削、愚蠢的种族主义与残暴酷行，全是这类场景的典型要件。这些帝国主义盟友也正是土生土长的非洲人。我们不须全盘接受浪漫的自由派观点，认为非洲的所有优点都来自当地传统，所有缺点都是帝国主义遗毒。就连受过良好教育的非洲人也不承认你可以既是黑人又是种族主义者，虽然非洲部分地区仍保有奴隶制度，而且每当他们提及多瓦悠人，就朝地上吐口水，以免脏污了嘴。我曾与一位大学生聊起扎伊尔境内屠杀白人的惨剧，他的回答便是双重标准的例证。他说活该，谁叫他们是种族主义者，因为他们是白人。这是否代表你愿意娶多瓦悠女人为妻？他瞪着我，好像我疯了。富来尼人绝不能与多瓦悠人婚配。他们是狗，畜生而已。这跟种族主义有什么关系？

富来尼人急着与周遭黑人划清界线，富来尼人又泛称姆博罗罗（Mbororo）人，他们听说南美洲有个民族叫博罗罗(Bororo)，因此认为自己与南美洲此民族有关，从南美洲播迁至此，统治殖民了此地的劣等民族。不少年轻人都向我提及这个类似索尔·海尔达尔(Thor Heyerdahl)[1]的播迁理论。他们说，

1　海尔达尔（1914—2002）是挪威民族学者，曾在1947年、1969年、1977年三度召募探险队，用仿古代的船只远渡重洋，企图证明古文明的播迁路线。1947那次他搭乘一种原始木筏Kon-Tiki，从南美洲的大西洋岸航行到波利尼西亚，企图证明波利尼西亚人源自南美洲。1969年，他与探险队员搭乘古希腊的Ra船，从摩洛哥横渡大西洋到中美洲，企图证明哥伦布以前的西方文明曾受到埃及文明影响。不过，海尔达尔的理论并未被人类学界接受。详见britannica.com。

这解释了他们的浅肤色、长而直的头发、挺直的鼻梁、薄嘴唇。他们痛苦地指出我和他们一样，衣服遮盖处是白的，晒到太阳的部位呈棕色。

这个旱季里，最令多瓦悠人雀跃的发展是我的冰箱。我一直想买个煤油冰箱，每次进城都对商店橱窗内的冰箱望眼欲穿，可是我买不起，搬运也有困难，遂打消念头。但是荷兰语言学者废弃的研究站里就摆着一台煤油冰箱。一次我在恩冈代雷碰到他们，他们慷慨地将冰箱借给我，真是鸿运当头。此后，我就有冰水可喝、新鲜肉可吃，终于可以减少对罐头食物的依赖，纾解我的经济困窘。我将冰箱放在刚铺好屋顶的漂亮茅屋外。我问工人为何我的屋顶没有尖刺物预防妖巫，他们觉得真是好笑，谁不知道白人不受巫术攻击，而且他的茅屋必须是方形而非圆形。我的便是方形，屋顶上没有尖刺物，只有空啤酒瓶。

约翰和珍妮前来庆祝，我们和兴奋的祖帝保一起喝冰啤酒。我的“冰谷仓”是多瓦悠人眼中的奇观。煤油冰箱的原理令他们困惑（我也一样），为何“谷仓”里的火可以让东西变冷。我忍不住向他们炫耀冰块（只有见过世面的多瓦悠人才看过冰），他们怕极了。他们从未碰过这样的温度落差，坚称冰块看起来是“烫的”，摸它会烧伤手。我无法说服他们冰只是水的另一种形态。看到冰块在太阳下融化，他们会说：“冰东西跑掉了，只剩下里面的水。”连卡潘老人都因身为宇宙秘密的守护者，不得不前来观赏。

这使我和卡潘老人重新建立联系，提醒他曾答应让我去拜访。他说我可在下星期去找他，他会派儿子来带路。

出我意料，那个男孩居然准时到来，祖帝保坚持同行。当我们首度抵达令人生畏的山麓时，在山径碰到不少山居多瓦悠人。我很吃惊此地女人都称我为“爱人”。打情骂俏是此地特有习俗。我们穿过漫长炎热、散布含盐地的平原，牛儿和其它动物成排驻足舔食生存所需的盐巴。过了平原，我们开始攀高。每年这时候正午气温达华氏 110 度[1]，马修和我汗流浃背。我随身携带的饮水，他拒绝喝；途中经过河，他也不能畅饮。我前面说过除非当地人奉水，平地多瓦悠人不能饮山地多瓦悠人的水。号称卡潘老人“儿子”者根本不是正牌儿子，只是远房侄子，无权奉水。山径穿过形形色色的树木，缓慢升高。无论哪个季节，走在这个山径上都有丧命或断手缺腿的危险。雨季时，攀爬岩石可以抓住草木，但是杂草覆盖地面，山径变成悬崖上的淡淡虚线，稍不小心便可能一脚踏空。旱季时，你虽可看清地面不至踏空，失足时却无草木可抓，修正致命错误。

沿途，狒狒在我们上方来回蹦跳，崩落的泥板岩不断掉到我们头上。脚下是惊悚的三百英尺高的悬崖，其下河水奔流绕过花岗岩大石，轰隆作响。祖帝保说他害怕失足，因为他不会游泳，我们都紧张发笑。数个小时辛苦折腾，我们终于抵达

1　约摄氏44度。

一个景观优美的高原，可以鸟瞰整个多瓦悠兰以及远处的尼日利亚。正当我们以为步入坦途，山腹却开始出现深渊裂缝，唯有纵身跃过这些深坑，紧紧攀附对岸的泥地，才能维持身体平衡。

最后我们终于到了阴凉翠绿的山谷，山峰潺潺流下的溪水让山谷水源丰富。山峰底是一个相当大的院落，正是祈雨酋长的家。一群年轻女子出来迎接我们，全是卡潘老人的妻妾，围绕我们身边咯咯吵闹、大惊小怪。我们要坐在外面还是里面？要吃点东西吗？喝水还是啤酒？像白人一样喝冷啤酒，还是像多瓦悠人一样喝温啤酒？老人去远处田里治疗一位病妇，她们马上派人去找他回来。我们坐了约莫一个小时，聊天、打瞌睡。传话人回来了，他去告诉卡潘老人我们来了，却发现他打另外一条路去了波利镇。我们确信这是预谋行为，却只能以良好风度接受。在山区里，以我和马修的脚程万万追赶不上这位老人，也不必去找他了。祖帝保瞌睡醒来，说他梦到牛儿走失，必须赶回去看是不是真的，还是祖灵在他梦里作怪。我们只好下山回家。

从那时起，我开始大力结交祈雨巫师，说服他们与我分享秘密。所有专家——传教士、行政官员等——都深信多瓦悠人的无理顽固会让我一无所获。刚开始，我也这么想。

但是我发展出一套策略，一一拜访祈雨巫师，邀请他们路过孔里时到寒舍一坐，然后我无耻操弄他们之间的矛盾。我告诉蒙哥村的祈雨酋长：我之所以拜访他，是想知道有关“真正”祈雨酋长卡潘老人的事。当我见到卡潘老人，告诉他我搞错了，先前我以为他是真正的祈雨酋长，谁知道他对祈雨秘密所知甚少，或许他可以告诉我有关蒙哥村祈雨酋长的事？卡潘老人与蒙哥村祈雨酋长是死对头，我的矛盾手法正中要害。有一次卡潘老人经过我的村子，村人告诉他我去蒙哥村，已经两天没回家了，卡潘老人终于崩溃。我开始连续访问他。第一次访问，他说他的父亲也是祈雨巫师，为了我的问题，他四处探问，或许能回答其中一两个一般的技术问题。我刻意表现出无限感激，奉上丰厚之礼，虽然我的经济再度陷入窘况。

接下来的半年里，我大约到山上拜访卡潘老人六到七次。每次他都不全盘托实，只愿透露一点。我拿他透露的那一丁点去和村人查对，村人以为我知道很多，又脱口说出更多。当马尤与卡潘老人为了拖欠聘金起嫌隙，我逮到大好机会。马尤大大诋毁卡潘老人及他的工作，罗列他过去的种种恶行，譬如用闪电杀人、叫豪猪破坏田地等，就算卡潘老人降下旱灾，他也不怕。他告诉我哪几座山和祈雨有关，它们的不同重要性，以及用来制造不同雨的各色祈雨石。到他和卡潘老人和好时，我已对整个结丛（complex）[1] 有了相当了解。重点是我必须证实这

1　结丛是指文化特质的任何整合与模式体系，它在社会中如一个单位般行使功能，有时称为文化特质丛或仅称为特质结丛。详见朱岑楼主编，《社会学辞典》，台北：五南图书（1991年），第219页。

些信息，亲眼目睹祈雨过程，因为它是关系繁生与死亡的数个象征领域的中心。

几件事拉近我们的距离。盛传卡潘老人拥有神奇植物扎布托，可以治疗阳痿。虽然他的十三名妻妾在外喧腾抱怨他有不举之症，奥古斯丁在怨妇间的私下调查亦证明如此，大家还是不疑卡潘老人拥有扎布托。他问我白人是否有治疗阳痿的药草，我回答我听过此类疗方，但不知道是否有效。这个回答颇令他满意，直称我是“实话实说者”。透过伦敦的一家性趣用品店，我买到一些人参，放在缤纷彩绘的瓶子送给卡潘老人，对他的不举，我只能帮这么多。结果卡潘老人腹泻不已。他不认为是生病，只说最好的药也有不灵的时候。他睿智地摇头叹息：“无药可让老田回春。”

年底副县长光临，使卡潘老人与我的团结情谊更加巩固。副县长宣布牛只献祭必须禁止，男孩割礼只准在学校放假时举行，这些全是多瓦悠兰现代化运动的一部分。一大群公务员与官僚搭乘汽车，从波利镇浩浩荡荡抵达孔里，在大树下召开法庭。官僚一个接一个慷慨激昂演说，禁止这个、不准那个。多瓦悠人严肃点头，偷偷互扮鬼脸。不知谁通风报信，巴米累克族校长早有准备，借此场合痛批村人的懒惫与野蛮。多年来，他们一直承诺替他盖新校舍，却不断推延拖拉。每当他休假完回来，就发现校舍里的家具甚或部分建筑不翼而飞。听到这里，我不安扭动，知道我新屋的部分脱胎自他半毁的教室。蹲在一旁的卡潘老人突然“意味深长”地看了我一眼，朝山的方向点点头。此刻正是旱季尾声，天空到处可见云朵，但还未开始下雨，八九英里外的山头却开始飘雨。副县长口若悬河阐释教育的价值，多瓦悠人应抓住机会，利用政府给落后地区的优惠待遇接受教育。大雨越来越近。因上级的关爱鼓励，校长拿出一份名单，这是不让小孩上学的父母。接着掏出第二份名单，这些家长只给孩子准备传统午餐——啤酒，学童到了中午就醺然大醉。正当他把名单交给上级时，一阵狂烈无比的暴风吞噬所有人。边诅咒边抱怨，高官们迅速躲入汽车，消失回去城里。我们都奔回茅屋。卡潘老人与校长躲到我的屋子喝咖啡暖和身子。校长大叫说：“你看到没？这些人！里面铁定有巫师。作法起暴风阻止我。这些人真是无药可救。”

马修附耳卡潘老人，用多瓦悠语翻译刚才那段话。我与卡潘老人都笑了。我和校长展开一番长辩，我否定有人可以作法呼风唤雨，也没有巫觋存在，巫术根本无效，他却坚定支持这些信仰。卡潘老人越笑越厉害，歇斯底里，脸儿涨得通红。

校长走了后，我问卡潘老人刚刚是不是他让老天下雨。他像只天真的老乌龟看着我：“唯有神才能让天下雨。”他笑翻在地，太满意自己的杰作了：“但是下星期如果你来，我让你看我如何协助神造雨。”

目前为止，卡潘老人已告诉我造雨的大部分秘诀。最重要的是拥有某种特殊石头，它也用来维系牛只与植物的繁生。但是直到数个月后，我才在瀑布下方的神秘洞穴里看到这些石头。每次卡潘老人都说带我去看，每次都无法实现。一会儿是旱季尚未结束，接近那些石头会造成洪水。一会儿是雨季来临，我们可能会被雷劈死。要不然就是他某个老婆月经来了，此刻去看石头，对石头有不好影响。他有十三个老婆，几乎天天都有人在排经。

现在他只能让我看随身携带的祈雨法器，一旦他以山上的石头正式启动雨季后，便可用放在牛角里的东西制造局部大雨。他带我进入森林，蹲在石头后面。我们夸张地眺望远方，四下张望是否有人。他从牛角拿出一撮未阉割的公羊毛，解释说："这是起云用的。"然后是将雨控制在局部地区的铁环；譬如他去参加头颅祭，可以在仪式进行到一半时让天降雨，直到村人奉上啤酒为止。然后是最重要的法器，他从未让人看过这个伟大秘密。他弯下腰来，用力从牛角摇出一颗东西到手上，那是你到处都可买到、小孩玩的蓝色弹珠。我伸手去拿，卡潘老人面露惊色，急忙将手缩回去："它会杀了你。"我问他这个珠子是否来自白人国度？当然不是，它来自数千年前的祖先。这个石头怎么造雨？用公羊毛油脂抹它。这倒有趣，因为死者头颅也须用公羊毛油脂擦抹，才能摆到树林里。我开始怀疑头颅、瓦瓮、祈雨石都和同一个结丛有关。果真如此，祈雨酋长便是不同领域的转接点。祈雨酋长的头颅可以造雨，因此庆典时多半与水瓮放在一起，而置放祈雨石的山称为"男孩的头冠"。换言之，山被认为是“大地的头颅”。再度，以祈雨石与头颅为中心的单一模型被用来架构多个领域，让降雨与人类繁生产生关系。

我谢谢卡潘老人，并致上谢礼，在沉默中与马修下山。当我回到村子，煤油冰箱坏了，毁了我好几个月的肉品存粮。此后它便不再正常运转。似乎知道我无能维系它的正常，只要我一转身，它便自动停止运转，吐出热气，数个小时便让食物全部腐烂。好几次我远行返家，发现多瓦悠人站在我的“冰谷仓”前泫然欲泣，哀悼食物毁坏，无法让冰箱运转，又绝望不能取走食物，因为那不是他们的东西。不久，我便将这个煤油冰箱列为无用的板箱废物。闻此，布朗牧师欣然宣称：“西非洲又赢了。”

在祈雨酋长的山上，我想到一计。明天，约翰与珍妮要载我到恩冈代雷采购补给品，马上就可知道我的计策行不行得通。我回到家里，匆匆换件衬衫，丢掉腐臭的肉，出发前往教会。三天后我返回祈雨酋长的村子。怀里胜利揣着我从华特小孩处巧言哄骗、贿赂得来的蓝色弹珠。

“你记得上次给我看的石头吗？”

“记得。”

“我问过你那石头是否来自白人国度。”

“是的。”

“它是不是和这个一样？”我把蓝色弹珠递给他。他惊呼一声，拿起弹珠对着阳光审视。

“一样，这个石头里的云彩比较暗些。”

“它也能造雨吗？”

他惊讶望着我：“我怎么知道？我要试试看，才知道它行不行。没有亲身试过，我无法判断。”他摇摇头，惊讶我居然要他在未经实验前就发表毫无凭据的结论。

直到我在多瓦悠兰的最后一周，才获准前往参观造雨的神山。归期紧迫，我决定下注一睹解开造雨之谜。我告诉卡潘老人我将在哪天前往辞别，很高兴这是最后一次爬那个要命的山。当我们抵达时，村里静悄悄，女人全被打发出门。我们闲聊了一会：当我返回家乡村子，我的妻妾已经替我播种小米了吗？我的父亲拥有许多牛只吗？雨季开始了没？这是我发动攻击的暗号。马修与我早就细心练就一篇简短的谢词，混合伤感谴责。我很感谢他告诉我许多事情，但是我心哀伤，因为我即将返回白人国度，却尚未看过祈雨石。这番感言必须辞藻华丽，才能让多瓦悠人接受。我临场发挥：“就像一个小男孩与父亲同行。父亲告诉他：‘不要喊累，等我们到了山边，我就背你。’他们到了山边，父亲并未实现诺言，只说：‘别难过，到了半山腰，我会背你。’但是到了半山腰，父亲还是不守诺言……”卡潘老人明白我的意思，鼓掌打断我的表演。他早就猜想我十分难过，决定带我去看祈雨石，也信任我不会笨到向女人张扬所见。我们现在就去。马修急得翻白眼，恳求我不要去：我会送命。我提醒他白人不会被雷打死。卡潘老人要我脱光衣服，他也一样。他开始咀嚼一种特殊植物，根据气味，我认为那是“基尔由”(geelyo)。卡潘老人将嚼烂的“基尔由”喷满我全身、涂抹我的胸膛。我还得戴上阴茎鞘，因为肌肤柔弱，特准穿上靴子。卡潘老人警告我不可出声，也不可乱动、乱摸，我们便出发了。

山坡极陡，我们不时从松动的岩石滑下。卡潘老人沿途咯咯笑，显然颇愉快；我没那么轻松，担心相机的安危，还不时被散布悬崖的荆棘刺痛屁股。终于我们抵达近山巅、海拔两千公尺高处。冷极了。山峰处一条河流垂直而下，冰冷瀑布下有个大岩石，里面有个大洞，放置一些大而矮胖、看似水瓮的陶瓮，装着颜色不同的石头，分别用来祈求阴性雨和阳性雨。卡潘对着这些石头喷吐“基尔由”，将石头捧出给我看。还有一个东西。我们涉河而过，来到一个巨大的白色岩石旁。卡潘老人说，这是多瓦悠兰的最后防线，如果他移开白色大石，大水将淹没世界，所有人都将死亡。

我们急速奔回村子，享受温暖，洗澡，穿衣。卡潘老人回去自己的茅屋。他已经让我看了全部秘密，也解释了各种不同的雨，以及如何用红赭土涂抹镰刀制造彩虹，甚至让我看了祈雨瓮的地点。我满意了吧？我的确很满意，致上丰富酬劳，酬谢他分享秘密。还有一件事：我从未看过他真正造雨。他可以示范一下吗？

他开心笑了。刚刚我没看到他朝祈雨石吐药草吗？待会，从这儿到波利镇之间会下雨。我们最好趁天未黑就下山。他是不怕黑的，言下暗示他具有传说中在夜里变成豹子的能力。

下山途中，我们碰到超级大雨，又必须像山羊般纵跃深渊裂缝。下雨时，花岗岩石湿滑不堪，好几次，我几乎是四肢着地爬行。卡潘老人吃吃笑，指着天空说："你看到了吗？"暴雨如盆，我们必须呐喊说话，我叫道："够了！叫雨停止吧。"他眼睛淘气地一闪："一个男人可不会在一天内结婚又离婚。"

马修与卡潘老人对此场大雨洋洋得意，至于我，没有更多证据是不会相信这种极端违背我文化背景的事。我和他们一样，只是看到想看的事。田野场上，人类学者极少被周遭人的"假"信仰干扰，他只将它们一一分类，然后看这些数据如何拼凑成图，学着以平常心面对这些信仰。

当我们返回孔里，玛丽约很高兴地看到我们的狼狈样。卡潘老人的阳痿盛名加上妻妾成群，让她深信我勤于拜访老人，铁定有不可告人的原因，尤其我去拜访时，卡潘老人常常不在。她染上高山多瓦悠女人的习惯，也称我为"爱人"。为了让我的"卑劣情欲"有其他发泄管道，她杜撰了一个胖大的富来尼女人，说她是我养在加路亚的情妇，还穿有鼻环。我的情妇拥有神话般的壮硕身材：胖到必须用货车载运，如果没有仆人架着，根本无法走路。旱季时，我和亲人都可坐在她的阴影下乘凉。

我投桃报李，也捏造一个科玛（Koma）老人，说他们暗通款曲。每个民族都有自己鄙夷的民族，科玛人之于多瓦悠人便是如此。他们是异教民族，住在河对岸三十英里外，语言是多瓦悠语的低劣变形，也是极端肮脏、恐怖原始的野蛮人。多瓦悠人常拿科玛人的丑恶开玩笑。

每当我送礼物给玛丽约，会假装那是她的科玛老情夫送的。虽然他的牙齿全掉光了，但我还是听得懂他的话，知道这些礼物是答谢玛丽约的性服务。我滔滔不绝描绘玛丽约为他缝制的寿衣。还嘲笑说科玛老人老得快死了，根本不必用裹尸布，直接丢进墓坑就好了。有一次，我抓到一只竹节虫，拿去给玛丽约看，打趣那是枯干萎瘦的科玛老人前来拜访她。每当玛丽约面露疲色，我就归咎于她借汲水与奸夫偷情——我们都知道这是她偷溜去树林密会情人的借口。这类打趣大大纾解村落生活的乏味，也是多瓦悠人逐渐"接纳"我的主因。

多瓦悠人性生活活跃，不解我为何能无性过活。男人直接问我如何生存？为何不会生病？在非洲，性关系只有两种基本模型。第一种模型里，女色会使男人孱弱，夺走他的元气，十分危险。第二种模型里，男人可采阴补阳，性交次数越多越强壮。

出我意料，多瓦悠割礼虽强调"男性隔离"，他们的性观念却倾向第二种模型。他们认为我没有老婆却能存活，十分神奇，拿我和神父相提并论，修女环伺却无性生活。此地神父坚持不称修女为"姊妹"而叫"院长"（mother）[1]，实在睿智。因为多瓦悠文化里，所有与自己年纪相当的男女都叫"姊妹"，

1　意同母亲。

但你万万不能与母亲发生性关系。没多久，我的进城之旅就被众口铄金为“荒淫探险”，更添玛丽约笑话的可信度。通常我进城都是为适应不了非洲混乱状态的器材购买汰换零件，因此“进城买零件”这句话迅速变成我与约翰的黄色打趣语。可悲的是，我的真实进城之旅一点不似多瓦悠人的性狂欢集体幻想。在非洲，性接触非但不浪漫且本质粗暴，无法纾解田野工作者的苦闷，反而更添孤离，最好是避免。根据我与同僚的非正式交谈，发现以前并非如此。伴随西方性观念的改变，田野工作者对性接触的立场也大幅改变。殖民时代，你不能与非我族类（包括社会阶级与信仰的不同）发生性关系，现在界线已逐渐模糊。你很难想象早年的女性田野工作者可以自由行走在“野蛮人”中，不必担心受侵犯，只因为她不在可性交对象的图谱里。现在情况改变，单身女性田野工作者似乎有必要与田野对象发生性关系，以迎合“被接纳”的新观念。田野调查结束，却未与田野对象发生关系，会让同僚诧异甚至谴责，宝贵的研究机会白白浪费了。

至于男性田野工作者，他们有更多露水姻缘机会，通常都是金钱交易，较不引人侧目。和民族志学者的助理一样，这个话题也在人类学文献中完全缺席，但不代表人类学者没有这方面经验。有些田野工作者基于性接触可能会为家庭及个人生活带来极大冲击，极力避免，但是长时间放逐异文化，此类诱惑不可避免。以我而言，被多瓦悠人视为无性之人，反而是一大福气，使我享有多瓦悠男人所缺乏的自由。譬如，孤男寡女共处一茅屋，这是通奸铁证；但是想象我与多瓦悠女性交合却是闹剧，我很高兴他们如是想。

长期以来，我的真面目与身份颇令警方困扰。旱季尾声，危机终于爆发。先是直升机违规闯入。一个经费宽裕的瑞士教会自作聪明，认为感化山区异教徒最好的方式莫过借用直升机空降牧师，效果一定惊人。一天，当我在教会时，直升机从天而降，在空中盘旋，发出巨大噪音；显然在召唤人们前往降落场。既然在场的只有我会开车，便借了一辆车前往降落场。直升机上有两个来自恩冈代雷、状似困惑的神职人员，他们要找一早便前往恩冈代雷的布朗牧师。直升机在空中盘旋，希望发现布朗牧师的车踪，一阵烟雾翻滚后升空而去。就在此刻，一卡车荷枪实弹的宪兵据线报前来缉捕刚降落的“尼日利亚走私客”。我被拖出车外。直升机的降落许可、飞行计划、飞行执照在哪里？我困惑无知的抗议丝毫不起作用。我无法交代谁在直升机上，也不知道他们的目的与飞机编号，甚至不愿发誓这架直升机并未接近边界十英里，这些都是走私活动的如山铁证。花了好长时间，我才洗刷冤情，恢复我“无害白痴”的清誉。

好不容易此事尘埃落定，我又陷入麻烦。一晚，我去波利镇医院探望被蛇咬的村民。不幸火把坏了，一下子便在城外迷宫般的路径迷途，在漆黑中跌跌撞撞半小时，幸好看到前头有灯光。我奔往灯光处，惊讶地发现自己置身副县长助理家的后门。我停下来向门口一位懒洋洋的年轻人问路，随即找到大街。

两天后，当我正在访问制陶匠时，约翰与珍妮现身孔里——宪兵到处在找我。一份正式公文传唤我到警察局查对身份。我确定了明天前不会开始烧陶，便与他们出发前往波利镇。那位嘴里含针的司令官在办公室接见我，我们花了半小时确定我的身份，以及我到底在波利镇干什么。询问过程里，他的眼睛不时在头巾下意味深长望着我。我开始紧张了。

有人指控我拍了副县长助理家后门的照片，这构成"战略消息"。目击证人指称我手拿相机，在那栋房子后面鬼鬼祟祟。我多久去尼日利亚一次？我的否认不被接受；他们有目击证人。有人看见我穿越边界，我不知道那是违法的吗？他们反复质询许久，才将我释放，严厉警告此后会严加监视我的行动。第三世界国家对间谍的执著妄想常陷田野工作者于危境，唯一原因可能是的确有些感兴趣的单位赞助研究者到敏感地区做研究。我的问题是面对一个对纯研究一无所知的人，该如何解释外国政府为何对叛乱山区的一个孤立部族感兴趣。对警察头子而言，最合理的解释莫过邻近尼日利亚的地理之便。但我既不是走私客，也不是替尼日利亚大军入侵打前锋的间谍，副县长助理住家后门的照片到底有何价值，没人跟我解释。

许久后，当我与副县长混得更熟，他才说他一直注意事情的发展，会保护我不受狂热宪兵伤害；他认为整件事是笑话。

我的反应却是忧心焦虑，尤其事件之后，警察不时突袭孔里探访我的行踪，更是雪上加霜。不知是巧合还是精心设计，我驻扎波利镇时拍的一批底片也离奇失踪。一如往常，约翰坚定支持我度过难关，带我去教会猛灌啤酒，直到我好过点为止。

第十二章

第一批与最后一批收成

First and Last Fruits

我离开英国快一年了，虽不敢说在多瓦悠兰宾至如归，但至少已进入所谓的“中间”阶段，样样事物都有种虚幻的熟悉假象。该是我开始整理笔记，并进攻我原本闲置一旁、打算等语言能力与人脉更好时才研究的领域，其中最重要的一个便是祈求繁生的农地仪式。部分仪式以卡潘老人为中心，有的则和他的亲戚有关，我们在早先几次头颅祭时便认识了。他们的任务包括以特殊药草涂抹神奇石头以确保植物丰收。在卡潘地区，这个仪式和祈雨仪式同时举行：药草随雨降下，可使“大地复原”。在多瓦悠兰的另一头，此类仪式则是用石头在村尾排成一行，“阻挡饥馑入侵”。我开始抽冷子拜访这些地方，与仪式秘密的拥有者——掌地师——聊天。

我的车子仍未修好，再度仰赖约翰和珍妮的慷慨。亏了他们的帮忙，我才能免去跋涉十数英里之苦，经常拜访这些遥远的村子，与卡潘老人保持联系。出我意料，这些掌地师乐意展示仪式配备，知道我不会向女人泄密。大家都知道我和卡潘老人一起工作，他们也愿意信任我，尤其话已传开，大家都知道我乐意付钱。接连几个星期，我忙着从这个洞穴爬到那个山头，跋涉到头颅屋，又奔回卡潘巧言哄骗卡潘老人透露秘密。同时间，蒙哥村的祈雨酋长也派人传话：他快启动雨季了。我又抽身冲去他的山头。这里的山地多瓦悠人施展老套，蒙骗我们兜圈子，希望我们厌倦了走开。打从政府在波利镇驻军以来，多瓦悠人便用这套方法保护自己。马修与我不为所动，聘用一位当地人做向导，坚决不准他半路丢弃我们，威胁说如果我们找不到祈雨酋长，便要睡在他的茅屋外，第二天他走到哪儿，我们便跟到哪儿。威胁奏效，我们很快便找到祈雨酋长，他很高兴看到我们——在山里兜圈转显然是对付外来者的标准程序。奇怪的是，他居然听说我和司令官的摩擦，大表同情；显然他们也有一番过节。

蒙哥村的祈雨酋长是个聪明开朗的年轻人，他很愿意马上宰杀一头黑山羊，为窖藏于头颅屋的祈雨瓮涂抹山羊血，正式启动雨季。他的顾问却大表反对。这位强盗般的老者是祈雨酋长的叔叔。他说，如何确定我没有和月经来潮的女人接触？而且，村人认为雨季还要一个星期才来。直到他开始质疑让未受割礼者接近祈雨瓮是否明智时，我才确定他是故意找麻烦。外来者无须受过割礼就能参加多瓦悠仪式，连外国女人都可在场。

我们开始讨论价码。整整一个小时我不断摇头，每当他提出一个价格，我便露出恐怖之色。最后我们谈妥价码。多瓦悠兰终极秘密的代价是八英镑，我并未受骗，因为我还可得到半只牲礼羊。仪式迅速进行，丝毫没有卡潘地区仪式的敬畏气息。一点都不戏剧化，就像寻常屠宰羊只一样，他们将羊儿翻倒在地，一脚踏住它的喉咙使其窒息。当羊儿昏了过去，他们便切开它的喉咙，用葫芦盛住鲜血。

我们连忙奔进森林中一个破烂的头颅屋。这个地方禁止外人进入，因此，我们全都得四肢着地，爬过满地刺人的矮树丛，来到一块杂草丛生、阴暗的空地，那就是头颅屋所在。里面的祈雨瓮就和我在卡潘老人处看到的一样。祈雨酋长敷衍喷洒羊血了事后，我们便回到村里，长谈数个小时。

就是在蒙哥村祈雨酋长处，我得到解释多瓦悠文化象征体系的最重要信息。先前数据显示祈雨酋长和人类繁生、降雨有关。透过“打死富来尼老妇”这个仪式情节，“真正耕耘者”的收成则与植物繁生、割礼产生联系。擦拭祈雨石的那天是旱季的开始，是多瓦悠人开始焚山（山是“男孩的头冠”，而焚山会让山变干）的日子，也是第一批收成与刚受过割礼的男孩一起进入村子的日子。多瓦悠人鄙视包皮，它让男孩性器潮湿，发出女性阴部的气味；受过割礼的阴茎干燥且洁净。当男孩离开村子去接受割礼时，他们是“湿的”，必须跪在河里三天。男孩接受割礼后，雨便下个不停，直到他们慢慢离开河边营区往山里走，天空才开始放晴。旱季降临，接受割礼的男孩才能返回村子，到置放死牛头颅的圣坛前等待。同时间，第一批收成准备送入村子。换言之，多瓦悠人用单一模型统合所有繁生面向，雨季到旱季的更迭则和未受割礼的“湿”男孩蜕变成受过割礼的“干”男孩联结起来。

我是在回到英国后，经过几个月的研究与详细分析，才将这个象征系统的细节全部搞定。可是那一天，先前在田野场上观察到的基本架构与辛苦记录的一切信息突然间都有道理了。“我找到了！”的时刻总是令人兴奋，我的却是突如其来发生在高山上，透露这个信息的男人全然不知它对我的重要性，更增添我终于窥知多瓦悠仪式背后简单架构的快乐。下山途中，马修显然察觉我的飘然。狂喜中，我省略了过滤与加氯，直接饮用山泉水。我不知道这是上天对我自傲的惩罚，还是潜伏在我肝脏里的病毒作怪，我再度被肝炎击倒在床。

就在我病得最沮丧时，奥古斯丁与他的最新女友移驾拜访。他们熟知肝炎，觉得我的病况严重。奥古斯丁笃定地说：“最好是吐。你必须大吐特吐。”他的女伴不同意：“应该灌肠。唯有强力灌肠才能驱除病魔。我们村里好多人都死于肝炎。”

“灌肠不好。他必须吐。”

“才不是。必须灌肠到出血才行。”

他们来回争辩。我谢谢他们的建议，说很多东西都让我又拉又吐，保证他们满意。

恩冈代雷教会的一位好心人路过孔里，告诉我治疗肝炎的偏方——热水熬煮番石榴树叶。结果证明它比什么都有效。后来我才知道德国一家药厂也在试验类似成分的药。我派马修去找番石榴树叶，北方地区这种树很少。马修说他在五英里外河边看过一棵番石榴树。我很怀疑我们说的是同一种树，他却打败我，带回一整袋真的番石榴叶。

我的病况逐渐改善。多瓦悠人大感惊奇，也开始用番石榴叶治疗肝炎。所以，人类学者多少还是会改变他的研究对象。我的另一大成就是“地名研究学”。我的菜园证实特别适合种植莴苣，数年后，他们改叫它“色拉之地”。

大约这个时候，今年的第一场大雨终于降下。在众人的欢乐声中，旱季的无情酷热瞬间消解。我则没那么亢奋，因为我的新屋顶整夜漏水。我被迫蜷缩墙角，浑身抖颤，皮箱颤巍巍摆在头顶上的平台遮雨，双手紧紧抓住笔记。第二天上午，铺屋顶的人说所有新屋顶都是这样，几天后就好了。我并不相信他的话，但缺乏铺屋顶经验，无法反驳他的笃定。就像出租漏水船只给我、宣称木头下水后就会膨胀堵住漏洞的人，或者坚称我的牙床会缩小适应摇晃假牙的喀国牙医一样，他的说辞颇不可信。经过一个星期可悲的洪水泛滥后，该找铺屋顶的人履行保证了，他随即修理屋顶。令我吃惊的是，他只用一块木板敲打茅屋屋顶；更令我吃惊的是，它居然奏效。

差不多就在那段时间，田野采集者在工作接近尾声时的精神病终于发作。我将笔记藏到教会，远离湿气、白蚁、山羊、小孩，以及我幻想中的各种危害侵袭。

我送笔记到教会时，约翰和珍妮正好前往森林办事，一阵怒吼吸引我到门口。那是自封“黑鹿”、身材壮硕的焊工。他大叫：“喂，白人，你的车差点杀死我。”刚才，他正在焊接我的车子（我极想忘了它的存在），突然间，车身掉了一大块，差点砸死他。他似乎认为这全是我的错。

我问：“你还好吧？”

“还好？你看！”他从裤子里掏出巨大阴茎，对我挥舞控诉。突如其来的暴露让我丈二金刚摸不着头脑，仔细检查后，才发现它有一小条“黑鹿”坚称必须“急救”的割伤。老实说，我有点茫然，不知道该用什么药品。翻箱倒柜后，只找到浓缩漂白剂。这恐怕不是好疗法。我建议他去找布朗牧师，他就住在山下，据我所知他有各式急救药品。“黑鹿”犹带盛怒，跛行走开。

直到我回房继续给笔记分类时，才想起布朗牧师不在家，他去帮人修卡车了。他的老婆可是以神经紧张著名，我想象“黑鹿”缓缓走到她的门口露出下体。或许我该奔下山阻止此事？但是，审慎为勇敢之本。何况，我并未听到布朗太太的尖叫声，或许“黑鹿”也懂得审慎行事，不露出他的伤处。

我的身体已经完全恢复，可以再度攀山越岭。马修和我最后一次出访，前往多瓦悠兰最西边参观扇椰子丰收祭。扇椰子是一种类似椰子的圆形水果，丰收祭里，扇椰子的角色类似头颅，被搁在摆放牛只头颅的圣坛，防止蝎子危害村庄。我从未见过扇椰子，迫不及待要品尝它的滋味。

当我们抵达掌地师的村落时，发现他端坐在一大堆扇椰子中，开怀大嚼。扇椰子有两种吃法。第一种是浸在水里，让它发芽，嫩枝的味道似芹菜。第二种方法是直接吃，果肉橘红色，纤维很多，咬起来像擦鞋垫，味道似桃子。我雄赳赳大嚼一阵后，开始掌握诀窍，发现扇椰子颇好吃。一位好心的老太太显然发现我啃食扇椰子颇费力，端上一葫芦已经剥了皮的果肉给我。我和马修说，这软多了。

"当然。主人，"他回说："她已经帮你嚼过了。"

我在多瓦悠兰的日子逐渐接近尾声，人们开始络绎拜访我，梭巡我的财产，提及他们迫切需要一条毯子，或者赞美我的炖锅多好等等。祖帝保说他将十分想念我，细数我们一起做过的事，虽然我给他惹了不少麻烦，他还是颇享受我们共处的时光。马修开始不经意提起买老婆的棘手事。他解释说："你必须趁她们还小时就买过来，才能照意思打造她。"马修相中的对象为十二岁。"但是她们如果年轻，多半会要你出钱供她们念书。"他叹气。他认识的人中谁愿意借他钱供老婆念书呢？唯有玛丽约不把我当摇钱树。每当提及我即将离去，她总是掉下眼泪，说她将怀念与我聊天。

为了即将来临的国庆节，波利举镇沸腾，准备各式表演，多瓦悠兰必须派人表演割礼舞蹈。我没机会看到真正的割礼，对此极感兴趣。多瓦悠的年分为阳年与阴年，割礼只在阳年举行，我来的这年恰巧是阴年。此外，接受割礼的男孩必须长时间待在森林里，还要考虑小米收成是否足够所需。多瓦悠兰已经五年没举行割礼，快要变成一大耻辱。之前，我都仰赖报告人的描绘理解割礼过程，也透过割礼人口述了解仪式程序，割礼照片则搜罗自文献记录与在多瓦悠兰多年的传教士。我的研究少了多瓦悠象征体系的中心部分，问题原本很严重，幸好许多仪式都翻拷自割礼仪式，一模一样复制。

我还是很庆幸有机会看到男孩行割礼前跳的舞。他们身着寿衣、豹皮，披挂动物角、厚重的袍子，以及其他配饰。没时间教导年轻男孩表演，两名受过割礼的男孩被迫挑起这项讨厌、丢脸的任务。一开始，他们十分厌恶这项提议，拒绝接受任务。祖帝保承诺给他们钱与啤酒，才勉强上阵。第二天，祖帝保现身我的茅屋要求我付钱，他说整件事是为了满足我的兴趣而筹划的。

最近，祖帝保的好逸恶劳遭到严重威胁，因为副县长下令每人都得种一块自己的菜园子。祖帝保先是说菜园子要长得好，必须有仙人掌围篱挡住动物入侵。光是等仙人掌扎根就要一年。接着又说园里如果没有茅屋招待工人喝啤酒，又有何用？可惜现在不是盖屋季节，又得等一年。算算得等三年，祖帝保的锄头才会第一次翻土，但是，每天上午他都哀愁宣布“他要去田里”，然后坐在树下（通常有我做伴），随意漫谈。有时我觉得自己像不收钱的心理医师，听他闲扯梦想、他所认识的女人，以及位居高职的压力。

庆典那天，所有地方重要人物齐聚足球场。卡潘老人身着富来尼袍子、配剑，我逮到机会又骚扰他一番。其他部族也派出歌舞队，顿足呐喊，尘土飞扬令人窒息。行政部门的高官全穿上最像样的制服，副县长看起来像极“法国航空”的空中少爷。群众大力挥舞旗子，踱步巡视，党工则趁机痛殴百姓。大家齐唱国歌。一架收音机庄严放在椅上，当总统的演讲伴随嘈杂的静电干扰声传出，所有人都举手敬礼。孩童表演进行曲与游戏。副县长尚未离席前，大家都不准离开，我们在大太阳下都快枯萎了。一大群跟着妈妈的小娃儿开始尖叫哭闹着要走；据说是妈妈故意掐哭他们。少数参加庆典的白人热烈讨论北边两个传教士被谋杀分尸。美国人十分紧张，法国人则夸张描绘尸体模样，乐得让美国人更不安。在场只有我一个英国人，有必要扮演板着脸孔的角色，虽然在老式电影里，这类角色根本撑不到第二本就被谋杀了，到不了多瓦悠兰，更去不了偏远北方。

全城的啤酒与冷饮全被副县长征收使用，所以我漫步前往教会找约翰与珍妮，等着看晚上的余兴节目——选美比赛。

在这个特殊夜晚，波利镇陷入夸张的情绪。人们涌上街头，歇斯底里地表达独立纪念日的快乐。受邀参加副县长派对的客人与一般庆祝民众略有不同——警察会不时冲向后者，殴打驱散他们。

大街上挤满人，唱歌、跳舞、呐喊致贺语。多数人早已烂醉。或许，这就是我的西装派上用场的时候；果真如此，我恐怕早就融化了。这是官方宴会，一切极为正式。场子里摆着一排排既硬又不舒服的椅子。座位安排显然有一套神秘系统，依据往例严格分配，总之，我完全摸不着头脑。医师与胖大的老婆在列，行政部门的人也在。警察局司令官恶狠狠瞪我；邮政局长则完全无视我的存在——显然因为我质问他为何从波利寄至英国的邮件统统没有贴上邮票。负责核对邀请函的那个人的大批亲属则统统在座。

筹办选美大赛极为简单，就是发函给各地酋长，规定他们在那一天送多少名女子进城。山上的人如何看待此事，我根本不敢想。早年，富来尼人有强征奴隶与女人的习惯；或许多瓦悠人认为旧习俗复辟了。总之，参赛的女人个个受迫模样。不少女子长途跋涉，一脸旅途劳顿。富来尼人当然唾弃用这种方式展示女性同胞，却欣然有机会饱览他族女性。参赛女子被迫走台步，在一大圈观众面前无精打采走动。她们有一种奴隶市场待售货品的仇恨表情，有的瞪着地面，泪水在眼眶中打转，有的怒目瞪视折磨她们的观众，龇牙咆哮。面对此种情势，观众的反应令人“折服”，他们回报以嘲笑嘘声，间杂猥亵要求各种交合（结婚除外）的热烈话语。受邀客人与不请自来、不断涌入的观众起了冲突。有些观众爬到树上，希望看得更清楚；参加派对的官员用力摇晃树干，树上客纷纷跌落地面，痛得流泪，众人大乐。几经讨论，波利小姐诞生了，还有波利小姐第二名、波利小姐安慰奖。副县长的新任年轻助理负责颁奖，一一得体拥抱得奖者，并与波利小姐第一名跳舞。夺得后冠的女孩显然来自偏远山区，被选美过程吓坏了。当高贵的年轻助理伸出纯洁的拥抱之手，她怕得蜷缩一团。当人们催促她跳舞，她泪眼汪汪紧握拳头，断然拒绝。官员先是尴尬微笑，进而低语威胁。她则趿着簇新的蓝色塑料拖鞋，顿足不依。两名宪兵老鹰捉小鸡，将她扔出场外。观众高兴喝彩。安慰奖波利小姐不负头衔美名，挑起重担。派对开始。

舞会曲目融合最新西方流行乐与没完没了的尼日利亚流行歌曲。不幸，当我与医师太太跳舞时，演奏的正是尼日利亚歌曲，至少长达二十分钟。我们独自绕着场子飞转，旁人不是热得发晕，就是为我们的优雅航行目眩结舌。医师太太是个超级胖女人，跳了十分钟便疲态毕露，不是时而撞翻椅子，就是不时踩到自己的脚。唯恐对方失面子，我们都不敢叫停，继续踉跄打转，汗如雨下、气喘如牛，直到某个好心人递上啤酒。边跳舞边就着瓶口喝酒并不容易，但是我们办到了，令人敬佩跳完一曲，开释退场，博得观众喝彩。

我自觉已克尽喜庆义务，安静颓坐角落，医师频频叫我多喝点，他早就知道与老婆跳舞的滋味。庆祝派对继续，酒和烧烤内脏源源不断供应。午夜时，我和丛林来的两位老师——派崔施和修柏特聊天。派崔施有个怪癖，走到哪儿都随身携带折叠椅。据说他曾在佛科（Voko）住了一年，那里完全没有家具，令他沮丧万分，因此和朋友前往加路亚买了一张折叠椅，并发誓永远不与它分离。他甚至与这张椅子共舞，直到担任宪兵的表亲苦口相劝为止。因为这位表亲，他才受邀参加派对。现在啤酒快喝光了，不少人改喝红酒。根据经验，喝混酒可不妙，我只浅尝为止，其他人则说还要再喝酒。现在只剩波利镇偏远处一家非法酒厅还有啤酒，老板是个严肃的穆斯林。一位喝到下半身瘫软的男护士扛起重责，骑摩托车去买酒。他连路都走不稳，被众人抬上车后，飞驰消失于夜色中。我看他连稳坐车上都有问题，遑论拿酒回来。但是五分钟后，他骑着车子回来。再度，由众人扛他下车抬回座位，继续喝酒，真是个英雄！派崔施、我和他的折叠椅一起去听几个多瓦悠人吟唱描写偷腥的歌曲。派崔施慷慨让出折叠椅给我。欢乐吟唱被打断，一个狱卒拿出录音机，打算录下他们的歌声却忘了付钱，这际遇叫我大吃一惊。男人一拥而上殴打（嘴里还在唱歌）狱卒，女人踏毁他的机器，小男孩咬他的腿，还打算用细棍子戳他的耳朵。派崔施小心保护折叠椅，我则担心自己在某些田野场合的行为是否也和这位狱卒一样。我决定明日要问问祖帝保，我为何幸免此等待遇。在西非洲，成为犯罪事件目击者殊为不智——警察会传唤所有目击证人、被害人亲友，痛殴他们直到吐出实情为止。此种破案法效率奇高。派崔施、我和折叠椅迅速逃离现场。

我们回到副县长的派对，现在已全部被警察霸占，捉对跳舞。我与某位警官羞涩跳完一曲，觉得该闪人了。清晨五点，我偷偷溜回教会，约翰窃笑迎接我，认定我的夜游铁定干坏事去了。

我的严肃研究快要接近尾声，该处理现实问题了。我听说离开喀国工程浩大，绝非到机场买票上飞机那么容易。我必须拥有离境许可，在拿到它之前，我是这个国家的囚犯。对此，我感到异常愤怒。教会向我解释取得离境许可的流程。听起来颇不可思议，谁会认真执行这么刁难、无意义的行政流程？不久后，我便发现是真的。

奋斗的第一站是恩冈代雷。不幸，我的签证快要到期，所以我必须同时申请签证延期与离境许可。政府部门没人明白我为何两样都要：我要不就留下，要不就走。但是根据经验，我知道在喀国境内旅行不时会碰到身份拦查，少了有效签证，麻烦可大了。他们叫我三天后再来。

下一步是去税务局。又有麻烦。他们不知道我该去恩冈代雷报税，还是去核准我研究许可的首都。我工作的地点在北方，归加路亚管辖，但是我最后的居留签证却是恩冈代雷签发的。他们要仔细研究。我必须填写缴税申报单，上面的问题包括“几个小孩？存活者数目？”反映了喀国可悲的婴儿夭折率。我在税务局混了好几天，企图面见督察。终于获准。他答应处理我的报税问题。过去一年来，我都在英国缴所得税，这又是个问题。英国与喀麦隆两国间有税务协定吗？我一无所知。他断然合上我的公文夹。很好，你必须去大使馆取得一份税务法的说明。我怀疑英国大使馆愿意发出此类声明；此外，我也不想去雅温得。我将问题推回给他，但是他态度坚决。

我又继续混了几天，期盼居留签证下来。最后他们告诉我无线电坏了，已经坏了一个多月，无法与首都通话，不能签发签证。

接下来一个月，我在加路亚、恩冈代雷、雅温得三地来回奔波，破财又伤身。后来我终于认清事实，我的事情牵涉三个行政区域，永远无法合法离开喀国。我与雅温得的法国朋友讨论此事。身为法国人，他们较不受困扰，凭身份证便可自由来去。他们为我引介法国军需处的证件专家。他面带峻容聆听我的疑难杂症。没问题，他微笑解释；我必须采用大家都用的策略。我的说辞将变成我抵达喀国后便一直待在首都。至于我的居住地址必须借用朋友的。因为我是白人，所以我雇用仆佣。既然我有佣人，便要有文件证明我至少付了他们喀国规定的最低薪资与社会保险。这些都可以借用我朋友的。又因为我与朋友共住一间公寓，为了简化作业，所有文件都登记在一个人名下，所以我的名字不在那些证件上。据说各种机构都沿用这套方法，以规避恐怖复杂的官僚作业。唯一的危险是对方可能要求查访我的住处。不算大危机，但必须先贿赂佣人照剧本说谎。

整套计划开始进行。接下来数个星期，我牛步爬行各衙门，取得盖满章、不可或缺的九份文件，忍受了不少初来时所受的那种气，不过我已不再讶异或气愤。

我借来的文件好用得很。社会保险局的督察也的确打算造访我的住所，但是当他知道我没车载他，马上打消念头。此时正是雨季；他拒绝步行。我收集所需印章后，继续吃力奋斗。

终于我抵达核发签证的警政署。再度被当成皮球，在各个办公室间踢来踢去，似乎没人知道核发签证是怎么一回事。我早上九点便到警政署，直到下午三点才获准到署长办公室。唯有他才有权决定，因为我现在既无居留签证，又无离境许可。他带着一种厌烦的优越感聆听我的故事，然后大声对属下说："给他签证！"没人要看我花了大钱、演出阵容多达十二人、辛苦收集七个星期的文件。我摇晃步出办公室，因难以置信而觉虚脱。当上帝将石板交给摩西时，他大概也是这种感觉吧！

我开始分阶段搬离波利镇，再度仰赖教会帮我将器材搬到恩冈代雷。我与恩冈代雷行政官僚的一页劳孔（Laocoon）[1] 角力史，已变成经典笑话。

参加了副县长的派对，再加上马修的敦促，我决定在村里举办自己的离别派对。为了这场派对，我们透过各种曲折管道

1　劳孔是希腊神话人物，特洛伊城阿波罗神殿的祭司。特洛伊战争时，因识破木马屠城之计，遭阿西娜女神派遣海蛇绞死。后来此字被用来形容苦斗。

搞到四十瓶啤酒，玛丽约也答应帮我酿些小米啤酒。不脱多瓦悠本色，酿啤酒也有大麻烦。我付小米的钱被某个男人拿走，因为他说祖帝保欠他兄弟一头牛。这个人兄弟的岳家又欠他小米，所以他的兄弟要到老婆的叔叔家拿小米……结局也一本多瓦悠特色，小米最后一刻才到，开始酿酒。连续两天，整个村子兴奋沸腾。祖帝保忙着编织给客人坐的席子。玛丽约一边杵米，一边唱舂米歌。小孩忙着到处借葫芦、瓦瓮，碍手碍脚。村人尤其热衷掠取我打算丢掉的东西。喷雾杀虫剂摇身一变成乐器，火柴盒用来储存谷仓里的秘密东西，火柴盒上的标签条被仔细撕下做卷烟纸。空锡罐大受欢迎，被拿来当煮锅。我必须将多余的药品偷偷拿到树林掩埋，防止小孩搜去吃。男人不时光临寒舍，查看啤酒发酵程度，传布宴会消息。

整体而言，这场宴会超级成功。马修很烦恼我不肯像副县长一样发表演说，但很骄傲我托付他分发啤酒的重任。他要大家排成一列，并指派一名助手分发每位村民一瓶啤酒，仔细和他们解释啤酒是谁请的，为何请的。似乎只有我对此过程感到尴尬。没多久，全村人都酒醉喧闹。乐器上场，一个老人开始踏足舞蹈，另一个人跟上节奏，众人开始跳舞。暮色降临，田里干活的村民陆续回来，奇迹似的，啤酒供应居然足够。祖帝保的两个妻妾趴到我的脚边，哀伤哭泣；鼓手跪在我的面前，在摇曳的火光中固执打奏节拍；舞者不断绕圈，拍手顿足。显然我必须有所响应。我不可能发表演说；人墙拥挤，也无法加入舞蹈行列。此刻马修神奇现身背后，拿了一把百元中非法郎的铜板给我。他大声说："在每个人的额头贴上一枚铜板，主人。"我照他吩咐做，融入情境中，边用铜板按住村人额头，一边赐福说："愿你的额头隆起"，这是多子多孙象征。

显然这就够了。多瓦悠人欢喜接受传统降福，舞着离开，继续进攻酒吧。

马修和我退回茅屋，祖帝保与其他大人物都等在那儿。我结结巴巴发表了感谢演说与道别；然后坐下来喝了数个小时啤酒，虽然我渴望回到孤单的床上。有趣的是，我发现马修在这段与我共事的期间，从滴酒不沾变成颇爱喝酒，我则因为肝炎几乎戒酒了。屋外，派对热度不减；屋内陷入沉寂，我们静听音乐。慢慢的，他们一一告退。最后只剩我一人，我感激地爬上床。下雨了，茅屋顶又开始漏水。

第二天毫无预警，我突然听说我几乎已经成功忘怀的车"差不多修好了"。检查后，我发现它的状况确有改善。四轮健在，虽然懒洋洋歪一边。可是从修车处开回村子，我总共发动了三次。有两次是引擎停止转动，第三次当我打开车灯，它突然冒出一阵白烟。比起搞到汽油，这些都算小问题。最后是通过奥古斯丁中介，我才自副县长车库的工人处买到汽油。至于他的汽油来自何处，奥古斯丁严禁我提问。

一切妥当，可以出发离去了。衡诸发动机的状况，发动车子后最好不要熄火。一小群村人现身送行，淡淡微笑，磨蹭双脚，小狗巴尼摇着尾巴，约翰与珍妮评估我顺利抵达恩冈代雷的机会，极力忍笑。挥挥手，引擎轰然，我离开这个我为了奇怪目的一待数个月的山头。分离总带来空虚，一种淡淡的无边寂寞感。很快你就忘记田野工作多数时候极端乏味、孤寂与身心崩解。金色蒙雾降下，原始民族开始变得高贵，仪式变得更震撼，为了达成现在的某个伟大目标，过去无可避免地被重组了。直到重读田野日记，我才明白当时的情绪主要是结束多瓦悠研究的歇斯底里狂喜。

旅途当然不是平平顺顺。我的车子有了崭新的毛病，会把顺着车身流下的雨水吸到风管，喷的行人一身都是。但是我终于抵达恩冈代雷，又花了两个星期企图寄回一卡车陶器到英国。这次我早有心理准备，知道此举势必挑战喀国尊严，必须与七个不同单位的官员交涉。

离开喀国的日子终于到了，我与教会里的朋友道别，没有他们的协助，我的研究绝不可能完成。在马修开口向我最后一次贷款后，我爬上了飞机。

但是喀麦隆还有最后一张王牌。我必须在杜阿拉港待一晚，简单的一顿晚餐便让我染上该城闻名遐迩的上吐下泻症。唯一的安慰是旅馆房间里有马桶也有净身盆[1]，让我免去英国浴室的痛苦折磨。第二天上午，我几乎是被扛上飞机的。

1　用来洗下身的坐式小澡盆。

第十三章

英国异乡人

An English Alien

飞行常是漫长、不愉快、难过。我的田野之旅最后阶段更是如此，被迫坐得笔直，像个老姑婆般啜饮瓶装矿泉水，全副注意力都放在我汹涌作呕的肠胃，同时间，飞机上以超大音量播放法国调情电影，供我取乐。撒哈拉沙漠消失于我的脚下。

就在此时，我突然想出一个聪明点子，要在换机的罗马停留一晚。我眼前浮现美丽景象——安静凉快的房间，微微浆过的干净床单，绿叶繁茂的树影洒落床铺，或许还有宁静的喷泉。

下机后，我发现自己虚弱到无力提行李，只好放到寄放处。我看着宝贵的田野笔记、相机消失于张大嘴的门后，怀疑它们还会现身，也不敢相信自己居然疯狂到与它们分离。紧紧抓在我手上的是因旅行而污损的衣物，牧师娘给我的裤子吸引优雅的罗马人好奇注视，狂野双眼与憔悴面容则招来轻骑兵行注目礼。

我找到房间，又热又吵，灯光闪烁嗡响，价格高到离谱。这正是渴望与现实的真正关系。我躺下睡觉。

一般人较少注意到，非洲村落与欧洲城市的最大差别在时间的流逝。对习惯农居生活的规律节奏、脑袋里只有季节而不知今夕何夕的人而言，都市住民似乎以一种近乎疯狂的营营碌碌呼啸而过。漫步罗马街头，我觉得自己就像多瓦悠巫师，神秘的缓慢速度标示出我的仪式角色与身旁日常活动的差异。小餐馆的菜色太多，我无力应付：多瓦悠生活的别无选择使我失去决定能力。还在多瓦悠时，我成日幻想狂吃痛饮；眼前，却点了火腿三明治。

人们老是警告我在罗马免不了被抢、被打、惨遭当街劫掠，我特地只带足够买火腿三明治的钱。或许我对接下来的际遇不该吃惊，返回灯泡嗡嗡作响的旅馆房间，我发现门上铰链被撬开，东西被洗劫一空：飞机票、护照、钱，甚至我从多瓦悠带回来的衣物也都不翼而飞。旅馆人员坚称他们不负责行李保管责任，我的西非式愤怒尖叫能力虽令他们钦佩，却于事无补。我火速检查口袋，全身只余一英镑。这种情形下，下一步很明显。我走进餐馆，省略火腿三明治，直接点了一杯啤酒，哀悼我的不幸。餐馆主人是个壮硕古怪的人，摸清我的国籍、职业、婚姻状况后，拿出一张翻到破烂的照片，上面是他的大群可爱孩子。他说曾在韦尔斯做过战俘，略带腼腆说韦尔斯女孩非常热情。不久，我也对他倾吐遭遇。

他以奇怪的罗马 / 克尔特口音说:“所以，你没钱、没机票、没身份证明。”我说是的。他说 :“那我借你一万里拉。”他拿出一叠纸钞放在吧台上。我点了一份火腿三明治。在我的困惑状态里，这种超乎寻常的慷慨似乎不比我先前的可悲遭遇更不可思议。我又摆荡回田野工作的备档心情。

我的恩人打电话给英国大使馆，我则闷然不悦还要和官僚打交道，想象自己在罗马无止尽奔波，拿着公文四处盖章，还要挣脱小孩的包围纠缠，才能登上飞机。他和大使馆说好了。我先到警局作笔录，然后大使馆会安排将我遣送回国。“遣送”听起来好像上镣铐运回国。

警察局挤满愤怒、绝望、沮丧的各国观光客，全都惨遭罗马青年的劫掠。一个烦闷冷淡的警察耐心将英国观光客一一挑出，与德国观光客放在同一房间。法国人则被安排到较大且凉快的房间，令我们愤怒不已。一个布拉德福德（Bradford）口音的人对大家说 :“我是替蓓诺儿难过，她是我老婆。”他指着身穿斜纹软呢服的端庄太太说 :“她不能离开露营地，他们还以为她在玩。男人跑来骚扰她，对着她大按喇叭。她只好拿李子丢其中一个痞子。”我们望着她思索。“后来又有两个年轻人骑着摩托车跟在我们后面，用铁锤打破后车窗，完全无视我们的存在，抢走我们的行李。”

德国人要求翻译，深恐我们隐瞒极高机密。我试图解释却放弃，因为他们似乎来自蒂罗尔州（Tyrol）[1]，语言没有元音。

吃着火腿三明治，我遁回田野备档心情。许久之后，我终于被带到地下室深处的办公室，由一个警察询问。“你在火车站被抢？”“不是，在旅馆。”他哼了一声，记下来。“损失什么？”我一一列出丢掉的财物。“多少现金？”“大约一千英镑。”他蹒跚走开。

另一个警官出现，一言不发，将一个眼神狂乱、浑身毛发惊人、手戴镣铐的男人安置在我对面的椅子上，转身离去。那名男子弯身向前，疯狂瞪视我。我们都知道如果此刻我转开眼神，他就会掐死我。他瞪着我，我也回瞪他。两人都不说话。不知过了多久，询问我的警察终于回来，完全无视多毛男子，叫我签笔录。书写漂亮的意大利文并不难解，上面宣称我在火车站被抢了一千英镑。我可受过比这更不堪的官僚待遇，高高兴兴地签了名。

现在我该进攻大使馆了。那里又是大批惨遭蹂躏的观光客，由一个面容严厉、嘴角紧抿的领事馆女性工作人员发落。她正对一个非常年轻、肮脏、穿着破牛仔裤的女孩说教。“这是你第三次在火车站被抢，我们没法一直补发护照给你。我要打电话给你的父母。”那位浪荡的流浪女嗤之以鼻：“他们在乎吗？”领事馆人员紧抿双唇表示不满：“这次又是谁？让我们看看那

1　位于奥地利。

两个男孩……”年轻女孩不同意，这位女性工作人员挥手打断她。“我要打电话给你父母，在这里等着。”她转身离去，留下我们面面相觑，对年轻女孩感到同情、难堪与好奇。女孩以挑战的眼神望着我们。我前面的男人对她说了些什么，她开心笑了，两人一起走开，坐到窗边的椅上。我则再度掉入生命暂时停摆的状态。

终于那位一本正经的领事馆人员回来了。“过来。我已经和你的父母商量好，我们先预支一笔钱给你回英国，但是你不能继续留在意大利。明天就走。”

我们颇感紧张，觉得那位少女绝非含羞紫罗兰，肯乖乖接受安排。出乎我们的意料，她甜甜蜜蜜地笑道：“没关系，亲爱的。这个家伙，”她指指刚才和她说话的男人，“邀请我去住在他的游艇上。”说完，两人联袂在我们沉默的热烈喝彩中离去。

我的案件处理则属一般流程。她嫌恶地瞄了我的裤子一眼，撅嘴表示不满，便安排了我的遣返。我小心调整自己的陈述，以符合笔录所载。

阔别十八个月，我终于回到英国，身无长物，只有一件破裤子、七本记载西非洲笔记的破烂练习本、一架蒙了沙的相机，还有一份意大利文笔录。我瘦了四十磅，黑得像炭，眼白发黄。我面对海关官员。

“护照？”

“我的护照掉了。”我将意大利文笔录交给他。他瞇了瞇双眼：“您是英国人，先生？”

“噢……啊……是的。”

“您愿意签名保证所言为实，先生？”

“当然。”

“好的。您可以走了。”他挥手叫我通关。

不可能这么简单，我怀疑其中有诈，狡猾望着他：“你意思说我不必大喊大叫、威胁你，或者给你钱？”

“您可以走了，先生。”

让数学家颇感困扰的矛盾之一是爱因斯坦的时光旅行者。他以极高速航行宇宙数个月，回到地球，却发现已过了十年了。人类学旅行者正好相反。他进入到另一个世界，在那里待了不可思议之久，思索宇宙之谜，快速老化。当他回到家乡，却仅仅过了数月。他种下的橡实并未长成大树——时间太短，嫩芽还来不及探头；他的小孩并未变成大人；唯有最亲近的朋友，才注意到他曾离开过一段时间。

世界少了他依然正常运转，这实在太侮辱了。当人类学旅行者远行异乡，寻找证据印证他的基本假设，旁人的生活却不受干扰、甜蜜行进。他的朋友继续搜罗成套的法国炖锅。草坪下的刺槐依旧长得很好。

返乡的人类学者不期望英雄式欢迎，但是某些朋友的平常以待实在太过分了。返家后一个小时，一位朋友打电话给我，简短说："我不知道你去哪儿了，但是大约两年前，你丢了一件套头毛衣在我家。什么时候要来拿？"你觉得这类问题岂在返乡先知的思虑范围内？

一种奇怪的疏离感抓住你，不是周遭事物改变了，而是你眼中所见的一切不再"正常、自然"。现在"作为英国人"对我而言，就像"假扮多瓦悠人"般作态。当朋友与你讨论一些对他们而言很重要的事情时，你发现自己居然怀抱一种疏离的严肃态度，好像在多瓦悠村落与人讨论巫术一样。这种因缺乏安全感而产生的调适不良，更因举目望去都是匆匆忙忙的白人而更加严重。

举凡和购物有关的事都变得非常困难。看到超级市场的货架沉重呻吟堆满食物，我不是作呕厌恶，就是无助发抖。我会连绕三圈仍无法决定买些什么，或者疯狂大买奢侈商品，因害怕被人抢走而恐惧抽噎。

长期独处后，礼貌性谈话也变得非常艰难。对话间的沉默空当只要稍长，我就认为对方不高兴，街上行人则恐惧看着我大声自言自语。适应互动规则殊属不易。有一天，送牛奶的人将我家并未订购的牛奶放在门前，我循西非洲规矩大吼大叫追赶他，可能还扯住他的衣领。根据西非洲规则，我只是立场坚定；照英国标准，这可是难以忍受的粗人行为。突然看到自己变成这等模样，真是叫人谦卑的经验。

一些小事则带来无限满足。我疯狂迷上奶油蛋糕；另一个从田野场回来的朋友则不可自抑地大啖草莓。自来水、电力真是神奇。同时间我染上怪癖，百般不舍丢掉空瓶子或纸袋——它们在西非洲可是珍贵之物。一天里最棒的时刻莫过早上醒来发现我已不在非洲，一股如释重负的暖流穿过全身。我的笔记丢在书桌全没整理；连续好几个月，只要看到或碰到它们，我都感到恶心。

最奇怪的心理经验是目睹我数个月前从非洲寄出的瓦瓮抵达。当初，我细心用多瓦悠布匹包裹它们，装在铁制行李柜里，上面贴了四种语言的“易碎物品”警语标志。祖帝保震惊于我的鄙俗。我干吗不把它们送给村民？大家都知道我很有钱，几乎和那些制陶的女人一样富有，大可购买尼日利亚产的富丽搪瓷器。我的老婆看到我带回村落瓦瓮，可不会太高兴。

看到这个一度放在我茅屋里的行李柜此刻躺在伦敦的湿冷车库里，实在很怪。它完全变形。托运时，它是长方形的；现在几乎变成圆形。箱上的巨大皮靴印证实经手者将它变成这等神奇模样。我必须用千斤顶才能撬开盖子。接到自己寄的包裹本来就是奇怪经验，微带一种人格分裂的味道，尤其寄件的我对收件的我而言，已经逐渐变成陌生人。我的朋友一致赞美这些陶器的优美简朴造型。太可惜了，我干吗拿它们去煮东西；我不能买些便宜进口盆盘，保留这些美得不该拿来用的东西吗？将我这些朋友介绍给祖帝保，让他们持不同观点大打一架，可能不错。返乡的田野工作者可以接受这两种不同立场，一个也不必认同。

此刻，你不可能不评估此行损益。我当然学知了西非洲某个无足轻重小民族的许多事情。田野工作的完成与否完全是定义问题而非事实认定。我可以继续待在多瓦悠兰五年，获致微小的研究成果，却仍无法穷尽“了解一个全然陌生民族”的研究目标。但是想要获得特殊成就，总要有一般能力做基础。现在我阅读人类学文献有全然不同的眼光，能察觉某些句子是刻意模糊、逃避或者勉强，也能察觉某些数据不恰当或无关。若非去了多瓦悠兰，我不可能有此能力。我的研究也让其他有兴趣的人类学者工作起来相对轻松。我甚至认为我在解开多瓦悠宇宙观上的成果，验证了某些常用的解释模型与文化象征间的关联。整体而言，我的研究结论颇站得住脚，我很满意它们在整体人类学的地位。

至于我个人有了许多改变。与其他田野工作者一样，我的健康毁了一阵子。我曾对第三世界文化与经济的最终救赎怀抱模糊的自由主义信念，现在则遭重击。这是返乡田野工作者的共同特色，当他们像返回地球的航天员踉跄笨拙地游走于自己的文化时，只能莫名感激自己是西方人，生活在一个突然间变得珍贵万分也脆弱无比的文化里，我也不例外。但是人类学田野工作会让人成瘾。田野工作的宿醉头疼不比厌恶疗法更有效。返乡数周后，我打电话给那个当初鼓动我投入田野工作的朋友。

“啊，你回来了。”

“是的。”

“乏味吧？”

“是的。”

“你有没有病得要死？”

“有。”

“你带回来的笔记是否充满不知所云的东西，而且忘了问许多重要问题？”

“是的。”

“你什么时候要回去？”

我虚弱发笑。但是六个月后，我回到多瓦悠兰。

1. 波利镇大街。尽管连大比例的地图都标注波利镇是个有汽油供应的大城、副县城，甚至还有飞机跑道，但是初次看到它的大街，丝毫无法令人兴奋。波利镇有美国蛮荒西部边城的味道，就连大街走到底也成死路，消失于茂盛野草与报废的修车厂中。

2. 多瓦悠兰。北喀麦隆多瓦悠人居住之地。花岗岩石高耸五千英尺，嶙峋的露头提供了多瓦悠人庇护之地，防止富来尼人骑马进攻。海拔高处极为凉爽，与炙热的平原恰成反比，适合种植等级较高的小米。此区交通困难，多瓦悠人许多传统生活形态因而得以保存。

3. 孔里村。干泥与茅草屋顶组成的茅屋，周围是仙人掌围篱，完全融入当地自然景观。屋顶上的尖刺物能够保护屋主不受巫术入侵。

4. 回报多瓦悠人的好客，作者自资盖了一栋茅屋（耗资十四英镑）。多瓦悠人认为欧洲人不应住圆形茅屋，而该住在类似官方建筑的方形茅屋。他们也认为欧洲人不受巫术影响，因此依酋长建议，将屋顶上尖刺物改代之以啤酒瓶。

5. 玛丽约。孔里酋长的第三号老婆，站在我的茅屋前。她是我最好的报告人之一，个性活泼脾气好。因为个性怡人，所以虽不育却没遭到休妻命运。她身穿典型的树叶装，遮盖前面隐私处与臀部。背景处是瓦斯炉与塑胶桶，这就是我的厨房。

6. 准备接受割礼的男孩。由他的“丈夫”为他修饰打扮，巡回亲友的院落，为他们跳舞。割礼装扮非常厚重、不舒服，包括悬挂牛角、身着两件长袍、豹子皮、脚环嘎嘎器，以及装饰的头巾。准备受割礼的男孩如此盛装长达数星期或更久，直到真正割包皮为止。

7. 割礼。男孩背靠树而站，一只脚踏在另一只脚上，接受割礼。整个阴茎几乎全割开。受割礼时，男孩不能哭。此张照片摄于模仿割礼的其他仪式，照片中人佩戴阴茎鞘，这是重要仪式必戴配件。

8. 照片中左立者为典型矮壮身材的多瓦悠男孩，与右立瘦长的富来尼男孩恰成对比。照片中的多瓦悠男孩是"现代化者"与"西化者"，从他手拿收音机与受洗为基督徒可知。右边的富来尼男孩是穆斯林，面朝阿拉伯世界。他是此地富来尼统治者的儿子。

9. 带我们前去尼加族部落的向导和他的宠物鸟。

10. 一名村妇带着孩子坐在自家茅屋前的广场。她正在编织给女儿穿的树叶装。只有极富有的多瓦悠人或村人进城时才穿衣裳。

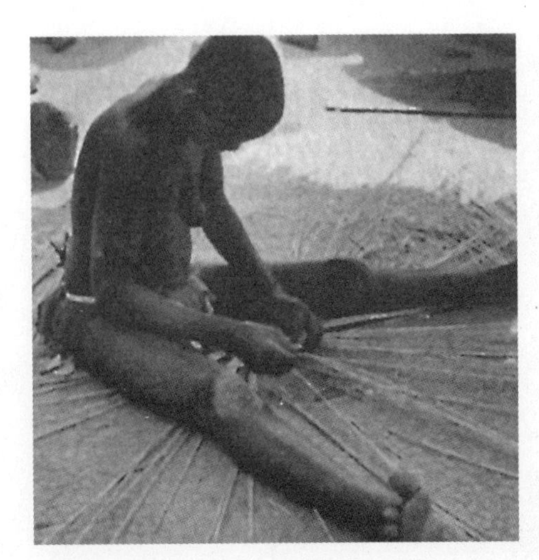

11. 多瓦悠社会只有女人才编织篮子（只有男人才织布与织席子）。女人通常是在旱季时一起编织篮子边磕牙。篮子内部涂以牛粪，很适合装小米粉。

12. 曼哥村祈雨酋长的父亲说这些瓦瓮是用来控制山头的雨水。这些瓦瓮似乎被视同头颅的替代品，接触时必须极端谨慎。稍一不慎，就可能遭雷殛。

13. 制陶人做手拉胚。使用旋转技术，并以破碎瓦瓮为转盘。制陶人是少数能赚取现金的多瓦悠女性。复杂的发型与现代服饰标示了她们“特殊”（或不洁）的社会地位。

14. 烧陶。制陶人是铁匠的妻子。只有她们才能烧陶，她们也是产婆。在多瓦悠社会，她们被视为不洁，会污染仪式。烧陶时产生的灰烟会给其他多瓦悠人带来性病。烧陶时，如果祈雨酋长途经此地，可能因此死亡，因此烧陶也被认为是危险时刻。

15. 村人扛着死去的女子回到她娘家村落。女子死后，以夫家亲人提供的布与牛皮裹尸。然后尸体被抬回她出生的村落，进行下一步的裹尸、土葬与割除头颅。她的丈夫身着树叶，在她的尸体前跳舞、吹奏小笛。踢过尸身后，才能入土。

16. 头颅祭时，祖先头颅洒满啤酒与血。尸体下葬后，头颅被割下，经过复杂仪式，死者的亡灵才能转世投胎。小丑在头颅屋前跳舞，对着头颅喷洒排泄物与血，然后头颅才能移入它们的永久居留处——头颅屋。

17. 作者像

18. 作者自行修理假牙，借助环氧树脂与教会的吹风机，将它黏回牙床。

第二部

重返多瓦悠兰

A Return to the African Bush

第一章

再访杜阿拉

Duala Revisited

“所以，你从未来过我们国家？”喀麦隆海关人员狐疑地看着我，一边无精打采地翻阅我的护照。汗水从他的衬衫腋下渗出，形成一个状似非洲大陆的渍痕。此时正是杜阿拉旱季高峰，热不可当。每次指头翻过文件，都留下棕色汗迹。

“是的。”我早学会不可跟非洲公务员意见相左。意见相左的结局是浪费更多时间与心力，还不如简单地消极顺从。诚如某位殖民地法国人向我解释的——此种权宜之计是“调整事实以顺应官僚”。

其实，这并不是我初次造访喀麦隆，而是第二次。先前，我曾在喀国北部一个山区村落待了十八个月，研究某个异教部族，是他们的驻地人类学家。但是途经罗马时，我的护照被猖獗的匪徒偷走了，因此没有旧签证可以揭穿我的谎言罪行。我欣慰于美丽的新护照，沉着应对不露一丝口风。这次应可轻松过关。如果我承认曾造访喀麦隆，那就会马上被迫陷入官僚作业的恣意胡闹剧中：需要坦白交代上次入关与离境的时间、核发签证的次数……要求一个普通游客记住这些琐碎细节，委实太不合理，但这无法构成辩解的理由。

“在这里等一下。”他以专横姿态挥手要我到一旁等待，拿着我的护照消失于屏风后。屏风顶探出一张脸，细细审视我。我听到翻动纸张声。想象他们正在厚厚的黑名单档案里寻找我的名字，就像我在伦敦的喀麦隆大使馆所见。

海关人员回来，开始细细审查一位样貌鬼祟的利比亚人的旅行文件。这位先生声称是“一般商人”，行李数量却多到匪夷所思。他以惊人的厚颜无耻解释此行是“寻找嘉惠喀麦隆百姓的商机”。出我意料，海关居然挥手叫他过关，毋需其他手续。紧随其后的是一大群极度夸张的人物，小偷、恶棍、艺术品掮客的滑稽集合——冒充一般观光客，这位海关人员也全盘接受他们的说辞。然后就剩下我。

他慢吞吞翻阅我的文件，意态悠闲。直到他满意他的主宰地位后，才赏我以傲慢锐利的眼神：“你，先生，必须去见督察员。”

他带我穿过一扇门，进入一个显然闲杂人等莫入的走廊，到了一个毫不舒适的空荡房间，我坐在硬椅上等待。地板油布磨损厉害，因无数疏失而渍痕累累。天气真是溽暑难耐。

严格来讲，我们在道德银行的账户都已严重透支，只要官方稍示质疑，便足以让我们陷入内疚深井。眼前，我的处境尤其可危。我上次前来喀麦隆研究多瓦悠人——我的山地部族——时，发现割礼仪式是该文化的中心。但是多瓦悠的割礼每六到七年才举行一次，因此我一直未能目睹。虽然我记录了割礼仪式的细节，也拍摄了拷贝自割礼仪式的其他庆典，却始终无缘亲见正宗的割礼仪式。一个月前，当地线民通知我割礼仪式即将举行。错过这次，谁知下次割礼会是什么时候——或者根本不会举行？这样的机会岂容错失。从上次经验，我知道想要申请到喀麦隆做田野调查根本来不及；因此这次我以观光客身份入境。对我而言，此举并非全然撒谎，我做的事和观光客没两样——拍照而已。割礼仪式举行时一定会有其他观光客，兴高采烈猎取镜头、放进相本里。独独不准人类学家做这些会计师们度假时干的事，岂是合理？

但是，显然他们发现我撒谎。怎么可能？我不相信真有人看了我上次来喀麦隆时在大使馆与机场填写的那些文件。只能自我安慰，既然我离多瓦悠兰还千里远，就算有罪，也只算轻犯。

督察员的等候室绝非什么好地方。脾气再快活的人进了这里，也会注入绝望气息。漫长的等待让人更添偏执狂想。我开始担心自己的行李，脑海浮现画面——露齿微笑的海关人员把手伸进我的行李翻捡衣物，说：“你看。这行李无人认领。我们分了吧。”

许久之后，我被带进一个简朴的房间。桌子后面是个帅气男子，留着军人式短髭，搭配雄赳赳气质。他嘴里含着一根长烟，烟圈袅袅飘上垂吊得极低、北方恶棍不小心走进来就会被扇叶斩首的吊扇。我不知道应该采取无辜者的愤怒姿态，还是跟他攀攀法国同志情谊。由于不知道他掌握了什么不利证据，我最好的赌注是扮演“笨蛋英国人”。英国人之大幸乃在多数人认定我们脱轨怪诞，碰到文件细节就手足无措。

帅气官员挥挥我的护照，上面已经覆满烟灰。

“先生。问题出在南非。”

这可真叫我吃惊了。发生什么事？难道因为我国与南非隶属同一个板球联盟，我就要受报复、驱除出境吗？还是我被当作间谍？

“但是我和南非没有任何关系。我从未去过南非。甚至也没有亲戚在那儿。”

他叹口气：“任何人只要暗助法西斯、种族主义党羽对南非实施恐怖统治、抗拒受压迫人民追求社会正义的热望，我们一律不准许他入境。”“但是……”他举手制止我发言。

“让我说完。有些政府为了防止我们知道哪些人曾入境南非这个不幸国家，误以为核发新护照给去过南非的人民，就不会留下签证‘罪证’。你，先生，你的旧护照仍未到期，却持用新护照。就我来看，这证明你去过南非。”

一只壁虎匆匆奔过墙壁，珠子般晶亮的眼睛控诉地瞪着我。

“但是我没有。”

“你能证明吗？”

“我当然无法证明。”

针对如何证明一件“没发生”的事，我们展开逻辑辩论，你来我往，直到突然间，督察员厌倦了这番粗糙的哲学论证。露出官僚本色，他提出折衷方案。我必须“口头切结”随时可以签下我没去过南非的“书面切结”。这就够了。墙上壁虎热心点头同意。

走出督察员办公室。我的行李胡乱堆叠，遭人鄙视，弃置一旁。当我弯腰拿行李准备前往报关台时，一个腰围粗壮的男人一把抓住我的手臂：“嘘。客人，”他低声说：“你明日要去首都吧？”我点头。

“你行李要托运或者你回来时，你找我，贾奎。行李超重不收费。只要帮我买罐啤酒。”他侧身悄悄走开。

我在督察员那儿搞了太久，海关人员等得颇不耐，愠怒下，他根本懒得看我的行李，挥挥手叫我过关。我知道搭乘计程车的地方。

我深信非洲一定有个地方，那里的计程车司机善良、温和、有知识、诚实、谦恭有礼，不幸，我还未找到那个地方。初到非洲者几可确定会遭计程车司机欺骗、蹂躏、海削。前次造访杜阿拉，在我尚未摸熟该城道路前，曾搭计程车去仅半英里外的地方，司机却假称至少十英里远，狮子大开口超收车资，载着我乱绕圈子，直到我完全失去方向感，一边赚我的钱，还顺便到郊区送报纸。回程我自己摸索道路，才走了十分钟就看到下榻旅馆。在非洲搭计程车真是苦刑，多数时候，走路还轻松些。

我深呼吸，投入计程车司机聚集的角落。马上，两个司机抓住我，企图夺下我的行李。在西非洲，行李常被绑架，等着换取高额赎金。

“这边走，客人，我的车子等在那儿。你要去哪里？”

我紧紧抓住行李。看热闹的人察觉有趣景象，全转头注视。接下来几小时都不会有旅客，我是最后一个——不容轻易放过的大奖。两个司机随即不体面地厮打，我就像两只狗抢夺的骨头。一个企图帮忙的旁观者大叫：“叫他们住手！”听他的话，只会让两位司机联合起来对付我，我转身走向第三个司机。见状，前面两个司机马上诟骂第三个司机。利用他们分心之际，我坚定冲向门口，第四个司机等在那儿。

“去哪儿？”我说了旅馆名字。

“好，我载你。”

“我们先讲好价钱。”

“你先把行李给我，我们再谈价钱。”

“先讲价钱。”

“只要五千中非法郎。”

“这个距离只要一千两百法郎。”他顿时垂头丧气。

“你来过这里呀！三千法郎。”

“一千三。”

他摆出哑剧的吃惊昏倒状：“你要我饿死？难道我不是人吗？两千。”

“一千三。这样已经太多了。”

“两千。再少不行。”他的眼睛泛起诚恳泪光。我们显然抵达交涉的高原，他还会继续撑上一会儿。我感觉自己的毅力与决心衰退了。最后以一千八百法郎成交。照例，太贵了。

这辆计程车一应俱全，有不断喧嚣放送音乐的收音机，还有一个每次踩刹车就会发出金丝雀叫声的玩意儿，以及涵盖所有信仰、适用所有绝望状况的各式护身符。车窗把手拆掉了，似乎没有离合器，也无换挡装置，只有恶兆般阵阵摩擦的噪音。照例，开车只是连串疯狂加速与紧急刹车。

在西非洲，人们喜欢试炼各种人际关系，直至它们崩盘为止；也有不可抑制的欲望，非要探测人际关系的极限不可。或许刚刚讨价还价时，我的态度过于强硬。我看到司机的眼睛盯上路旁一个向他招手的胖女人。他猛力踩刹车。简短对谈后，他企图将这个手捧巨大搪瓷盆，盆里面装满生菜的庞然女人塞进车来。我抗议。巨大女士的搪瓷盆与膝盖挤向我。冷水淋上我的大腿。“她和你几乎完全同方向，又不要你多花钱。”司机表情委屈。胖女士向我兜售生菜。我们三人全高声争论、挥舞拳头。胖女士威胁要打我，我威胁要下车不付钱。我们尖声呐喊、愤怒生气。最后，胖女士退下车去，我们不带一丝怒气与积怨继续前行，司机甚至还低声哼唱。

仅仅几个小时前，我抵达喀麦隆，气态悠闲、心情松弛，因在英国休养了六个月而增肥不少。现在，我人还没到旅馆，就已经憔悴、疲累、沮丧。

我们终于到了旅馆。司机转过头来，面带微笑："两千法郎。"

"我们讲好一千八的。"

"可是，你现在看到路程是那么远，两千。"

我们重演争论戏码。最后，我拿出一千八百法郎，用力甩在车顶上。

"拿不拿随便你。不然，我叫警察。"

他甜蜜微笑，把钱放进口袋。

一会儿，我搬进一间狭小、空气窒闷的房间，地上铺着清凉的油布毡。冷气机发出阵阵恐怖的嘎啦声，终于吐出一丝凉气。好不容易，我蒙眬睡去。

随即传来敲门声。门外站着一个身材肥壮、脸色红润、身着宽大短裤的男子。他只简单介绍自己为韩福瑞，住在隔壁，口音无疑是英国人。他的姿态与其说是受到侵扰，不如说是饱受虐待。

"是你的冷气机。"他解释："噪音太大声，吵得我无法睡觉。你前面那个房客很有礼貌，都关掉冷气机睡觉。很讲道理，想想，他还是荷兰人呢。"

"我很抱歉冷气吵到你，但是关掉冷气，我真的没法睡觉。窗子打不开，我会被烤死。你为什么不向旅馆经理投诉？"他对我投以令人畏缩的怜悯眼神。

“我当然试过。没用。经理假装他不会说英语。来我房间吧，我们一起喝一杯谈谈这事。”

几杯酒下肚后，我们发展出海外碰到同胞时很容易迸发的短暂热烈友谊。他诉说自己的故事，他目前的工作似乎和内陆地区的援助计划有关——制造外销的罐装果汁。这原本是台湾的援外计划，后来因为喀麦隆承认中共，遂告终止。韩福瑞花了蛮多时间寻找适合台湾牵引机的零件，这是前任留给他的机械。

我则诉说自己在机场的遭遇。他认为平淡无奇。他细心告诉我托运行李关卡那人不是要啤酒，而是索贿一千法郎。我谢谢他，说我曾来过喀麦隆。韩福瑞提议一起吃晚饭，带我前往旅馆餐厅。红色的假皮椅子、赤裸的灯泡，这家餐厅令我想起1950年代的捷克豪华旅馆。壁虎好似大弯道滑雪般在灯泡间狂乱奔窜。

体格魁梧、一身闪亮的侍者领班走近我们，指指韩福瑞裸露的膝盖，大喊：“回去换衣服。”我们停步互望，韩福瑞怒不可遏。我看得出来他真的生气了。他沉着说道：“不行，我刚从丛林回来，所有衣服都送洗了。只有这一身。”

侍者领班不为所动：“你必须回去换衣服，否则没饭吃。”我们好像被奶妈呵斥的小孩。

韩福瑞转身，带着贵妇人的傲气高视阔步离开。我只好跟随其后，好似他勃然怒火下的一抹苍白影子。

出于泉涌的兄弟团结情，他坦承知道一个更好的地方。他以赞许的眼光上下梭巡我："通常我不告诉别人这个地方。"我尽力摆出受宠若惊的模样。

他带我穿过正门，来到计程车与"暗夜女"聚集之处。异文化的相互观感一向很有趣。从他们企图兜售给对方的东西，便确保窥知一二。譬如我们英国人总是信心满满美国人希望到英国乡间付费参观的大宅邸喝下午茶，西非人则认定欧洲人都爱木雕与买春。西非洲城市近来流行的是猥亵欲求女色的表情。这些身材壮硕如篮球明星的女孩将此牢记在心。她们夸张撅嘴、甩头、款摆漫步。韩福瑞坚定地说："今天不行，谢谢你。"

他的计程车杀价术显然远胜于我。不仅交涉过程短，而且绝不让步。我们上车。几个女孩企图一起上车。韩福瑞像父亲般慈祥推开她们。

车子接着在泥巴路上行驶许久，两旁是丛林。韩福瑞不时指示路径。我们穿过一道铁轨，又横越一道在月光下邪恶闪亮的铁轨。沃土混合排泄物、沼泽的奇怪气味包围着我们。最后抵达一条靠近码头的碎石焦油路，油污水面隐约浮现废船的影子。

我们来到一个广场，三面是法国殖民风格的建筑，尚未竣工就已经开始倾颓。墙上灰泥剥落，爬藤入侵阳台水泥格子栏杆。韩福瑞满怀自信带我走向广场的第四边，这里，丛林植物正与砍伐柴火的都市人奋战，结局是留下一大片诡异卷曲的蔓藤。

“到了。”韩福瑞粗重喘息。

回忆会戏弄人，不是美化事实就是简化事实。或许我受到韩福瑞的影响，但是我清晰记得那是城里唯一刚刷上新油漆的房子，在月光下闪闪发光——绿色植被汪洋里的一颗银色珍珠。那是家越南餐厅。

韩福瑞显然在这家餐厅人面很熟。餐馆女主人是东方陶瓷美女，绽放细致笑容、鞠躬迎接韩福瑞。她的先生——餐厅主人——是旅居海外的法国人，在中南半岛待过许多年。他们的孩子被叫出来见客，蜜蜡肤色，依年龄大小排成一列，对着韩福瑞微笑。他们鞠躬致意、拥抱他，称呼他为“糖糖欧飞”。韩福瑞当场变成伤感男子，我看到他偷偷拭去眼角的男子汉泪珠。吃饭时，主人陪坐，帮我们倒黑醋栗果甜酒与白酒，一边交换家庭近况与怀旧。从他们的对谈，我知道韩福瑞在英国北部有老婆，但是在喀麦隆首都还有一个他所谓的“常设安排”。

接下来一小时，我们大啖精致美食，每道菜的口味与质地都有细致变化。背景播放的是温柔的东方音乐卡带——笛子与锣交织而成的金丝银线细工作品。

吃水果时，韩福瑞向我吐露秘密。“我常有非来这儿不可的欲望。”他解释。“但是我也不会太常来，以免失效。这儿可涤除非洲的一切恶俗。非洲女人尤其可怕——瞧瞧她们走路的样子，八字脚又垂头弯腰。你看！”他肃然起敬高喊。

女主人手捧装着柠檬水的碗优雅滑行到我们桌前，以同样流畅的动作将水碗摆在我们面前，像块精致衣料沙沙低语，又飘然走开。

我必须巧言诱骗才能让韩福瑞重返非洲。穿出诡异弯曲的蔓藤，他一脸抑郁与沮丧。

当我们步入广场，他看到一个穿着鲜艳、身躯瘦长的年轻人在广场另一头漫步，立刻跳脱忧郁情绪。

“我发誓，那是早熟。”

他随即为这句没头没脑的话解谜，“早熟”是那位年轻人的绰号。

“他可真是一号人物。来吧。”韩福瑞箭步向前。

虽然韩福瑞一眼就认出“早熟”，但显然“早熟”认不得他是谁。或许白人在他看来模样都相同。他露出洁白整齐的牙齿，口出令人沮丧的老套询问 :“你们要找女人？”

“当然不。”韩福瑞回答。

“甘加？”“早熟”装出吃惊吸气、陷入非凡狂喜的姿态。此人显然戏码贫乏。

“少来了。早熟。是我。”

“早熟”视线迟钝地打量韩福瑞，甚至抬起时髦的太阳眼镜。从“早熟”迷惑的脸色可以知道他还是认不出韩福瑞是谁。

“白色宝狮啦。”

“哦。”

显然“早熟”认出韩福瑞了，但是一点都不高兴。韩福瑞却坚信他与“早熟”友谊深厚，不容否定，拉着他一起到邻近酒吧。在那里，我得知他们的故事。整个过程，“早熟”都摆出时髦的性感模样。

“早熟”年纪轻轻，却经历不少暴起暴落，仿佛命运女神之轮的玩物。韩福瑞刚认识他时，“早熟”拥有一辆白色宝狮轿车，那是他最耀武扬威的乐子。他并未明说轿车来自何处，而是模糊一言带过。他载着韩福瑞一起探索非洲夜生活，到一家名为“沼泽”的破烂俱乐部。西非洲都市小孩最“可爱”的习惯是帮车主看守车子。事实上，这是一种略具雏形的保护业。车主施舍一点小代价，可确保车子安全无虞。如果车主不愿打点小赏，回来后，会发现车子刮损、车胎割破、门锁失灵。

看到韩福瑞与“早熟”从白色宝狮下来，任何无知单纯的非洲孩子都会自然以为韩福瑞才是车主，“早熟”是司机。他们冲向韩福瑞要求“看守”车子，韩福瑞自然拒绝，态度坚定，甚至严峻。

当“早熟”回来时，车前灯被偷了。他归罪韩福瑞。韩福瑞必须赔他新车灯。当时他们都醉了，交涉谈判冗长，最后陷入火热激辩。“早熟”扬长而去，弃韩福瑞于不顾。“早熟”企图在没车前灯的状况下开车回家，结果发生车祸。没有行照的尴尬丑事曝光。车子没了。

“早熟”厌倦了叙旧。把希望投向我。我刚到喀麦隆吗？我能认识他，真是好运。他啊，是艺术家，雕刻象牙垂饰。他从外套里掏出一些作品，显然随时可成交。他强调他可不是靠卖雕刻艺品赚钱。事实上，赚得还不够成本呢。对他来说，雕刻是表达艺术灵魂的方法。通常，他是不卖的。

我端详那些雕刻艺品。显然，“早熟”的艺术灵魂让他创作出象牙制的大象，以及发型复杂的黑人女性侧面雕像——全是非洲海岸线热门观光陷阱常见的垃圾。据“早熟”所言，他被迫贩卖这些艺术品，是因为要买德国制的昂贵器材，继续他的艺术创作。

韩福瑞靠近。吐出重如铅块的话语。

“他不会买的，早熟，他来过喀麦隆。”韩福瑞对我眨眨眼。“但他或许会买杯啤酒请你。”

韩福瑞和我返回旅馆。“暗夜女”的鬼祟身影依然在旅馆外徘徊。我们各自回房。因为韩福瑞现在是朋友了，我关掉冷气，一身大汗，睡睡醒醒到天明。

第二章

进入山区

To the Hills

在非洲搭飞机一直有种非现实的感觉。你坐定、置身胶囊般的机舱、吹冷气、啜饮冰凉果汁，从那些站在茅屋阴凉处仰望天空的人头顶飞过。这些人一辈子没想过离开出生地二十英里远，他们生于斯、死于斯，终生视线不离开同一座山。这倒不是说非洲人都不是伟大的旅行者。古斯塔夫斯·瓦萨（Gustavus Vassa）[1]之类十八世纪作家的随笔，记录了他们从非洲远赴西印度群岛、美国弗吉尼亚州、地中海甚至北极的旅行，但也生动记录了任何人如果愚蠢地远离亲属网络与血缘建立的

1 古斯塔夫斯·瓦萨：本名Olaudah Equiano（1745—1797），出生于尼日利亚，小时被绑架贩卖为奴，带到新大陆，成为皇家海军某舰长的奴隶，后来又被卖给一个贵格教派的商人。他终于存够钱为自己赎身，来到伦敦，投身废奴运动，写作了*The Interesting Narrative of the Life Olaudah Equiano,or Gustavus Vassa the African*（1789）。这是一本宣扬废奴的自传体作品，也是第一部非洲人写作，却广为英语人口阅读的书。

小小保护圈，便必须面临接踵而至的危险与苦难。多数非洲村民的地理知识几近神话。拿我做采集的村子来说，村人从未见过海，晚上围坐营火旁，老人会反复问我“海”是否真实存在。光是想到海的壮阔，他们便胆战心惊，听我形容海浪的汹涌，他们发誓永远不想看到海。村里一个经验老到的旅者宣称他曾在八十英里外的城市看过海，向我们夸张形容海的模样。我都不忍心告诉他，他看到的是河水泛滥。

飞机要在首都雅温德暂停，然后才飞往我要去的中央高原，在那里，我将搭便车回到山地多瓦悠人的怀抱。飞机滑行后停下，空中小姐解释飞机要在机坪上停半个小时，我们可以待在飞机上，也可以前往候机大厅。

实在难以判断何者才是明智之举。如果是韩福瑞，他会如何选择？非洲飞机以重复划位恶名远播，尤其假期时，老师会将拿到的免费机票卖到黑市。唯有莽汉才会贸然放弃既有座位。另一方面，空中小姐所谓的半小时无疑会变成中非洲标准时间的半小时，远比三十分钟长得多。智者一定会利用机会到候机室享受有限的舒适，而非困坐闷热的飞机里。我决定去候机大厅，未来几个月内，这可能是我最后一次吃火腿三明治。唉，我决定得太晚了。空中小姐咆哮说我不能下飞机了，绝对不可以。我必须马上回到座位。

西非洲空中小姐绝非气候凉爽国家的空姐那般温和平静，或许她们和俄罗斯旅馆女佣、法国门房受过同样训练，知道她们的主要任务是观察、指挥乘客，维持秩序。最重要的，她们令出如山。

前次搭飞机，一个同机旅客消磨飞机暂停时的无聊，站在打开的座舱门前拍照（可能是要试试新买的相机）。后来我才知道他的公司是此种国内航机的制造厂，他想拍些照片向他人骄傲展示该公司的产品在热带国家运作良好。他的举动马上被察觉，遭到空姐斥骂。接着一个警察率大队而至，指控他拍摄战略设施，没收了他的相机。相较于那次经验，这次飞行平静得多。唯一插曲是某个小女孩在走道上大吐特吐，严峻的空姐勒令她母亲清理干净。

大约一小时后，其他乘客返回座舱，大谈他们在候机大厅的吃喝与享受。而且大家不必抢位子，这班飞机根本空荡荡。我和一个即将派驻恩冈代雷的美国和平工作队队员一路聊天。

和平工作队这个组织旨在促进国与国之间的了解与亲善活动，派遣年轻队员到世界各地与当地百姓携手合作，从事慈善工作。他们的工作从教英语到搭建营区厕所，无所不包。在喀麦隆，几个越战退伍军人（才二十几岁）积极投入野生动物园工作。这些身材高大、毛发浓厚的壮汉骑机车巡弋大草原，追踪并记录大象的数目。和平工作队员的生活形态堪称“不合常轨”，只有极少数人返回美国时，模样和他们刚离家时一样“干净”。不管对第三世界国家有无贡献，他们都经历了快速激烈的个人转变。

恩冈代雷的和平工作队宿舍是栋摇摇欲坠的可爱建筑，各式旅者在此穿梭，不是刚从外面世界回来，就是打算前往一闯。

宿舍里的家具使用过度——多数和平工作队员没兴趣给它们打打蜡。住客纷杂，为此地添增危险。冰箱里的柠檬汁瓶可能装了柠檬汁，也可能装了显像液；那一坨肉可能是某人在贫民窟进行的老鼠饵实验，而非可以下肚的食品。

某位曾在此居住多年的队员至今仍阴魂不散，一块铺在斑驳餐具架上、权充桌布、诡异俗丽的动物皮时时提醒大家此君曾在此停留。我对这块皮毛实在好奇，一天下午，我终于忍不住问：这房子完全没有无用的小玩意，怎么会跑出这块俗气华丽的东西？这就像修道院里有荷叶边装饰一样。

大家一片静默。一人不可思议问道："你没听过马塔维奇的猫？"

显然，以前有过一个家伙叫马塔维奇，此君现在已完全融入地方神话里。人们形容他体型无比壮硕、多毛，胃口奇大，性欲旺盛。旺盛到人们谣传他踏遍整个红灯区，而他罹患的性病类型之多、病势之顽强，实在令医师吃惊。这也是他后来病倒、被遣送回国、成为医疗实验计划研究对象的原因。但是他的影响力残存于恩冈代雷。许多刚萌芽的爱情瞬间枯萎，只因年轻女性对和平工作队员说："我曾有过一个男友是和平工作队员，他叫马塔维奇。"

不管有关马塔维奇的传言是真是假，眼前这张猫皮桌布已成这屋子的珍贵传家宝，也让马塔维奇的存在神圣不朽。在这则故事里，马塔维奇的猫没有名字，但是体型壮硕酷似它的主人。它是雌家猫与雄野猫的混血，体型巨大、邪恶、淫荡好色、性爱猎捕。曾看过它生前模样的人说它的毛色呈淡绿光，但是变成桌布后，完全看不出来。

马塔维奇的猫因为主人喂食不固定，开始大肆猎杀邻居的母鸡。邻人企图突袭它，它七拐八弯地逃走。邻人设陷阱捉它，它毁烂陷阱、继续捕杀他们的鸡。最后，马塔维奇无法忽视邻人的抗议与索赔，答应处决这只猫。泪眼汪汪，他决心亲手终结爱猫的命。那场战斗冗长惨烈。碰到毒饵，那猫只是嗅嗅；面对马塔维奇的十字弓，它也轻松躲过。然后它展开反击，在夜晚以凄厉叫声折磨主人。终于一个湿热的午后，马塔维奇将它围困于水塔后。它知道大限已至，决心让对方付出惨痛代价。这场缠斗恐怖万分，但只可能有一种结局。猫儿殒命，马塔维奇回房舔舐伤痛。电力公司某职员目睹整场搏斗，看到猫儿死了，便问马塔维奇他是否可以吃掉那只猫的眼睛，据说这可以让他有第三只眼。马塔维奇从不拒绝新鲜经验，答应了那人。有一就有二，马塔维奇突然爆发物尽其用的心理。好肉罕见，因此他煮了咖喱猫肉，硝制了猫的皮毛。我不知道当晚吃饭的人是否事先被告知那是什么肉，但这种“近亲烹食”实在太恐怖，当场便有几人吐了出来，友谊破损，无可修补。剩下的咖喱猫肉放在冰箱长达一个月，逐渐腐坏，然后丢掉。邻人说一只野猫吃了那堆馊肉。它的毛发出淡绿光呢。

在飞机上与我攀谈的美国小伙子一点都不觉得马塔维奇的猫故事令人丧气，反之，他充满年轻人的热诚与高尚理想。他说他要到高原帮忙辟建鱼池，好增进当地人饮食的蛋白质。我记得曾有一个和平工作队员也是参与相同计划，几年下来，他的主要成就是让水媒传染疾病案例增加了五倍。

就算田野采集工作，偶尔也会出现并非样样事都出错的短暂空档。我们抵达恩冈代雷，互道告别，我平安抵达新教会的工作站，行李一件未少。

惯于旅行者的一大特征是知道该带什么“伴手”。在喀麦隆，你不会带葡萄美酒，而是耶诞布丁或大罐的切达起司。这些“伴手”保证让你大受欢迎。

大大出我意料，约翰与珍妮·博格夫妇居然接到我的信（他们是多瓦悠兰区的传教士），因此他们延后离开恩冈代雷，等我抵达。明天，我们就可以一起出发前往山区。

车程很长，沿途和旧日没两样。当我们抵达分隔中央高原与北方平原的悬崖时，照例，暴雷大雨奔流而下。我们以最低挡缓缓驶下断崖，气温陡升至窒息的华氏一百度，我们沿着破损的焦油碎石路衔接泥巴路，驶往波利镇。

一到这里，我们马上发现今非昔比。我第一次来此时，马路上到处是石头与坑洞，好几次我都以为自己转错了弯。现在，新科副县长（中央政府在此的代表）的影响力清晰可见。道路平坦宽广得令人吃惊，好像崭新的飞机跑道——一条切过丛林的鲜红色缎带。当然，到了雨季结束，这条路会再度侵蚀、坑坑洼洼，但是在一个长年认命于忽视与倾颓的城镇，这条马路仍是乐观进取的撼人象征。

驶往波利镇的漫长途中，还有一些改变。市场改用磅秤来为农产品秤重，而非以往盛行的印象派做法。商品均有清楚标价。而且——不可思议——市场有肉可买。真的，这些措施只会让市场商人沮丧而非振奋，但市场显现前所未见的忙碌兴隆气息。

我们在教会暂停，博格夫妇的德国狼犬班尼狂喜地迎接我们，长工鲁宾也同样欢天喜地。

我们展开冗长的嘘寒问暖："你的天空可清朗？""我的天空很清朗，你的呢？"诸如此类长串如蔓藤的问候公式。不过鲁宾显然心不在焉，他的眼睛不断飘向卡车的后车厢，那里躺着一辆崭新的尼日利亚脚踏车，还裹着包装纸。

和多数西非洲人一样，鲁宾也受困于长期负债。这不光是手头拮据，无法购买渴欲的消费产品，负债也是一种传统生活方式。西方人被房屋贷款压得喘不过气，非洲人则是因"买老婆"而全面抵押自己。西非洲杂志长篇累牍报道年轻人必须支付大笔聘金、牛只才能结婚的悲惨故事。年轻人抗议聘金制度，却没有人愿意率先将自己的姊妹、女儿免费嫁出去。如果他这么做，将来自己或儿子拿什么娶妻呢？所以聘金制度持续。当我和多瓦悠人说“我的村子”嫁女儿不收一文钱，他们都觉不可思议。一个颇具生意头脑但极度欠缺民族学意识的多瓦悠人问我是否可以运送几个“村中女子”过来。我们可以嫁掉这些女子，自己保留聘金。听起来，真是聪明。

因为聘金，多瓦悠兰经常诉讼不断。聘金支付可以拖上许多年，男方亲人都应挹注。无可避免，有时夫妻会因家务事起勃豀，做老婆的跑掉（可能只是威胁老公屈服），丈夫就会索讨已支付的聘金，妻子娘家的亲友则要求他还清拖欠的聘金，而他的亲友则礼貌询问他们当年的“供输”下场如何，以致这名男子深陷绝境。未结清的负债可以拖上好几代，父债子还，代代继承。多瓦悠人总是阴谋设计索讨陈年老债。他们就像下棋高手，可以盘算预想好几步。终极突击是讨回大家都认定无法讨回的旧债。譬如甲欠乙一头牛，而乙又欠甲的朋友丙一头牛。甲可能把这头牛给丙，让丙去替他索讨一个人人都认为无望讨回的旧债。而乙应当预见债务被移转的危险，以更高技巧来处理自己的负债。

处身于这种人人负债的环境里，你很难不被卷进去。我自己就欠教会钱而酋长欠我钱，我的助理欠酋长老婆钱，而祈雨酋长又欠她钱。这一切都让买卖变得极端困难，因为在交易过程中，钱往往被各式负债链的某一环取走，而这债务搞不好还是多年前欠下的 。

鲁宾的财务状况复杂如瑞士的跨国公司，他却极度渴望一辆脚踏车。他绝对无法存到足够的钱，因为大家都知道他领多少薪水，每月还未发薪水，债主便将它瓜分光。所以鲁宾与博格夫妇有个秘密协定，他服务良好时，博格夫妇不必给他加薪，而是给他一辆脚踏车，直到他的“加薪”累积到足够勾销这笔买车钱时，才对外宣布他加薪了。这是变相的无息贷款，却也开发出大家原先料想不到（鲁宾除外）的新债务与新义务。

原来这种牌子的脚踏车除了特重外，最大特色是采用某种特别的螺栓。此种螺栓以奇怪的合金制成，专为此牌脚踏车设计生产。这种螺栓有种恼人习惯，拴上或旋开时很容易裂损。因此零件需求量很大，必须远赴几百英里外的城镇购买。我、传教士、医师、老师与经常远行者都成为零件掮客。过去几年，车款改过几次，螺栓的大小也随之改变，你很难判断何种大小才适合。自然，买到尺寸不对的螺栓，中间人要负责任。

每当鲁宾的脚踏车要脾气坏了，他就面露愁容，在屋里夸张地唉声叹气，把气氛搞得宛若殡仪馆。最后大家都受不了，赶快帮他买新零件，钱自然还是挂在他的账上。这时，他会露出灿烂笑容，屋里回荡歌声。但他还不忘给你一种挥之不去的内疚感，因为你帮他买了那么不好用的脚踏车。

几个星期后，一个多瓦悠人跑来村里跟我借钱。因为鲁宾有办法搞到螺栓，但他只收现金。我并未细究此事，但是我怀疑鲁宾和“顾客”交换零件，然后拿着坏零件亮给博格夫妇看，证明约翰帮他买的车子有多烂。约翰马上掏钱帮他买新零件，费用挂在鲁宾账上，而鲁宾跟他的“顾客”却收现金，还收服务费。他根本就是把他的脚踏车变成银行。

但是眼前约翰关切的不是鲁宾的“财务投机”。我曾企图在此地种植作物，下场极惨，约翰并未引为殷鉴，在屋子下坡处的小丘辟建了菜园。他架设了藩篱与铁丝网阻挡牛只——众所周知，此地牛只很会破坏菜园。菜园里，瓜类、豌豆、豆荚等各种“异国食物”冒出嫩芽，来往行人投以注目眼光，驻足给约翰提供建议。就和全世界的农夫一样，他们预言这些作物注定死亡。但是约翰持续忙碌，每晚帮蔬菜浇水已成为一种仪式，为他带来高度满足，也让他双手起了水泡。他就像以前的我，心中欢乐遐想巨大甜美的豆子、多汁的南瓜，一边辛勤耕耘，一边口水直流。

热带地区，太阳西沉速度极快，只有短暂黄昏，随即陷入无边黑暗。一轮凸月自锯齿状的花岗岩山头慌张浮起。远处山坡红光点点，那是村民焚林烧掉茂草，以期新草再生。热气加上百万只蟋蟀的低鸣声、温柔的月光，都让阳台成为打盹的好所在。菜园里，约翰对着日益圆胖的南瓜满足咯笑。后院里，鲁宾正在抚摸簇新脚踏车的黑亮油漆，发出得意笑声，这是他生平第一次拥有全新的东西。厨房里，厨师马西尔口操法语与英国圣诞布丁绝望奋斗，并祈祷雨季降临。一切，十分正常。

第三章

恺撒的归恺撒……[1]

Rendering unto Caesar...

欧洲人造访非洲城镇，往往涉及一些“繁文缛节”，如果忽略，后果自负。这类繁文缛节给人一种自负混合自卑的奇特感觉。一般旅客可能会讶异在地官员居然在乎他的莅临与否。但是他如果违背规定，便可能被当成间谍，或者更惨。因此你必须展开令人沮丧的巡回拜访，昭告自己的莅临，好像古时欧洲人每到重要据点，都必须投刺一样。

当然，我的第一站是携带所有相关文件拜会警察局长。前往城镇的路上，我碰到许多熟悉脸孔。有些是多瓦悠人，有些是镇上的富来尼人。他们礼貌探询我的“妻妾”安好以及小米

1 此句语出《新约 · 马太福音》第二十二章第十五到第二十二节。法利赛人阴谋陷害耶稣，询问耶稣向罗马皇帝恺撒纳税是否违背天上的律法。耶稣请他们拿出纳税的银币，问他们上面的像与名号是谁。他们回说是恺撒。耶稣说：恺撒的归恺撒，上帝的归上帝。

收成。我也投桃报李。

第一次造访非洲时，我很讶异自己居然无法辨识非洲人的脸孔，虽然他们的外表各有极大差异。这就像参观画廊，走过一幅幅头戴假发的古代绅士肖像，看到第三幅，你就忘了前两幅的模样。这次前来，我很高兴自己叫得出每个人的名字，即使我们已经许久未见，直到我遇见一个显然认识我，我对他却记忆空白的人。大感困窘，我赫然发现问题出在他换衬衫了。多数多瓦悠人只有一件衬衫，理所当然，他们天天都穿同一件衬衫。虽然下田工作回家途中，他们会到池塘洗澡，但是从来不洗衣服，而是把衣服穿到解体、穿到烂为止。初到非洲者辨识非洲人是以衣服为准，而非脸孔。

警察局里，三个快活的年轻人身着宽大的卡其布制服，四处闲荡，脱下靴子舒展脚巴丫子。他们指着脚趾头与脚跟的疤痕、伤口，每个都勾起一段受伤与冒险的记忆。

“这是那次我被蛇咬的地方，能活下来真是奇迹。”

“这是我受训时骑摩托车摔的伤口，痛死我。”

非洲对脚的折磨，真是严酷啊。

一个犯人一边漆着旗杆旁的白色石头，一边哼唱。旗杆上方，国旗软垂于无风的空中。

我上次来访喀麦隆时认识的一名新兵趋前迎接我，他是虔诚的基督徒，正在上函授法语。“欢迎，欢迎。你回来啦。磨坊主人，法语怎么说啊？”他嘴咬铅笔，一脸愁苦。

一名下士从警局走出来，神情显然没有外面这些闲荡的年轻人快活。第一件事便是警告我这是政府机构所在地，不准拍照。我又没带相机，这项指示纯属多余，但我也只能温顺接受。他开始检查我的护照，狐疑皱眉，拿着护照迎着光线检查印戳。很遗憾的，警察局长有要事出公，前往加路亚办些要紧事。只有他才能在那个登录外国人的大本子上签下我的名字。他何时回来？我要等吗？不知道，但是他们可以用无线电联络加路亚的警察署，看他离开没。他从柜子里拿出一个巨大的无线电，在断续的嘈杂声与静电干扰声中，对着无线电大喊。一个宛若溺水者的虚弱声音自无线电传来，听得出来他反复在说同一句话，终于干扰声有片刻空当，他的话声清晰传来："你要干什么？"下士回答："你是谁？"但是，静电干扰再度像浓雾包围。

下士笃定地说："气象状况不好。"收起天线。我俩看着山头湛蓝的天空。此刻再说些什么似乎不礼貌，我起身打算离开。

就在这时，一辆胭脂色的陆虎吉普车烟尘滚滚而至。原本的绿色帆布车篷被换成国产的天蓝色帆布，平添夏令营风味。警察局长下车，些许燥热、略带风尘，却是一脸圆满达成任务的表情。

他说："我现在没法和你说话。我去载运紧急供给品。你明天十一时再来。"

离去时，我偷瞄了一眼吉普车后座。一如我猜想的，全是啤酒。根据我稍后的查访，谣传警察局长用吉普车载运啤酒到三十英里外法罗河的村落，那儿啤酒断货。据说，卖的价钱极高。

如果传言属实，这堪称是警察局长少见的“仁慈功能”之一，冒了这么大的风险，赚点小利也是应该。

镇上另一头，我记忆中潮湿、沮丧的副县长公馆已经焕然一新，涂上一层白色粉胶泥。身穿白袍的文书人员趿着拖鞋、手拿一叠叠文件，来回穿梭房间。他们的脚步虽称不上敏捷，但这可是这栋官邸第一次有人忙碌走动。接待处的人员告诉我副县长不在。他是多瓦悠人，因此悄悄透露如果我去波利镇酋长处晃晃，会找到副县长。

殖民帝国军队抵达喀麦隆后，发现喀国许多地方都由富来尼封主统治异教人民。他们觉得这套统治系统颇方便，便推广至富来尼侵略者原先并未占据的地方，譬如波利。现在波利镇有个富来尼酋长，坐镇土著的法庭，管辖权涵盖整个波利区域。当地的多瓦悠人对此极端痛恨，尽量不与该酋长有任何接触。对他们而言，富来尼人从未征服他们。他在多瓦悠村落绝对不会受到欢迎。

上次我旅居此地时，这位富来尼酋长对我不算友善。他拥有邮件卡车，形同垄断波利与其他城镇的交通。他与卸任的副县长关系密切，极力确保波利镇不会出现公车，不贩售汽油，其他人的车辆不准载客。他的邮件卡车如果搭载外国人，便会引来警察注意，让他经常超载的事情曝光，因此他总是百般刁难让我无法搭上邮件车，大费周章改变载客处或将出发时间调动至我不在的日子。我们的另一个摩擦来自他不屈不挠要我加入喀国唯一的政党——他能从中抽取介绍费。

但是时间冲淡恶感，我决心前往他的巢穴寻找副县长。我极担心当我在镇上浪费时间，山上的割礼仪式已经举行了。

我站在酋长的屋外用力拍掌，一个小男孩现身，慌张入内报告我的来临。接着带我进入一个地上铺着碎石的圆形小茅屋。茅屋墙上彩绘富来尼民族的花样图案，整体感觉十分干净怡人。

酋长与副县长躺在地毯上，正在听收音机播放的阿拉伯音乐。看到我进来，酋长熟练地将一瓶威士忌藏到白袍内，动作之纯熟，好像经过多年训练。

副县长起身迎接我。他露出笑容，和酋长说了几句富来尼语，后者皱皱眉，拿出威士忌，在一个印有“坎城纪念品”字样的杯子里倒了一点。我们落座，副县长开始以字正腔圆的法语诉说他对波利镇的未来规划。他的眼睛在眼镜背后热切发光，大谈铺设自来水与重接电力管路（自从法国人退出喀国后，这些民生便利措施便付阙如）。副县长决心两年内要架设电话。“我的工作就是为此地注入生气，”他解释：“我刚跟这位朋友说，”他指指酋长：“他的房子可能要拆掉来盖电话交换机呢。”他淘气地咯咯笑，酋长则回报以苍白微笑。

“我决心要让多瓦悠动起来。你也可以提供相关意见。”坚守人类学伦理殊属不易。通常，人类学家尽量不去影响他的研究对象，虽然他知道影响势不可免。充其量，他也只能让一个士气瓦解、边缘化的民族恢复对既有文化的价值观与自我价值感。但光是撰写有关某个民族的专题论文，他笔下有关此民族的自我印象呈现，便势必蒙上属于他的偏见与先入想法的色彩，因为关于异民族的客观真实并不存在。而这个异民族如何看待这种自我印象，很难预期。他们可能排拒、反抗，也可能改变自我去迎合并趋近此种印象，最终成为僵硬扮演自我的演员。不管结局为何，我们所谓的“纯真”（也就是一件事之所以如此，是因为只能如此）已经荡然无存。

殖民时代，人类学家与殖民当局关系不佳，因为后者想要利用前者去改变殖民地百姓。现在，我似乎也面对同样命运。副县长说：“多瓦悠人为什么这么懒？”

我反驳：“你为何如此勤奋？”他笑了。

他挥舞手中的甘地夫人著作：“我正在读这本书，甘地的女儿写的。她倒是为殖民恶行说了不少好话。”

我说甘地夫人其实不是甘地的女儿[1]。他大吃一惊：“这怎么可能？这是不诚实。你确定吗？”

此后，他每次碰到我，都一再询问甘地夫人真的不是甘地的女儿吗？搞得我也开始怀疑自己，原先的笃定被他的焦虑询问搞到冰消。似乎此事的真假关乎那本书的价值。当我返回英

1 甘地夫人是印度第一任总理尼赫鲁（Jawaharial Nehru）的女儿，嫁给了Feroze Gandhi而冠夫姓甘地，和印度圣哲甘地没有关系。甘地夫人曾在1966—1977年、1980—1984年两度担任印度总理。

国，朋友到机场接我，一定讶异我为何劈头便问：“你知道甘地夫人吗？她到底是不是……？”

我提及刚刚去拜访了警察局长，心想他是否知道警察局长秘密经营啤酒生意。副县长咯咯笑：“有一度，他可真让你吓出一身冷汗啊。”

他说的是我有一次深夜在丛林里迷路，摸向最近的灯火处，结果是副县长助理家的后门。警察局长顿时认定我在从事间谍工作，盘问我时，让我颇紧张了一阵。

“他是个好人，”副县长说：“或许有时过于热心了。”他微笑弯身向前，拾取甘地夫人书里的智慧激励我：“我会注意他，你知道，我不会让你发生任何事。”

我大表感谢，告退，对他的激赏更胜以往。许多人认为波利镇民的冥顽不灵会迅速击溃他的乐观情绪，我真高兴看到他推翻了此种想法。我告退时，酋长一言不发，只是不情愿地与我握握手。

回到街上，今年的第一阵雨降下，大滴雨珠滚落尘土路面，好像水珠浇上热铁。我跋涉浓浊飞扬的旱季尘土，街上突然挤满欢欣尖叫的小孩，拉开袍子，浸沐于雨水带来的湿凉快乐。

我抵达前往教会的桥时，河水已暴涨成滚滚洪流，完全不可能穿越。这种洪流的力道之强会让你觉得双腿都要被冲走了。此外，我也不想把好不容易才在英国恢复原状的双脚（你看，这是我被水蛭咬到的地方，那是他们帮我挖走跳蚤的地方）踏进今年的第一波洪流。众所周知，它可是把一整年累积的脏东西与污染全冲下来呢。

当我终于抵达教会，暮色已降。我能找到的唯一干衣裳是约翰与珍妮买来当纪念品的富来尼袍子。马西尔与鲁宾看到我穿上富来尼袍子，陷入歇斯底里状态，跟前跟后喊着“拉米达，拉米达”（酋长，酋长）。

第四章

再度独当难局

Once More unto the Breach

有了当局做靠山，现在我唯一需要关心的是找到马修——我昔日的助理。他曾写信到英国，大多是有关聘金、漫无主旨的长篇大论，从信上我得知他打算报考海关人员。他认为到海关做事保证可以致富，但他极端害怕被派驻到遥远的边界，远离自己的族人，与习俗骇人、饮食恶劣的“丛林野蛮人”共同生活。他甚至不确定遥远的北边有没有基督徒。

我向游手好闲的多瓦悠兰青年、在波利镇仅有的一条街上闲荡以及流连阿达茂酒吧的人打探，消息显示马修曾在这儿停留数个月，等待考试放榜，但是他敌不过沮丧的侵蚀，已经返回自己的村子。我决定去村子找他。

再度，教会帮了大忙，免去我跋涉到河边拦搭卡车之苦。他们帮我租了一辆小货车，我打算明日清晨出发，愉悦期待前进丛林的空荡独处时光。

但是显然此地有秘密情报机构专门刺探此种旅行。第二天，黎明冰冷曙光甫现，我踏出屋外，就看到一大群人等在门外，脚边堆满行李，他们不仅知道我要去哪儿，还决心陪我一同前往目的地，甚至更远的地方。我早已习惯大群同行者突然现身，此乃无可避免之事。如果他们没出现，就好似嘈杂的房间突然一片静默，我才会惊讶不已。拒绝他们搭便车，当然不可行。我们一点不拘礼节，一阵激烈推挤、吼叫，然后出发了。我态度坚定，说明下列规矩：我必须有足够换挡与踩刹车的空间，他们勉强挤出来给我；我严正声明目的地，他们点头同意。现在大家都明白了，出发吧。他们调整一捆捆的树薯、衣服，以及愤怒挣扎的鸡只（两只脚捆起来，方便抓提），我们出发了。旅途堪称风平浪静，只有两位女士吵了一架，因为其中一人的鸡啄了对方的孩子。当我们驶往乡下，某名乘客叫我暂停，企图把躲在藏匿处的妻子与六大捆不明物拖上车来。这个阴谋遭到同车乘客的愤怒指责，因此这男子丢下老婆，与我们继续前行。乘客传递花生米，舔唇咂响享用，大开玩笑女人吃了花生会排气。

突然间，我看见一个景象，让我紧急踩刹车，兴奋大叫。一个诡异、庞然的身影闪进灌木丛。乍看，它近乎圆锥形，大约六英尺高，是树叶、蔓藤编织而成的巨大圆锥筒，却拥有两只手与两条腿，歪歪倒倒、险状环生地冲进树丛里。从我以往听来的描述，我知道眼前的景象并非幻影，也不是怪物或友善的英国绿巨人[1]。那是个男孩，几个月前刚受过割礼，从头到脚覆盖，躲避女人的眼光。

我指着那团沙沙作响的东西问："他何时接受割礼的？"顿时，乘客爆出嗤笑，否认丛林里有任何东西。女人连忙转开眼光，用双手遮住脸庞。挤成一堆的鸡高声尖叫。一个小孩哀哀哭泣。我愤然想起这些事不宜在女人面前讨论，努力压抑自己吞回多说无益的问题。我回到此处就是为了割礼。这是否代表我来晚了好几个月，割礼根本就结束了？

我们继续前行，我陷入愁云惨雾，直到驶抵前往马修村子的弯道。我问，是这条路吗？大家一致沉默摇头。您要找的那个人不是还要往前几英里吗？上上策是开往离这儿不过五英里远的天主教会，到那儿再问人。这些丛林村落都长成一个样，我可无法分辨。乘客们又一起点头同意。

同车人的大不幸，马修的母亲选在此时从高草中现身。当我们说话时，便车客悄然消失。是的，她儿子在家。她带我去田里找他。

1　English Green Man出自中世纪英国古诗*Gawain and the Green Knight, Sir.*这首押头韵的诗共有两千五百三十行，共分三大段。第一段描写亚瑟王举行庆典，突然一个手拿冬青树枝、斧头的绿色巨人走进来。他挑战王宫里的武士，说他愿意把自己的头先砍下来，愿意接受挑战的武士，可在一年后才履约把头砍下来。Gawain接受他的挑战。绿巨人遂把自己的头砍下，手拿着头，大步离开皇宫。一年后，Gawain步上旅途，前去履约，经历许多神奇遭遇。详见*The Oxford Companion to English Literature.*

马修弯身锄土，刀刃割过顽强的草根，此景看似某种勾勒非洲苦工、象征意义浓厚的画。漂亮的绿色西装不见了。汗珠滚下他的脸庞——看起来，比跟我工作时消瘦多了——嘴里哼唱着多瓦悠犁田歌。多瓦悠人常以歌陪伴节奏性活动，让沉闷重复的工作变得类似舞蹈。马修的父亲是个干缩老头，长相似海盗。他先看到我，拍拍马修的肩膀，指着我。马修丢下锄头、开始奔跑——双臂大张——穿过田野，好像滑稽戏仿电影“真善美”的开场戏。

“你回来了？”

“我回来了。”

“你要工作？”

“我是要工作。我只在这里待三个月。你要跟我来吗？”

“我要。”

就像所有成长中的孩子，马修也打断我和他父亲攀谈的企图。“我会告诉他我要走了。这不重要。”

我们返回马修的新茅屋。多瓦悠人帮我盖新茅屋时，坚持我的茅屋不能和他们一样是圆形的，而是和学校、派出所、监狱一样方形的。白人住圆形茅屋，非常不合规矩。

马修给自己盖的茅屋是我的翻版，比传统茅屋略大，方形。此一讯息清楚显示他与我的关系，某种程度，让他远离了自己的文化。

我们闲聊近来消息。照例，马修的世界围绕着聘金打转。

他原本打算娶个十二岁女孩，计划破灭，因为对方父母要求太多，他们知道马修跟着我工作，认定他也是有钱人。马修哀伤望着我，好似谴责。我内心暗自叹气，知道不久后，马修便会要求我帮衬聘金。而我负担不起这大笔钱，只能帮一点点忙，结局是我既觉内疚又无力。终于，我们谈到割礼。对马修来说，这一直是敏感话题。他是思想现代化的基督徒，因此是到医院、在麻醉的状况下接受割礼，省去传统性器割损仪式的可怕痛苦。也因为如此，他终生要被多瓦悠同胞嘲笑怯懦。此外，人生许多重要仪式，他都会遭到孤离，因为他没有一同接受割礼的“兄弟”为他履行最重要的仪式义务。

他不知道山上村落发生何事，但会去打探，三天后跟我会合。同时，他可以预支薪水吗？

回到路上，眼前又神秘聚集一群要前往镇上的多瓦悠人，包括贾世登，他来自我住的那个村子。贾世登的脚踏车用包装纸与塑胶花装饰得缤纷灿烂。这是新脚踏车吗？他面露尴尬。不是的。教会那儿有人买了新脚踏车，把包装纸卖给他装饰车子，好让人们以为他也买了新脚踏车。

我让乘客、脚踏车、树薯、鸡全登上车，但对山羊板紧面孔说不。山羊主人愤慨走开。

贾世登会说法语，所以我们可以讨论割礼，车上的女人都不懂法语。我们偷瞄周遭的人，低声讨论稍早我看到的那个男孩。看来我似乎多虑了。他不是多瓦悠人，而是邻近的帕皮人，他们的割礼习俗和多瓦悠人类似，只是行割礼时间略微不同。真奇怪，这男孩居然跑到这么东边来。这儿可不会有人给他食物吃。他竟敢在此乱跑、危及多瓦悠女人而非他们自己帕皮少女的生育力，真是胆大包天。如果被逮到了，非被扁一顿不可。贾世登气得涨红脸。

贾世登的确听说割礼要在祈雨酋长那个山头举行，但不知道何时。他会问问看。他的一个表亲是割礼人，一定会参加此类仪式。我让他在通往孔里村的转弯处下车（连同那辆装饰缤纷的脚踏车），要他转告祖帝保酋长我明日去拜访他。

得带礼物。我需要啤酒。

波利镇上的酒吧，教师已经齐集。一如往昔，他们又在争论财务之事。这一次的争论重点倒不是税务机构突如其来扣减他们的薪水，而是该付多少贿赂，才能从尼日利亚走私摩托车进来。我也附耳倾听，马修可能很感兴趣。

镇上谣言沸沸扬扬，都在谈一批偷运品已经进城。好像是某人恰巧在法鲁河那一边看到一辆抛锚的卡车，上面满载轮胎与摩托车。虽遭到走私客追杀，但他幸运逃过一死。第二天他偷偷返回同样地点，卡车已经不见了，连轮胎痕迹都抹掉，但是那批偷运品已经抵达波利（没人知道如何办到的）。警察正在盘问谁的卡车最近曾到过法鲁河那儿。酒吧里的客人全意味深长看着我以及我的卡车。

一个男人（从外貌上看，应当是帕皮族的农夫）慢蹭蹭走进来，买了一杯啤酒。他以格拉斯哥醉汉准备打人时的那种眼神刻意打量我，走向我，做出写字的动作。他的法语出奇漂亮，礼貌询问我可否借他笔和纸。这种对教育的渴欲即便是在此间大学人士身上都早已死亡。多瓦悠兰地区，圆珠笔一支难求，镇上也买不到，得远赴六十英里外的城镇才能买到。如果你在学校附近掉落一支笔，保证引起暴动，数百个饥渴的孩子马上猛扑而上。圆珠笔如此难求，因此我很乐意帮他忙。他坐在桌前，以痛苦的缓慢速度开始写一封长信，时而吸吮笔头、时而对着天花板翻白眼，缓慢在纸上刻出一个个字。教师看到他手指满是茧，暗自窃笑。同时间，我为准备带给祖帝保的啤酒展开谈判。

酒瓶是个大问题。它们严重缺货，许多酒瓶不用来装酒，而是运用在迥异于原先设计的功能上。多瓦悠人将它们改装成乐器、灯座、皮革抹子，或者用来装蜂蜜、水、草药等。空酒瓶的交易炙手可热。结局是除非你拿空的啤酒瓶来买酒，否则酒商不会卖酒给你。此一措施的可贵处在防止酒客堕落、饮酒量激增。如果你手上一开始就有空酒瓶，这套方法的确不错，致命伤是如何搞到第一只空酒瓶。几乎不可能。我强烈建议所有在西非洲前法属殖民地做研究的机构建立空酒瓶中央供应处，发给每个田野采集者两只酒瓶。这绝对大大增进研究者的效率。我这次运气不错，和约翰借到两只空酒瓶。不幸，我要买的那种啤酒，酒瓶样子和这两只不同。

和许多类似问题一样，多瓦悠人处理此一难题就像买帽子，必须站在镜子前一顶顶试戴。它不是必须尽速解决的进步障碍，而是提供各种有趣论点，有待细细品味。教师们也加入讨论。有些教师指责吧台舍不得新瓶换旧瓶。有的则赞许他坚持此事必须请示酒吧主人，而后者傍晚时分一定回来。帕皮族农夫继续做苦工。终于，一个教师厌倦了这种“知性挑逗”，决定把他的两只空酒瓶卖给我。另辟蹊径之举赢得如雷掌声，好像大师博弈的开局棋法以牺牲卒子取得优势。整个谈判耗时半钟点，照例，我花了常人的两倍钱，但终于搞到两瓶酒！我准备胜利离去。

当我正准备离开，那个昏昏欲睡的“抄写员”一把抓住我，将他痛苦写就的冗长书信塞到我手里，还有我借给他的笔。我吃力阅读。

那封信以法文书写，措词风格宛如十七世纪高级外交人员的信札往返。它以过于华丽的句子开场：“阁下，在下兹此向宽宏慈善的您启齿……”简言之（其实一点都不简短），这是一封告贷信。根据信上所言，我的“兄弟”——法国传教士——前往城里，比归期多滞留了一天。眼前这个人——他的园丁——因而未能准时领到薪水，我应当马上赔偿他的损失，或者如信上所言“支付他尚未收讫的银两”。

人类学家对“沟通民族志学”颇感兴趣，因为每个民族针对哪些事可说、哪些事不可说，都有自己一套规范，还有搭配其内容与脉络的风格。借贷，只能纸写，不能言说，实是非常有趣。我便发现约翰的信众曾将同样的字条塞到他手里。

西非洲人特强调语言的巧妙能力。一个人能风格十足、强有力地公开演讲，或者以优美且合文法的英、法文书写，必能在社会爬上高位。这封信抄袭自非洲众多的尺牍书籍之一，它们专门提供书写世故信函的建议。在一个多语言、社会流动性高、半文盲人口众多的国家，许多人不确定自己书信用语正确与否。因此有的尺牍书籍会提供适用不同场合的完整信函，只需更动一两个字。这就像学生默背整篇文章，考试时，食古不化运用于完全不合适的题目。不幸的，非洲编撰此类书籍的人对语言、社会意识的了解均不足，坏处多于好处。

年轻人更容易成为这类“书写不安全感”的受害者，因此，光是提供各式场合使用的情书大全就构成次工业。这类现成情书在大学生中快速流传，受欢迎之程度一如我国学生饥渴色情小说。

情书大全里搜罗下列有用资讯（以尼日利亚为例）：“地址应书写于信纸的右上方，永远记得爱情甜蜜如蓝色，因此应以蓝色信纸书写，因为蓝色永远代表深爱。”

另一封书信样本写道：“我是来自玫瑰地的捷豹琼丝，我是玫瑰花后，地方上的人视我为恬静女士，但是你的出现炙烧了我的脑袋，让我情绪不稳、工作不力。”

眼前这个案例，我如一口回绝他的求贷，他的大费周章、努力抄写岂不一无报偿？因此，我颇费唇舌地解释那个法国传教士不是我兄弟，我们来自不同村子、不同族群，讲的还不是同一种语言。总之，我也不能借钱给我素不相识的人。

这名“抄写员”气愤退缩，觉得自己的诚实正直遭到怀疑。

“我难道不是个诚实的人？”他质问：“我把笔还给你了，不是吗？”

第五章

失落的乳房切除术

The Missing Mastectomy

第二天，天色清朗，一大早我便出发前往我曾住了十八个月的村子。马路两旁，人们在田里耕作，飞奔来迎接我。我费尽唇舌才推辞掉他们馈赠的小米啤酒、腐坏的树薯粉与熏肉。当我抵达村子时，口袋里装满多瓦悠人慷慨致赠的鸡蛋，我小心翼翼行走，知道这些蛋有不少是坏的。

老女人瘸着腿、拄着木棍，捏捏我的臂膀，笑说我变得好胖。“你还说你没老婆呢。”她们淘气咯咯笑，锄头扛在肩上。男人赶上前来，眼睛满怀希望地梭巡我，耳朵显然察觉我的背包发出啤酒瓶碰撞声。

等到我进入村子时，我已经被热情询问、握手，以及针对我的身体容貌毫不客气、巨细靡遗地讨论搞得精疲力竭。茅屋周围一片静寂，只有鸡只抓搔地面、蜜蜂嗡嗡的声音划破死寂。小孩从树后偷窥，我一和他们说话，便咯咯笑着跑开。

我跨过圆形的公共广场，惊讶地发现地面足迹显示牛只晚间被驱回石头圈地内，而非如以往胡乱游走丛林里。我打赌一定是副县长终结了这个旧习惯——多瓦悠人总是说晚上赶牛回栏太麻烦了。

我该不该未经邀请便直入酋长的院落，颇费思量。毕竟，我的茅屋在酋长的院落内。但是我决定就算要犯错，宁可错在礼数过周，也不要错在亲疏不分。我站在院落入口的围篱大声击掌——在西非洲，碰到无门可敲时，都这么办。没人回答。苍蝇嗡嗡飞过，山羊打嗝，远处有个女人在唱舂米歌，伴随石头互击的闷响声。

我从拘泥形式的高标滑落，张口大喊有人在吗。仍然一无回应。放弃所有礼节规矩，我推开围篱。

所有茅屋都“大门”紧闭，用草垫挡住入口，阻挡放荡山羊、好奇小孩，以及——毫无疑问——云游四海的人类学家入侵。酋长祖帝保买了一扇上好而崭新的门，原本是浪板形的铝片被捶成平面，上面还炫耀的挂了一把台湾制的锁。门上锁了。少有地方像无人的非洲村落这么荒凉。我脑中想象写给研究经费审核单位的报告如下：“研究者造访北喀麦隆多瓦悠人，调查他们的割礼仪式，不幸，无人在家。”

我决定探视我的茅屋，拉开草编的门，进入阴暗、不通风的室内，山羊屎臭与污浊屁气袭来。暗处传来韵律鼾声——祖帝保。

他惊跳醒来欢迎我，滔滔不绝形容他如何在我离去时间热心看守我的茅屋。不过他也承认这是逃避收税员的好地方。他显然宾至如归，把这儿当自己的家。墙上挂满他从杂志撕下来的妖艳女子与美国大型房车照片。角落摆了一支矛。屋梁上挂了一团布，里面无疑是重要的仪式物件，如小公鸡的睾丸、豹子须等。祖帝保满怀期待地望着我的背包，显然察觉里面有酒。我拿出那两瓶啤酒，他立刻用时时垂挂在脖子上的开瓶器开瓶，一口吞下，满嘴泡沫，津津有味。

他说很高兴看到我回来，因为几件事让他不安。首先，是我的助理马修。

根据祖帝保所述，马修显然致力多瓦悠传统游戏——债务操纵。上次住在这里时，我就像祖帝保的银行。他和多数多瓦悠人一样，总是受困于亲戚、税务员、党工等人的金钱需索。每当碰到这种状况，祖帝保就会现身我的茅屋，羞愧地转开脸，要求借点小钱纾解他眼前的大困难。对于我的慷慨借贷，他总抱着高度期望。当时，我借住他院落的茅屋，他分文不收，因此我乐于伸出援手。祖帝保每次开口商借相同数额的新债前，总是细心万分先归还至少一半的旧债。我怀疑这是混淆欠款账目的传统伎俩。慢慢的，祖帝保欠我的款项变得颇大，但是名目也变得含糊不清——它是借款、房租，还是礼物？当我返回英国，知道这笔欠款无望追回，只好把它当作回赠祖帝保热情款待的礼物。

当然，此举充分显示我对多瓦悠社会关系的了解仍属“菜鸟”级。我应当让债务悬而未决，偶尔有意无意间提起，让祖帝保对它的记忆常保新鲜，作为我俩关系的“标记”。我急呼呼处理这笔欠款，本质上带有侮辱意味。就像你完全结清村里店铺的挂账，代表你决心结束户头、终结此段关系。

马修本质较为强硬，痛恨看到“好债务”被浪费了。打定主意替我索债，无情骚扰祖帝保。至于这是出自马修的做人原则还是生意头脑，没人知道。我安慰祖帝保，保证我会和马修解决此事。我并不要他还钱。

此刻正是提及割礼的好时机。祖帝保点点头。是的，割礼仪式要在祈雨酋长的村子举行。男孩已经戴上动物角、动物皮做装饰，开始巡回此区，在亲友的院落跳舞。终于，这是大家决心贯彻割礼仪式的明确征兆，我如释重负。看来，我马上有得忙了。

多瓦悠割礼仪式是个严密保护的过程。和世界许多文化一样，受割礼的男孩被视为“更生”（reborn）[1]，赐予新名，像小孩般学习所属文化的一切属性。多瓦悠割礼仪式一开始是由受割礼男孩的姊夫为他装饰身体，然后这些男孩在乡间四

1　弗雷泽在人类学著作《金枝》中说，一些部族在进行成年礼仪式时，是假装杀死已到青春期的孩子然后又使他复活，使其灵魂与祖灵相连。有时是假装受割礼的孩子被动物吞噬后再吐出。多瓦悠人行割礼时，割礼人假装豹子，或许也能做如此观。详见弗雷泽：《金枝》，台北：久大、桂冠联合出版（1991年），第991—1002页。

处游荡，所到之处的人家必须供给饮食。一旦大雨降下，男孩就可以接受割礼了。割礼过程的设计旨在造成恐怖效果。男孩在十字路口被剥得一丝不挂，然后被带到河边的小树丛，在那里执行割礼。前往河边的途中，割礼人会跳出来，像豹子猎食般对他们咆哮，拿刀威胁。割礼非常残暴，整个阴茎都要割开来。数个割礼人，每人切下一点受割礼男孩的包皮。接受割礼的男孩不能哭，但是族里老人告诉我不少男孩都哭了。这不重要，只要女人误以为他们很勇敢即可。在多瓦悠人游泳处，你可看到割礼的成果。如果男孩年纪很小就受割礼，他的阴茎往往变成圆球状，这或许说明了该族生育率低落的原因。又因为割礼人重复使用同一把刀，感染几率极高，因之而死的男孩亦不少。多瓦悠人将这类死于割礼的男孩归诸为“被豹子吃掉了”。根据法国殖民官的信札，显然他们极沮丧有这么多男孩被豹子吃掉——虽然豹子在这个地区根本绝迹了。也因此，多瓦悠人恶名远播，传说他们举行可怕的食人仪式。

受了割礼的男孩必须隔离在丛林里九个月——和待在娘胎里的时间一样，而且他们必须避开女人。唯有隔离期快结束时，才能以树叶、枝条覆盖身体，四处走动（如我前面所见的）。就算这个阶段，他们也必须用树叶铺在地上做“桥”，才能穿越小路，走过之后，还得将这些“污染过”的树叶清理干净。刚割礼过的男孩很危险。他们会让女人流产或让年轻妻子不孕。他们不能直接和女人说话，必须以一种小笛子传讯，这种笛子可以模仿多瓦悠语言的声调变化，透过“音乐”说话[1]。

过了九个月后，受割礼的男孩才能回到村里，吃过饭、穿上衣服，返回自己的家。稍晚，他们被带到供奉男祖先头颅的头颅屋，第一次目睹祖灵的头颅。现在他们是真正的男人了，可以对着自己的刀子口出咒语。（未受割礼的小男孩如果这样做，会被痛打一顿。）听到男人口出简化过的咒语以示愤怒，实在有点奇怪。那句咒语是“当米！”（dangme）[2]，每次我使用这个咒语，大家都觉得好笑极了。

大家可能狐疑割礼为何普现于世界各地，人类学家又为何对割礼如此着迷。割礼是生殖器割损，理应十分痛苦与不悦，人们最不想做的事应当就是“自残”。但是如果你阅读有关性器的各种习俗，你很难不认为——性器割损之所以如此普遍，就是因为它很痛。有些地方的人会在阴茎打洞，定期用玻璃割开清洗。有些地方的人阴茎被整个划开，勃起时，好像一朵花绽放。有的地方则会捏碎或切除睾丸。真是无所不包。

1 非洲许多地区的乐器均可调整音高，用来模仿音调语言（tonal language）的高低音，借此传达字义。最有名的是各式说话鼓（talking drum），它们是沙漏型挤压式的鼓，借由挤压调整系带，达到变化鼓面张力、调整音高的目的。还有许多管乐器、弦乐器、嘎嘎器及其他体鸣乐器，都可以说话。

2 完整的咒语是“当米加瑞”，详见第一部《小泥屋笔记》，本书第82页。

人类学家对割礼之所以维持高度兴趣，是因为他们将异民族视为纯然“他者”(otherness)。如果割礼仪式能被“解释”，而且跟我们的生活形式建立关联，这种“他者性”就可被移除，人类学家便觉得获致何谓“人”的某些普同意义[1]。仿佛人类学理论如能解释性习俗，它们便能解释一切。

针对各民族广泛实施的割包皮，人类学最常见的解释为包皮是“真正男人”不应有的女性元素。

同一理论也略加修正，用于解释割除女性阴蒂的狂热[2]——它被视为是阴茎的“残余物”，不应出现在女人身上。文化的任务是修正“不完美的自然”所留下的裂痕。

男性割礼是多瓦悠文化的重心，根据我的研究，他们显然乐于同时融合数个“理论”。首先，他们的确将男性割礼视为

1　普同性是指人类在所有时间与空间中共具的物种特性，而非特殊文化所模塑者。详见Roger Keesing，前揭书，第858页。Roger Keesing说人类学是研究普同性与独特性的学问，借用比较的眼光来看生活方式，企图跨越时空的最大极限，区分哪些特征是基于人性，哪些特征源于特定时地和人群。详见Roger Keesing，前揭书，第10页。

2　割除女性阴核名为“女阴割礼”，全世界目前共有二十八个非洲伊斯兰教国家实施女阴割礼，每年共有两百万个四到十二岁的女孩接受女阴割礼。女阴割礼分为割损、切除与法老王割损三种。割损（sunna）是切除阴蒂鞘皮尖；切除（clitoridectomy）是切除整个阴蒂与部分小阴唇、阴道口；法老王割损（infibulation）是切除阴蒂、小阴唇、刮除大阴唇与阴道内壁的肉。详见玛丽莲·弗仑奇（Marilyn French），《对抗女人的战争》，台北：时报文化（1994年），第113—120页。

类同女性排经[1]。男人终其一生都得与一起接受割礼的人——他的“割礼兄弟们”——维持戏谑关系[2]；而女人则和同一年初经来临的女性族人——她的“月经姊妹们”——维持戏谑关系。

另一方面，多瓦悠人显然也认为包皮某种程度是“女性”特质。他们抱怨未受割礼的男孩潮湿、发出臭气，像个“娘儿们”。在解释习俗方面，多瓦悠人天分不高，通常，他们将习俗归诸于“祖先要我们这么做”。不过针对割礼，他们的一个现成解释却正好与此间的美国传教士形成有趣对等，后者也让男孩割包皮。他们严肃解释：为了孩子的健康与福祉，此举是有科学依据的，因为包皮证明会导致感染且不洁。虽然多瓦悠人与美国人都深信割损年轻男孩的性器有其必要性，多瓦悠人却毫不

---

1 心理分析学家Bruno Bettelheim认为包皮割除、阴茎割裂是男性忌妒女性生殖力的象征表现。男性的阴茎割裂在象征上是要模仿经血与女性生殖器。（新几内亚北方窝吉欧岛的男人定期割裂阴茎使其流血，显然是在模仿月经。）详见Roger Keesing，见前揭书，第718页。但是有关割礼的象征意义，人类学家说法不一，有人认为是象征牺牲、承受痛苦，有人认为是婚前则准备、象征生殖器神圣、警告不得滥交、卫生措施、象征去势，以及向神祇补偿生命之价值等，但没有一种说法被普遍接受。详见芮逸夫主编，《云五社会科学大辞典》第十册《人类学》，台北：商务印书馆（1971年），第231—232页。

2 戏谑关系是指一种存在于两个人（或两个团体）间的关系，按照习俗，一方可以向另一方戏谑揶揄，后者不得引以为忤。有时戏谑是相互的行为。戏谑的实际形式差异很大，但猥亵与取走财物是最平常的形式。此种关系是一种友情与敌意的混合，它常见于具有冲突可能性但必须极力避免的情况中。此种具有双重价值的关系，能够经由尊敬、回避或允许相互轻视、放纵而产生一种稳定的形式。也有人认为交相戏谑可排除敌意，最大功能在净化双方的情感。详见芮逸夫主编，前揭书，第304页。

苟同美国人割包皮的方法——首先，他们只割那么一点点，有割等于没割；第二，男孩割完包皮后，没有马上与女人隔离，形成公共卫生的大害。

但是如果割礼被视为是更正“生理裂痕”的方法之一，那么它还少了一样——我前面提及的女性割礼。这种习俗近来广受重视，被视为是男性宰制女性的邪恶计谋[1]，激发热烈辩论。远比女阴割礼普遍的男性性器割损却遭到漠视[2]。

多瓦悠人没有女阴割礼。事实是此行快结束时，我被族内老人委以奇特重任，他们听说有女阴割礼这种事，要我解释给他们听。人类学伦理再度面临挑战。一个民族志学者应当担起教师角色，教导研究对象此种多数人都极感恐惧的习俗吗？但是如果接受此种伦理束缚，那么泰半人类学领域恐怕都堪称“不妥”，因为它的多数研究主题都会在优雅的客厅引起一阵恐慌。

我们退到树林里，低语嗤笑。我在地上画出人体图，开始对这群极感好奇却高度怀疑的听众解释女阴割礼的可能性。他们摇摇头，指着沙地上的记号，骇异其他民族如此变态。他们问：

1　部分文化认为女性如果保留阴蒂，会饱受情欲之苦。因此女阴割礼在这些文化里被视为是女性守贞的象征，未受过割礼的女孩，可能在及笄时乏人问津，因此很难扫除此种习俗，成为被女性主义学者抨击的“男性控制女性情欲”的手段。详见玛丽莲·弗伦奇（Marilyn French），前揭书，第113—120页。

2　有人估计，全球约有七分之一的男性接受割礼。评见芮逸夫，前揭书，第232页。

“这难道不痛吗？”丝毫未察觉他们的割礼也让男孩痛苦。“这真的能让女人不会到处游荡、与人通奸？”碰到这种问题，你毫无选择，只能耸耸肩，使出标准答案：“我不知道。我没看过。”

因此，对多瓦悠人来说，女阴割礼是“理论上可行”的事了。但我的疑问仍未解决。女人的乳房有其功能性，哺育幼儿不可或缺，对男人而言，不是。因此，男人为什么不把自己的乳头视为“外来的女性元素”，将它们割掉，而是去割包皮？我读过的所有文献都不曾提及有哪个文化的男人割除乳头。因此当马修无意间提到邻近的部族尼加人（Ninga）真奇怪，他们的男人都没有乳头时，你可想见我有多兴奋。我向其他多瓦悠男人打探此一讯息真假，颇花了一点时间绕圈子打转才踏入正题，他们都同意马修的说法。毫无疑问，我一定得展开旅程，寻找“失落的乳房切除术”。

第六章

我来，我见，签证[1]

Veni, Vidi, Visa

第二天，马修现身我的茅屋外。满面笑容、精神蓬勃，好像被迫闲散多年的老兵重新披挂上阵。他羞怯望着地板：“主人，我带了人来见你。”他带我穿过庭院、公共广场，没入长草堆，来到我从未造访过的村落一角。

突然间，我眼前站着两个非常害羞、满面通红、割礼打扮的年轻孩子。他们身着两件长袍，一件蓝色、一件白色。脖子上的牛角跳动，还披着用来包裹尸体以及娶妻下聘用的粗质厚布匹，背上则扛着镶了木框的豹皮。针对豹皮这部分，多瓦悠人与现代世界做了重大妥协。豹子在此区已绝迹，只有来自尼日利亚山区的走私品，价格贵到让人倾家荡产。多亏本地一个

1　本章的标题原文为Veni, Vidi, Visa，是挪用恺撒的名言“我来，我见，我征服”（ve-ni, vi-di, vi-ci），作者以visa代替vi-ci，亦为V开头、中文翻译只能取其义，无法完整复制其押头韵的文采。

颇具生意头脑的商人进口豹纹图案的棉布，弥补了需求缺口。我面前一位男孩身上披的就是这种替代真豹皮的产品。我知道多瓦悠人的豹皮缺货困境，特地带来 Fablon 牌的豹纹图案墙饰彩带[1]，英国的时髦年轻人常用它装饰汽车。我拿给祖帝保看时，他反应颇不错，经洗耐用，比自然产品强。

此刻正好派上用场，趁两个男孩跳舞、我拍照时，我叫马修回去茅屋拿。过一会儿，他们的搭配乐手带了鼓赶来。Fablon 彩带漂亮戴上身，歌舞从头再来一遍。两个男孩低低弯下腰，激烈摇晃、用力跺响脚踝的珠串。

遵从多瓦悠的待客规矩，我给他们其中一人一点小礼物，还奉上啤酒。整个过程，我都清楚知道一旦我替他装扮，就承担了新的社会责任，成为他的"丈夫"——这关系将持续一辈子，割礼结束那天，我必须替他打理衣物、给他饭吃。他的回报是我死后，必须到我的葬礼上跳舞。当我们互称对方"老公"、"老婆"时，嗤笑不已。凭着匪夷所思的啤酒嗅觉，祖帝保现身，以贪婪眼神望着男孩喝酒，好像狗儿绕着手拿冰淇淋的孩子打转。他的帽子微微歪到一边，显然刚在田里痛饮了啤酒宴，感到燥热。我好不容易找到割礼研究对象——完美的十四岁标本——极不情愿就这样放他们走，毫不容情拷问他们诸种细节：

1 装饰彩带是一种贴纸，有各种尺寸，可用来装饰壁面、瓷砖、玻璃。英国的Fablon是最大厂牌。

他们的父母是谁？做了哪些准备工作？谁要负责割礼筹划？诸此等等。没多久，他们就可怜兮兮地打哈欠，歪靠在对方身上，吵着要睡。更糟糕的是，祖帝保选在此时跟我讨论我的屋顶。他可不容易打发。

祖帝保舒适躺在地上，放了一个响屁（这是友谊的表现，代表在场都是男人,可以自在说话）。他说我的屋顶本来非常好，是他亲自监工铺的，因为我是他的朋友。我忍不住插嘴说那屋顶一开始就漏水,但是祖帝保对我的话置之不理。男孩瞌睡了。显然，我们得忍受一篇他早就准备好的演讲。祖帝保强调那屋顶铺得非常好，大家都称赞。正适合我这种有钱人的身份。但是它现在开始漏水了。他帮我看守茅屋时,颇受屋顶漏水之苦。他很乐意不支半文钱替我——他的朋友——受苦受难，但我还是需要一个新屋顶。那得花多少钱？他说他不宜和我讨论这类事，但他会亲自监督所有事，保证屋顶铺得十分好。到时我再斟酌该支付多少钱给那些辛苦万分的工人。

这是阻止讨价还价的惯用伎俩，付钱那方常因内疚驱使，付得比原先预算的还多。祖帝保显然喝多了，否则就会看出他让自己陷入债务操纵的险境。祖帝保欠我钱，盖新屋顶，我则会欠祖帝保钱，到他要我付钱时，我可以要他以旧债抵新债，让他去面对工人的索讨。这个念头颇诱人，但我知道自己做不到，责任感与羞耻心让我无法这么做。往后每次看到那些工人的失望脸孔，我就会内疚。

不管到了哪个村落，人类学家都是讨厌鬼，总是以难堪问题骚扰无辜之人，大量汲取村人的耐心与善意。拒绝对自己落脚的社区略尽绵薄，实在说不过去。此外，铺屋顶是件顶不悦的苦工，祖帝保的描述只略略“夸张”了一点。

英国人印象中的铺屋顶是以熟练双手轻松完成，从中得到田园式乐趣，铺非洲茅屋则完全是两回事。屋顶使用的草会飞出大量令人窒息的花粉，导致恐怖的红疹、呛个不止。一整天下来，铺屋顶的工人往往呛得喘不上气、被太阳晒到昏头。相较于编织茅草，铺屋顶像是在矿坑工作。

我答应祖帝保，我们晚些再讨论价码。我心知肚明屋顶在我离去前一定铺不好，我还是得付钱。

祖帝保变得快活。唤人去拿啤酒，一个鬼祟的小家伙跑去祖帝保第二号老婆处拿酒。他背靠一棵树，开始兴奋讲话。他说以他的身份，自然得陪我去参加割礼仪式。麻烦的是遮阳伞。

依传统，西非洲酋长出门都必须有红色伞遮阳。有时，它们变成象征王位的精心艺术品，充满繁复与热切的装饰。祖帝保却只能退而求其次，搞了一支较不繁复的权宜替代品——香港制的女用红洋伞。为了表达自己的缺憾，他从袍子里拿出那把伞，撑开它，摆出超白痴的模样，舌头半吐、眼神抓狂。大家都笑了。我明白他的意思。

祖帝保知道完美的酋长红伞难求，但他这把伞简直是滑稽道具。伞面破损、布满喝啤酒时不小心留下的无数污渍。赤裸的伞骨好像孤儿瘦弱的臂膀戳出伞面，伞柄弯曲。

祖帝保需要一把新伞。否则，他要如何陪我去参加仪式？我答应一有机会便帮他买伞。祖帝保热切地倾身过来。马寇村的酋长有把红伞，上面有……接下来是冗长的语言学讨论，我们找到多瓦悠话“流苏”该怎么说。他能有一把有流苏的红伞吗？我试试看。情况如允许，他自然可以有把红色流苏伞。祖帝保笑逐颜开。我的“老婆”走了，允诺仪式开始时会通知我。啤酒送抵，祖帝保的两个弟弟也来了。

祖帝保是个拘泥礼节的人，将满到冒泡的啤酒倒进葫芦瓢，仪态庄严地啜饮一口，以示酒里并无任何刻意危害宾客的东西。然后他把葫芦瓢递给我。可能是受到他庄严态度的影响，不管是什么原因，我未如众人预期地一饮而尽，而是喊出祖帝保的名字，举“瓢”致敬。瞬间，一片惊人死寂降临聚会。男孩噤口不言，祖帝保笑容冻结，连苍蝇都止住嗡嗡声。就如所有曾在异文化工作过的人一样，我知道我刚犯了严重错误。

问题出在多瓦悠文化并无“举杯致敬”的制度（institution）[1]。他们只有咒语制度。一个人如遭到无法忍受的不当对待，便可以诅咒对方，喊出对方的名、饮一口啤酒啐到地上。对方就会越来越虚弱，而后死亡，诅咒者与被诅咒者如有依存关系（譬

1　institution指的是已建立的一套社会文化惯例（usage），被当作一个族群之社会组织的一种恒久部分而被采用。详见芮逸夫，前揭书，第167页。

如是他的儿子），咒语会特别灵。

祖帝保与众人呆坐，面露恐惧之色，等着看我把酒啐到地上。他干了什么错事，让我做出如此不道德之举？

我连忙露出笑容，绝望期盼能消解他们的畏惧，大力解释。大家突然如释重负。我们的角色立即荒谬反转——祖帝保变成民俗学者，我则是困惑无助的报告人。

"在我们的村落里，这样做，"我解释："是祝福一个人长命百岁、多妻、多子多孙。这是我们族人的习俗。"

他皱眉，"但是你们的话怎么能让一个人长命百岁？""不是的，不是那样。那只是表达'祝愿'的方法，表示我们是朋友。"

"但这是否表示你没喊出名字的人，你希望他们死掉、他们的老婆都生不出孩子？"

"不是的。你不明白。"我灵光突现："它是诅咒的反面。它代表许多好事情。"

"哦。"

这是人类学著名的"比较法"（comparative method）[1]的实际运用，一个颇具启发性的例子，我们原本对某个习俗只有一知半解，直到双方拼凑后，才窥知全部意义。我不安地发现祖帝保迫使我深入不属于多瓦悠的思维路径。在这之前，我其实

---

1 人类学中探索不同的风俗、习惯与制度之间，在不同文化间重复出现的关系。详见Roger Keesing，前揭书，第821页。

对西方人举杯祝祷并无清楚想法，我不知道我们为何如此做、期望这样的举动产生什么效果。这个启示真是醍醐灌顶。

男孩起身，轻步踏着小径离去，身影被高草吞没，只有脚踝的铃铛声阵阵传来。一个新声音猛地打断铃铛声，那是摩托车——多瓦悠人所谓的“铃木郎”(suzukiyo)。村落里出现摩托车,那可不是天天有的事，我们全冲到村子口的仙人掌围篱处，看看是谁来了。摩托车下降到凹地时，引擎声变小了，然后横冲直撞出来，跨骑在上的是一个身背自动卡宾枪的宪兵。祖帝保和我互望，心照不宣宪兵找的不是他就是我。祖帝保迅速收起滑稽洋伞，悄悄溜走，膝盖半弯，以免脑袋瓜露出围篱之上,简直像格鲁乔·马克斯（Groucho Marx）[1]。看来只剩我孤军奋战，大家好像听到匈奴大军入侵，火速逃逸四面八方。宪兵停好摩托车，威胁围观的小孩如果胆敢碰他的车子，就会使出各种肢解手段，宰了他们。他走到村落大门前，面色颇腼腆，放下卡宾枪，与我握手。我松了一口气，原来他是那天在警察局闲荡的年轻人之一。当我们进入我的茅屋时，我有点担心祖帝保会躲在里面，幸好空无一人。宪兵以法语问道：“人都去哪儿了？”

“哦，应该是去田里工作吧。”

1　格鲁乔·马克斯是早年默片时代非常有名的喜剧泰斗，他们一共有兄弟，号称“马克斯兄弟”。

“酋长在吗？”

“刚刚才走开。”

“嗯，反正我是来找你。但是队长说我们进了村子必须先向酋长致意。”

他拿出一封信，上面盖满印戳与数字。信封里是薄薄一张纸，上面写着“召集会议”。我完全坠于五里雾中。

“啊，这是什么意思？”宪兵同情地看了我一眼。

“你必须马上去加路亚的县长办公室。我猜这代表你要被驱逐出境。”

他快乐微笑。今天真是典型的田野场日子。田野工作似乎由两种日子组成，一种是事后完全无法重新建构的一大片时间，因为啥也没发生；交替出现的是活动密集的日子，好像搭乘云霄飞车，在好运与灾难间爬升又坠落。

我拿出啤酒请他喝——我仅剩的库存——试图多刺探点消息。没用，他啥也不知道，但很高兴能脱下靴子、舒坦一下脚巴丫子、盘问有关多瓦悠人种种，好像英国警察在认识辖区的一切。今天，似乎每个人都成了人类学家。他是南方人，提到此间的“原始风俗”不免大摇其头。他坚持让我记录他在南方森林那区接受的割礼，并不断强调结婚时，他老婆照规矩付了他一法郎——补偿他为了给妻子“快乐”而忍受割礼之苦。

我终于找到极端热心的报告人（虽然来自完全错误的地区），却非得把话题转回“世俗”事务，真是沮丧。“召集会议”

是什么意思?

警察局是在今早接到无线电指示，队长派他出来找我。他害羞且心不在焉地望着双脚。当然，他可以告诉队长我去森林了，他只好在我门口留了一封信。这能为我争取一点时间，在警察找到我前，我先去找副县长。他甚至可以用摩托车载我一程，只要我答应路上碰到人就跳车。

我们在众人好奇掀开草织门帘、像有教养的女士躲在布幕后偷窥的目光注视下离去。到了城外，宪兵放我下车。

我与副县长的会面毫不复杂。他正好在家，有空，可以接见我。他挥手叫我进去，倾听我的事件，检查我的护照。他略翻了一下，用手指一戳护照说："问题在这里。他们给你的是临时签证，而非短暂居留签证。"那的确是我的签证，上面有个胖大非洲女人的头部肖像（此刻，我不免想起"早熟"的恐怖象牙雕饰），旁边盖着死亡判决字眼"有效期限三周，不得加签"。副县长熟练一挥，便将那个不得加签条款删掉，并在上面盖章。"你最好前往加路亚一趟，"他敦促："我会写张条子让你带去见县长。"

我结巴说些合宜的致谢话语。"不必客气。还有，我的车子明早要进城。如果你愿意，大可跟着一起进城。"

结局远非我想象的上了手铐脚镣被遣送回国，而是让司机载着进城。这种运气的激烈跌宕会强力冲击一个人的心灵。人类学家异于常人处在我们拥有切换"备档心情"的能力，面对灾难挫折，便遁入其中。备档心情是迹近停止生命活动、不起一丝情绪，任由恐怖厄运或者连波滋生的小麻烦淹没自己。此刻的人类学家铁定让家乡的亲友大吃一惊，因为亲友印象中的他充满活力、机敏锐利。

当车子在宁静中快速驶过，路旁的警察向我敬礼。我免却了例行的证件检查。碰到这种状况，你难免想起小时候听的那些警世故事——得意忘形而致自找死路。但是当我们的车子抵达城镇时，我已经完全娴熟达官贵人经常恩赐路旁行人的那种纡尊降贵姿态，开始觉得我大概掌握了非洲官架子秘诀。

相较之下，我在县长办公室享受的待遇要黯淡得多。副县长的字条引来一阵揣测。他们仔细检查字条，仿佛它随时可以变成不利于我的重要证据。一个充满敌意的人员问："你和副县长是什么关系？""他娶了我妹妹。"他精明地点点头。随即我的护照换上新签证，没有"不得加签"条款。他笑道："还有一个问题，我们需要两百法郎的印花。"他耸耸肩："我们没有。全城都没有两百法郎面额的印花。"他靠向前来："十分钟后，你到房子后面和我碰头，我可能有办法帮忙。否则你得在加路亚等，直到我们弄到两百法郎面额的印花。"他夸张挤眉弄眼，暗示这是明智之举。

我离开县长办公室，在门外徘徊、故作无知状，然后偷偷溜到房子后面。

在那里，我们鬼祟幽会。结果是我花了四百法郎买了面额两百法郎的印花。当我准备离开，他再度问：“副县长真的娶了你妹妹？”我吃惊张大眼：“当然。”

我该去找晚上下榻的地点，和往常一样，我找到一家几栋水泥小屋组成的小旅馆，有自来水。它坐落于簇新、志得意满、富丽辉煌的诺瓦提（Novotel）连锁旅馆旁，同样位于城里另一头。后者的门口，冷气巴士日夜不停载来大批身穿圣罗伦狩猎装的法国、德国观光客。

第七章

类人猿与电影

Of Simians and Cinemas

活在世上，顶顶重要的事是知道自己对什么东西具有吸引力。某部感人的驱蚊剂广告开宗明义："两千人中只有一人对蚊子毫无吸引力。"悲哀的是，此刻坐在加路亚小旅馆的阳台上，我痛苦确知我不属于那两千分之一。加路亚城的蚊子恶毒且意志坚决，大肆繁衍之余，只知凶猛乱叮不幸的人类。当勇敢的女探险家奥丽芙·麦克洛伊（Olive McLeod）二十世纪初造访此城，与德国总督进餐，身穿制服的仆人在每个宾客座位旁放了一只活蟾蜍，减少吸血昆虫的肆虐。

但是蚊子并未尽蚀我的"魅力"，我对猴子的吸引力更强。在英国时，这种魅力隐而未现，到了非洲，大为彰显。

在多瓦悠兰时，我遇见狒狒。这大概是类人猿中最不讨人喜欢的一种。它们成群结队过着喧闹、乏味的生活，盘踞在通往祈雨酋长领土小径旁的岩石上。当我攀爬恐怖急坠的山径，狒狒对我尖叫、叽咕，有时还会对我丢石头。那些当时被我视为怒气攻击的行为，现在看来，疑似绝望爱情的表现。

第二次与狒狒相遇，我正坐在河中的一颗岩石上。恩冈代雷近郊有个愉悦所在，河水从五、六十英尺高处坠下，形成悦人的瀑布。空气永远清凉，处处虹彩，蜻蜓曼飞。一颗岩石位于河中，正是坐下晒太阳的好地方。

我坐在石头上，沉思自然之美，一只狒狒走来。它坐在河对岸，兴味盎然打量我，一边毫不体面搔抓身上的虱子。没多久，我们之间就产生一种共鸣好感，它四肢着地、优雅挑选好走的路到我身旁，直盯盯望着我，好似我是它失联已久的亲人。突然间，它打了个哈欠，指指我脑后的方向。我们之间的共鸣实在太强烈，以致我完全没想到它的动作并非针对我，我转过头去看它到底在指什么。狒狒趁我分心之际，将手探入我敞开的衬衫，抓住我的乳头，开始用力吸吮。这只精明的野兽马上发现吸吮徒劳无功，和我一样大感羞愧，连忙后退，它还鄙夷地连连朝地上啐口水。我想要寻找“失落的乳房切除术”以及之后发生的事，和这件意外可能不无关系。不过，容后再述。

此刻我坐在阳台，安静拍打蚊子，看到老友巴布——一位美国黑人人类学家。我们一起喝啤酒、闲聊近况。我的眼角瞥见黑影，既陌生又熟悉。那是一只猴子在树间跳跃。我知道它是冲着我来的。

后来我才知道当地动物园养了两只小猴子。我不知道它们属哪种猿猴，人猿、黑猩猩或大猩猩，它们都是我的崇拜者。这对猴子中的母猴死了，公猴陷入极度哀伤。身为智慧生物，它察觉笼子上的挂锁失灵。饲育员谨遵规定，填写三联式申请单到首都申请新挂锁。石沉大海。饲育员显然觉得其他严锁笼门、防止公猴夜间开门脱逃的方法太麻烦，因此公猴便在夜里打开笼子、四处浪游，但总是在天亮时回笼，这是它唯一知道的家。久而久之，这变成两造均能满意接受的固定安排。

为了酬庸这只猴子愿意白天供人注视，园方允许它夜里浪游，此举于它的士气大有助益。每天晚上，它耐心打开笼锁，爬上树梢荡秋千，寻找合适的伴侣。有时它会过于亢奋，滥用特权，但从未上午不返回工作岗位。它最爱的冶游地点是动物园旁豪华大旅馆的游泳池，兴高采烈潜进更衣室，劫掠里面的衣物，窜回安全的树上。

接着它便探索外国观光客的皮夹、皮包，将钞票、旅行证件以及个人私密物品撒在宾客头上，不顾他们的叫骂与哄骗。这成为旅馆员工重要的收入来源，因此对它的莅临颇为纵容。

这只猴子在树上打量了我一番，跳到地面，疾走到我们桌前，不苟言笑盯着我。旅馆围墙那头传来阵阵怒吼。显然它刚去热情造访一番。

看到猴子，一名侍者马上冲过来，打算用石头砸它的头。这是喀麦隆人对野生动物的典型反应。猴子见状，机警用双手绕住我的脖子，溜上我的大腿，对折磨它的侍者露出恐怖恶臭的绿色牙齿。我颇费一番唇舌才说服侍者不要攻击猴子，而是拿盘花生引诱它走开。此刻，它正像挂在船侧的炮弹那样紧紧攀在我身上，他若遭到攻击，势必殃及我。侍者皱眉低咕，终于同意，声明那碟花生可要算我的钱。但是猴子不打算离开我，它开始打呼，对着我的脸孔喷出恶臭之气，鄙夷送上来的花生美食。我试图轻轻扯开它的手，换来它狂暴吼叫、露出疯狗般的尖牙。轻摸它的头则让它叹息，发出哀伤的咕噜声，只有铁石心肠的人才忍心丢开它。

问题是巴布与我打算去看电影。电影对人类学家原本不算什么，奇怪的，到了田野场上却重要万分。我们往往没机会看电影，它变成被剥夺感与怀旧的焦点。只要进城，你非得上戏院不可。不管你事先知道上映的片子很烂、音轨模糊不清、观影经验是灰尘扬天、闷热、汗流浃背。总之，非看不可。况且，城里有了新奇观。一家新戏院刚开张。它有座位、屋顶，甚至号称随时都正常运作的冷气。今晚上演的电影虽不是新片，但难能可贵，不是功夫奇技电影，也不是对不信教者大开杀戒的“史诗”电影。

生命充满“当时当刻”看来完全合理的事情，许多行为事后观之，根本诡异不可解，但形势逻辑纯粹因时因地而异。巴布提议：“我们何不带着它去看电影？”当时，这似乎再自然不过，我应当带着这只打呼的类人猿进戏院。我们试验了几下，发现只要我腾出一只手抚摸它，它愿意让我起身走动，一停止抚摸，它便龇牙咧嘴咆哮。我只需发挥比软体功艺人更高的灵活技术，就能将自己塞进显然不是设计给“身上挂猴”者穿的外套，扣上它，遮住这畜生的身体。在潮湿闷热的那个夜晚，我觉得“温暖”异常。幸好我运气不错，教会朋友借了我一辆卡车。我们出发前往戏院——搭配诡异的三人组。

当天如果演的是“金刚”，那倒不错，可惜是以离婚为主题、拙劣的美国喜剧，在一夫多妻的穆斯林看来实是单调。

我们在售票口排队，不少人以奇怪眼神看着我鼾声作响的肚皮。令我大失所望，火爆的售票小姐发现猴子，对我怒张鼻翼，召来法国经理。我认定此事完了。戏院经理铁定借此机会大发高卢人脾气，以毫不容情的逻辑指出类人猿不许进戏院的诸种正当理由，我们一定会被扫地出门。

出人意表，重点不在类人猿可否进戏院，而是它该买什么票。巴布迅速掌握精髓，宣称猴子显然是“小孩”，应该免费，它甚至不占座位呢。法国经理不肯让步，唯恐开了不良先例。难道他预见一大堆人比照办理，带着狮子、食蚁兽进场，拒绝买票吗？最后，经理同意猴子买最低价座位的半票，但是我们得坐在最不豪华的一区看电影。我付了钱。猴子钻回外套内，继续打呼。

第一段节目不受欢迎，那是冗长叨絮的旅行见闻影片，描述西印度群岛游艇之旅。照惯例，观众间毫无壁垒，也没人遵守看电影不语的规矩。坐在我旁边的绅士脱下靴子、释放巨大的扁平足，将干净无瑕的军服解开至肚脐眼，长篇大论开玩笑，不断说我的祖先在贩奴时代让他的祖先免费享受此种度假航旅。巴布是个自尊强烈的美国黑人，颇吃不消此类笑话，他与这位军人剑拔弩张。

就在这时，戏院大肆吹嘘的冷气突然启动。温度不断下降，直到空气充满寒意。冷气越来越生猛，它并非缓和室人热气，而是对它宣战。冰冷的空气不断喷进室内，瘴气一样的冰雾飘散在银幕下方，银幕上，温文的法语喃喃扯淡“航行加勒比海，躲避寒冬”。

旁边的军人扣上军服，挣扎穿回靴子。更惨的是，突如其来的冷气穿透我的类人猿朋友，探出头来，吓着后座的女士。不幸，这位女士带着一只巨大、鲜红的手提包。猴子非要那只手提包不可，女士顽固拒绝放手，让它怒不可遏。为了转移猴子的注意力，我向穿梭的小贩买了一个巨大、红色、闪亮的芒果给它。但是它觉得芒果奇怪、不自然，不管它平日吃的是什么，显然芒果不在它的饮食内。

它只将芒果撕咬成一条条，喷吐在观众身上。射程出奇远。观众厌倦乏味的电影，纷纷向小贩买芒果，撕咬果肉，对着猴子喷吐——不可避免，也喷到我身上。喽啰们担心装潢受损，连忙通知经理，他匆匆赶到，威胁要赶我们出戏院。观众乖乖坐回去，观赏新闻影片。

头条新闻是喀国总统与提供经援、某位不知名的中国部长会面。无可避免的场面是总统对着摄影机摆出蜡像般的笑容、眼神笨拙地望着镜头，邀请贵宾落座这种场面定不可少的可怕塑胶皮沙发椅。我旁边的军人大声议论："他应用这些经援买点新家具。"观众大声起哄，新闻影片变成国歌，半数观众起身，半数观众吵闹。这般闹哄哄，对猴子而言，实在太过了。受够了文明社会，它开始尖叫、聒噪。观众觉得很乐。这般举止以国歌声做背景，实有"大不敬"的危机。该是离去的时候了，我连正片都没看呢。巴布则好似背信忘义的圣彼得[1]，自己留下来看。

我与猴子在沉默中驶回旅馆。当我爬上旅馆正门，猴子矫捷从我身上跳下，看了我最后一眼，好像迟疑如果第一次约会就拥抱我，是否太冒昧了。它决心不再进一步表达爱意，摇晃穿过庭院，荡到树上，回动物园去。

经过这番兴奋，我觉得好累，毫不在意错过正片。但是我没睡好，身上爬了虱子——猴子的。

1 语出《新约 · 马太福音》第二十六章第三十四节，耶稣对信徒彼得说："今夜鸡叫以先，你要三次不认我。"

第八章

凡有疑虑——进攻！

When in Doubt—Charge!

回到孔里，一切安静。教会里弥漫一股沉思静寂。约翰的作物被不知哪来的动物摧毁蹂躏。众人深疑是波利镇酋长的牛群，我则确定是狒狒干的好事。如果约翰的老婆是多瓦悠人，此刻，铁定会因为“通奸”被揍个半死——男人的作物被毁，老婆偷人是唯一理由。

回到村里，我把祖帝保从我床底下挖出来。他宣称割礼的筹备工作仍持续进行，但是短期内不会有什么有趣事。凭以往经验，我知道开始酿啤酒才代表仪式祭典铁定举行、不会叫停。当我听到村民开始酿啤酒，就代表时候到了。为保险起见，我派马修带烟草去举行割礼仪式的村子，送给他在那儿的一个亲戚。时候到了，他们会报信。

空当期间，我可有一大堆事要忙，因为我已经开始研究地方疗者与他们的药草。我确定空当期长达数星期，决定展开伟大任务，这可能是我对人类学的唯一大贡献。我要去拜访尼加人，寻找男性乳房割除仪式——多瓦悠报告人告诉我的“失落的乳房切除术”。

打一开始，马修就不想去找尼加人。他斩钉截铁说前往尼加的山径太危险了。这个时节，村里绝对一个人也没有。没人会说尼加话。尼加人什么也不会告诉我。他们是坏人。

颇让人类学家沮丧的发现之一是“几乎所有族群都讨厌、畏惧、鄙夷邻近的族群”。

医院一位男护士告诉我尼加族酋长此刻正在波利镇，我决心追缉他。我在波利镇外的茅屋晃悠打转了好几个小时，再度证明一事：不管一个白人如何抗议、提出何种可悲借口，此间人士都确知白人的“欲望”为何。我从不知道这么小的地方也有名副其实的“罪恶生意”。但它不仅存在，人们还不厌其烦向我促销。我与一个警察诡异相遇，他衣冠不整从某个院落出来，不断解释他是来调查非法饮酒。

直到夜幕降临，我又热又累、愤恨不已时，才终于找到尼加酋长。我雇了一个小鬼头当向导追缉酋长现身，显然他的闪避技巧和祖帝保一样高明。尼加酋长是个侏儒，淹没在一身厚重鲜红的法兰绒袍子里，活像圣诞老公公的助手，袍子下突兀伸出白色鲜亮的鞋子。当我进入他的院落，他像只过分热情洋溢的狸犬飞奔过来，用力拥抱我，把脸埋在我的肚皮上，说他是多么高兴见到我。

我们坐在两个倒翻的板条箱上，开始觐见仪式，小鬼头权充翻译。我表达见到酋长的喜悦，解释我到此区的目的是研究风俗。他贤明地点点头。我听说许多有关尼加人的有趣事，一心渴欲前往他的村子认识有关尼加人的一切。整体而言，这个方式总胜过直接说："喂，有关男人的乳头……"他聆听翻译，慈祥微笑。他曾听多瓦悠人（一直都是他的朋友）提过我。他也一心渴望带我去他的村子。他很乐意与我讨论尼加人的风俗。他耳闻我是个直话直说的人。他面露羞色，只有一个问题，他是个穷人，招待恐不合我意。他也是个骄傲的人，绝不能忍受对我招待不周、令我失望。他叹气。只有一个方法，我必须买一头羊。一千中非法郎就足够了，现在就可以把钱给他。我犹豫。我从未碰过这样直接索钱的。很难判断此刻应该摆出正经严肃、男子汉对男子汉的强硬态度，还是自动慷慨掏腰包省去讨价还价的麻烦。悲哀的是，人类学总是需要几分虚伪与精心盘算。我飞快检查皮包，发现只有五百法郎，慷慨免谈。

我解释：不幸的，我也是个穷人。我不是酋长，不习惯享用一整头羊，所以我只给他半只羊的钱——五百法郎。他大为失望。我远道而来，发现男性乳头切除这么重要的现象，却为了一英镑多的钱讨价还价，似乎颇为荒谬。这是我每次投降前用来说服自己的论点。我加一句，当然，我前去拜访他时会带礼："客人当然不会空手而至。"

酋长脸色一霁，我们讲好一星期内，这个小鬼头翻译会到村里接我，一起爬山到他村里。我起身准备离开，酋长再度冲向我，紧紧拥抱我不设防的身体。他抓住我的手，热情贴向他的胸口。“白人与黑人，”他说：“是兄弟。只是白人比较聪明。”

这话，我不知该做何反应。我刚散尽身上钱财，并不觉得自己特别聪明。我们搁置此一议题。酋长严肃警告：“别在此区逗留过久，这里有很多坏女人。”我多少猜到我的五百法郎会去哪里。

九天后，尼加酋长那儿还是音讯全无。非洲的时间观比我们松散得多。我还尴尬记得上次我的欢送派对，多瓦悠祈雨酋长晚了一天才来，却期望大家帮他保留了酒。

尽管如此，我若前去拜访无乳头尼加人的酋长，应当不致一无所获。天色一亮，我便与马修动身，照例，他预言此行灾难重重。再度，我们必须到处晃悠查询酋长的踪迹。一夫多妻的家庭，睡觉安排常有一种游牧特质。人们蜷曲在火边，拉紧毯子抵御黎明的寒冽，等待食物与温啤酒。四处回荡用力吐痰的声音。

酋长的房子空无一人。没人知道他去了哪里。没人知道他是否会回来。据马修的说法，这因为他们全是坏胚。我决定去找医院那位男护士问消息。

去医院，得经过副县长的宅第，礼貌性拜访不可免。副县长强壮的身影已伏案工作，一大叠公文堆在面前。我们握手寒暄，他绽放大大笑容，挥舞手上的一张纸：“啊哈。这是警察局有关你的报告。显然，你去造访了暗夜女。”

我越是否认，他越是兴高采烈拒绝采信。我们终于谈到尼加酋长的事。“尼加酋长？我可以告诉你他上哪儿去了。”他往椅背一靠，露出天真无邪的表情：“我勒令他回村子去。他是个坏榜样，成日在镇上鬼混、喝酒、通奸。酋长这个样子，叫族里的年轻人如何尊敬他？我叫他回村子，乖乖给我收税去。”他谴责地朝我摇摇手指：“你最好守规矩点，否则我也送你回自己的村子。”

话题转到割礼。身为统治异文化子民的行政官，无法释怀的不安感破坏了副县长的割礼措施。他是穆斯林，当然认为割礼是好事。割礼的本质乃教化之事，应在异教徒间广为推动，但他也知道割包皮危险且昂贵。因此他习惯派遣男护士到村落里帮人割包皮，以免当地居民用“肮脏锄头”乱搞。男护士做的包皮割除手术比较温和，也比较卫生，但是他规定伤口必须以酒精清洗，显然会大大增加疼痛程度。副县长不知道许多多瓦悠长者不满意此种安排，在护士离去后，又给男孩割了一次包皮。因此行政官的人道之举却大大增加男孩的疼痛、受苦，甚至死亡率提高——完全符合殖民统治的传统。

就是在此次谈话，我首度听到后来酿成大麻烦的自来水计划。副县长与美国和平工作队合作，决心让波利镇有干净水供应。当我返回孔里村时，压根没想到它后来会变成棘手议题。当时，我对寻找失落的乳房切除术比较感兴趣。

英国陆军的一大训诫是："凡有疑虑——进攻！"此刻，似乎也颇适用于我的田野工作。祖帝保说村里有好几个人知道前往尼加村的山径，攀爬颇危险。他会派一个最强壮、最聪明、最诚实等诸种优点于一身的人陪我前往。我决心天光一亮就出发。马修大为不悦。如果城里的尼加人那么坏，山上的尼加人一定更坏。他宣称："这个季节爬山不对，会下雨，到时我们全被冲下山去。也没有可饮的水。"

翌日，天未破晓，我的茅屋外传来一声轻咳，彬彬有礼，绝不可能是山羊咳嗽。门外是个穿着破烂短裤、浑身冻得发抖的流浪儿，戴了一顶非常棒的红色"披头士"帽子。他手上站着一只色彩斑斓的宠物鸟，不是鹦鹉，像是翠鸟鱼狗。他就是祖帝保派来的向导——八岁小孩。我们喝咖啡、坐在冰冷石头上聊天。原来，男孩的妈妈是尼加人，嫁给多瓦悠男人，他曾好几次参与赶牛队伍，从高原赶到山谷。因此，他的知识不容怀疑。我好不容易把马修挖起来。一小时后，我们带着相机、笔记本、烟草——全是人类学这行的基本配备——出发前往尼加村。

我们的向导将色彩鲜艳的鸟儿放在帽上，作为引路指标，带队前行。马修一脸愁容跟在后，抱怨早餐过于草草。

阵阵厚重浓雾滚过山谷。我们踏过泥泞、碎石，脚下发出吱咯声，抵达山脉底。受惊的牛只冲破浓雾，轰然咆哮奔进高高的草丛。天寒刺骨，我们都望着地平线，盼望微弱的阳光赶快突破云层温暖我们。宠物鸟噗地膨胀羽毛，发出细弱的啁啾声。

半小时后，我们碰到一群人要到孔里村再过去的地方参加葬礼。他们带了冒泡的啤酒瓮，还有用来裹尸、干燥龟裂的牛皮。他们显然兴致高昂，因为马上就有仪式牲礼牛肉可吃。我则暗喜祖帝保没跟来——他绝不会白白让啤酒打面前经过。吊亡者欢欣打趣我总像秃鹰一样盘旋多瓦悠葬礼。我们拿出烟草交换山香蕉，然后他们兴高采烈、吞云吐雾前进——卷烟纸还是我的笔记本呢。小向导喂宠物鸟吃了点香蕉，将它放回帽上，快乐点点头，我们开始爬山。

爬山毫不愉悦。山径通常很窄，薄且易碎的山径坡边直坠而下就是岩石遍布的谷底。湿雨时，花岗岩变得非常滑，绝不轻饶失足之人。爬山时，每当我们碰触到山壁缝隙里茂密生长的植物，大滴露水便冰冷滑下我们的脖子与双臂。不久，我们来到一个深深的山隙，其中布满破碎的瓶子与葫芦瓢。小向导在此稍停，指出此处是法力强大的地灵居住地，要我们拿出食物来献祭。我奉上香蕉还有一片巧克力，马修则不情愿地牺牲一小撮速冲咖啡，还有一些他预防意外而偷藏在背包底的熏肉。向导点头称许，然后我们继续前行，他在岩石攀爬，鸟儿也在他头上来回疾走。没多久，苍蝇飞来折磨我们，吸吮我们的汗水，在我们眼前飞来飞去，令人懊恼不已。

阳光越来越热。我饱受苍蝇折磨、淤伤处处，坚持要休息一下，让同行者大吃一惊。

但是休息不可得。这是牛只走的山径，向导指出失足牛只的尸骨，以此激励我奋力前进。此处的高度似乎会刺激反刍牛科动物排泄。到处是牛粪，爬满快乐的苍蝇，很快的，它们便发现更爱我们的汗水。阳光变得灼热，该继续前行了。

马修痛陈牛粪是尼加人恶劣的另一明证。当他们到山谷时，总让牛只随意在多瓦悠人的田里大便。马修坚称此举会让杂草更茂盛，大大增加多瓦悠人犁田之苦。

我开始觉得他是个敌意证人（hostile witness）[1]。过了一会儿，我们来到一个村落的外围。当你抵达西非洲村落，通常会有一些错不了的迹象。首先，你穿过广场，会听到女人舂米去糠、杵臼互击声，或者她们边以石头研磨谷粒边唱着无伴奏歌谣。免不了，还有小孩尖叫乱窜，通常还有笑声。但是这个村子只有死寂。

显然，某种人口统计学上的灾难降临此处。当院落人去楼空，屋舍便被弃置。热带雨冲刷，原本建构院落的泥土回归大地，只剩当初用来做茅舍与谷仓地基、现在看了徒然令人心碎的一圈圈石头。此景真是考古学者之大恸、地质学者之大喜。整个

---

1 敌意证人（或恶意证人）是指凡传召证人，其作供内容与书面供词不符，以致与传召方原来之举证目的相反，传召方可向裁判庭申请，将该证人列为敌意证人。然后向他盘问，将他变成一个不可靠的证人，使其供词对控辩双方都无用。此处是指马修应被列为敌意证人，其论点无效。

村子全是倾颓残败的院落。几年后，将无一物标示曾有人家在此生活、死亡。我们穿过断垣残壁，走到广场中央，坐在一面干燥的石墙上。小向导去找那个心不甘情不愿的酋长。

趁这个漫长空当，马修大大阐述他在此行观察到的许多事情，加深他对尼加人的恶劣评价。他们去哪里了？他们遭逢什么事？显然上帝因他们行恶而施加天谴。对自己的判断，马修甚感满意。他们离开此地。现在，他们是别处的坏人了。

终于，酋长现身。人未至，便传来阵阵节奏性的敲击声。我以为是赞美歌者击鼓打头阵，结果不是。上次，我为何没注意到他瘸腿——有一只脚弯曲畸形，爬山对他一定是一大苦刑。

尽管身体不便，他仍再度像只狸犬一样冲过来，差点将我从石墙上撞下来。抓住我的手按向他的胸膛，嘟喃说他多高兴见到我。当我挣扎起身，瞥见马修面露鄙夷神色。酋长叫人送上两瓶店售啤酒。我和马修比划着讨论是否共喝一瓶，搞了好一会儿，酋长叫人送上第三瓶，懊恼地看着马修享受。此时此地能喝到店售啤酒，如以付出的辛劳与痛苦论，它们可能是全世界最贵的啤酒了。

酋长解释他被迫返回村子履行“公职责任”；此外，他梦见他的一个妻子生病了，因关切妻子的状况而对我失了礼数。我点头同意。他会分配一栋茅屋给我和马修，等我休息够了，晚点我们再碰头。只有一个小问题。我们在城里见面时，我只付了半只羊的钱。只杀半只羊，那是不可能的。

我能否再付半只羊的钱？这样，住他的茅屋就不必付钱。我付钱，马修摇头，喃喃道："坏人。"

酋长配给我们的茅屋是我见过最烂的。一边的屋梁被白蚁蛀个精光，整个垮下来，腐烂的茅草屋顶塌覆在墙上，另半边屋顶全没了。我希望今晚不会下雨。小向导和我们告别，答应晚点会回来做通译。"在你走之前，"我问："可否告诉我此地有多少尼加人？"他驻足，开始仔细计算，不时仰天凝视。他笑着说："二十六人！"此话让我大吃一惊，他将宠物鸟放进帽子，戴上，出发前往他母亲的族人处。

我早该问这个问题，但你从多瓦悠人提及尼加人的口吻，你还以为尼加族人数大约和多瓦悠人一样。他们从未想过要提及此族人口稀少。

稍晚，我问尼加酋长此事，他似乎不清楚族人发生何事，好像只是下落不明似的。过去，族人的确较多，后来发生疫病。有的与族人意见不合，搬到他处。有的与其他族通婚。富来尼人搬到尼加人地盘，因为此处山头终年不缺水，旱季时牛只亦有牧草可吃。我看到的许多空置院落都是富来尼人的，这个季节，他们赶着牛只去他处放牧。看来，不出几年，尼加人就要灭绝了。

这对我是一大打击。的确，人类学家研究的某些南美洲部族，人数不比尼加人多。疾病、巧取豪夺、战争，使他们人数锐减。研究人数如此稀少的部族，必须人类学与考古学并进。再考虑到“失落的乳房切除术”的重要性，我的研究时机堪称迫在眉睫。因为一个族群如果失去认同，最令人类学家扼腕的是世界失去了某一特殊“世界观”(vision of the world)[1]。世界观是一个民族数千年互动与思考的产物。因此，一个民族的消失也代表人类可能性的萎缩。对人类学家而言，一个民族的人数多寡无关乎它的重要性。

晚餐时，酋长如约端上整只山羊。但是山羊分好多种。羊羔肉嫩而多汁；母羊肉也不错，只是纤维较多；老公羊则是另一回事。公山羊臭不可闻，踏着它走过的山径，你简直无法分辨那是几天前还是十分钟前留下的气味。公山羊肉就像在数日未洗的狐臭腋下浸镇过，没有几种辛辣香料能掩盖它的刺鼻味，简直臭不可当。

酋长说为了礼敬我们，特地宰了最大的一只山羊（因此，它也该是最老的）。我们要知道这是莫大殊荣呢。光凭气味，无疑，这是一只公山羊。我的西方味觉实在觉得它难以消受，但我决心要吃。生平第一次，马修觉得难以下咽，他的庞然胃口一碰到尼加人膳食顿时消失无踪。

酋长却显然咀嚼甚乐，大口吞下黑色恶臭的羊肉。同桌还有一个据称是酋长兄弟的人。在非洲，此一称谓或许只代表两

1　一个民族对于所处的世界、驾驭此一世界的力量与本体，以及人类所处地位的看法。详见Rower Kesing，前揭书，第859页。

人来自同一村落。他与酋长如有任何血缘，可能因为他是个驼子。小向导现身，为示尊敬，蹲坐到低处。他们给了他较小的一碟食物——油渍渍的内脏。他吃得颇乐。

为弥补食物不佳，酋长奉上一大葫芦瓢的优质鲜奶。这真是奢侈享受。鲜奶香浓又沁凉，我在非洲首度喝到这么棒的奶。我向酋长赞美牛奶的品质真好（至于山羊肉,不予置评比较好）。他说，的确，运气好，村子附近有许多富来尼人，他们是伟大的牧人。他们的牛产下的奶比多瓦悠人的迷你牛要好喝很多，而且富来尼女人在牛奶里撒尿，防止牛奶凝块。此言一出，我便喝得少多了。

不善交际的酋长很快就累了，疲倦强力传染，我们忍不住跟着大打呵欠。我们安排明日一起去参观某些仪式地点，他会向我解释尼加文化的基本知识。

我们在尼加村落的第一夜似乎印验了马修的一切悲惨预言。此地极不安静。牛只不断出入院落，喜怒无常，一会儿走到这儿，一会儿跑到那儿。接着，湿热大雨倾盆而下。马修与我蜷缩在茅屋一角，牛儿奋力撞墙，大洼水漫进屋内，向我们淹了过来。最后，草席做的门被撞开，一群疯狂的羊混乱冲进来躲雨。从飘散的气味判断，它们多数是公羊。这个村子显然专擅豢养公山羊。或许这个茅屋原本是它们经常出入之处，而我们是闯入者。我们呐喊、挥舞拳头，对它们丝毫不起作用。它们扬起邪恶羊角、愤怒顿足。我们怒目而视，它们恶毒回望。

最后绝望中，我灵光乍现，拿出闪光枪[1]闪了几次，它们才连忙狂奔出去。殿后的一只老山羊还留下告别纪念品——一坨恶臭大便。

到了这个局面，我们不再假装自己是好客人。马修拆下被白蚁蛀食、所剩无几的屋梁，我再加上一把茅草，点上火，现在我们有个像样的火堆，背靠着墙，断续打盹。

马修以阅读法语圣经自娱。不幸，他从未养成默读的习惯，而是以悲惨语调一段段高声朗诵，丝毫无助驱散这地方的阴郁。

第二天，我很高兴看到酋长的惨状仅比我们好一点。我们旋风般造访各个仪式地点，看了许多更适合观光客而不是严肃人类学研究的祭典用品。但是头颅、瓦瓮、舞蹈并非我此行目的，我只是随意看看。寻找“失落的乳房切除术”，首要之务是避免引导问题。我要的是自发而现的资料。所以，我和马修两人坐着、看着、等着。第一批祖先头颅（全用斧头砍下）登场时，幸运之神对我微笑。和此区许多异教族群一样，尼加人接近神圣之物，必须脱光衣物。当酋长瘸着腿走近祖先头颅，他脱下丑陋的长袍。瞧——现在全世界都可看到——原本该是男性乳头的地方只剩两小块平坦的褪色斑点。我必须承认我真是乐透了，只是马修完全无法分享。对他而言，酋长的乳头完全无关紧要。他有其他关心事项。此刻，他万分担心脚趾会被切除。

1　镁光灯泡用的发光器。

尼加人困居寒冷、潮湿的山寨，饱受风湿与关节炎之苦，四肢末端受害尤烈。老人家——年过四十者——的脚趾与手指特别容易出问题。针对患病部位的“激烈处理手法”是以斧头或锄头砍掉它。马修昨晚读经时看到“倘若你一只手叫你跌倒，就把它砍下来”[1]。他无法理解尼加人这样无知的异教徒为何会采用源自圣经的做法，他们根本就是根深蒂固不信神的未开化者。这个疑问成为马修的执迷，严厉挑战他用以区分古老／不好／异教徒与新／好／基督徒的清楚界线。当酋长对着祖先头颅喃喃低语、泼洒啤酒，马修向我详细说明自己的困惑。此刻，我们简直是世界缩影的荒谬模型。异教徒忙着处理头颅，毫不在乎我对男性乳头的执迷，而马修的信仰则遭到四肢末端切除的挑战。面对此景，你无法不觉得荒谬。

酋长的驼背兄弟加入我们，对着头颅洒啤酒。当他转过身来，我大乐发现他也没有乳头。

返回茅屋途中，我试图迂回打探此一问题，从割礼谈到切除，希望发现尼加人的思维里是将这两件事联结在一起。您对仪式的描述完整吗？是的。有没什么遗漏的地方？没有。身体的牺牲呢？

拿多瓦悠人来说，他们会在皮肤切割几何图案。尼加人也

---

1 此句经文出自《马可福音》第九章第四十三节，原文为“If thy hand offend thee, cut it off”。offend一词，《圣经》公会本译为“犯罪”，和合本译为“叫你跌倒”。

这么做吗？不，他们只砍掉手指与脚趾（马修大为沮丧）。尼加人割礼时会锉平牙齿吗？有的人会。这时我们碰到一个袒胸女子，她是酋长的妹妹，她的乳头似乎也受过切除手术。恐怖真相浮现。我将谨慎抛到九霄云外，指着她的胸部问：她是生来就这样，还是（狡猾地问）切掉乳头，看起来更美丽？大家都笑了。当然是生来就这样。谁会割掉自己的乳头，那不痛死了？

显然不管尼加人还遭遇过什么灾难，他们都受畸形遗传之苦。酋长的侏儒身材与畸形足、他兄弟的驼背、所有人都没乳头，全是天生的身体畸形，而非我先前揣测的文化象征。荒谬之感迅速取代苦楚失望。细雨降下，我坐在岩石上放声大笑数分钟不止，马修与尼加人都不知所以地瞪着我。

又是一夜辗转难眠，告别尼加村时，我对此行经验有了较正面的评价（尽管我先前不认为可能）。就连马修对尼加人脚趾的关切，也显得较为合理。

第二天一早，我们离去前，一位陌生尼加人造访，要我们跟他走，有人想见我们。

他带我们穿过村子，来到一个更破烂的院落。阳光初探头，院落外蹲伏着一个老妇，乳房干扁下垂，脸上皱纹深刻，和浓密的少女式短发形成奇怪对比。她趴伏在地抱住我的膝盖，用多瓦悠语对我说话。她听说白人回来了，她要在死前再看一次白人。

她以颤抖低哑的声音述说自己的故事。她出生时是多瓦悠人，她不知那是多少年前的事。年轻时，她曾是一个白人士兵的情妇。她转身进入茅屋，在一个破烂的锡制箱子翻找东西。她的儿子显然听过无数次同样的故事，脸色深为不耐。找了好一会儿，老妇拿出一张泛黄的照片，相片里是个矮胖、身穿法国陆军中士制服的年轻人。相片背后的题字写着“亨利送给黑皮肤的爱拉薇姿”。事隔多年，再度听到我们如此叫她的名字，老妇显得很悲伤。亨利后来去哪儿了？他回了自己的村子，但是爱拉薇姿和他生了两个孩子。不幸的，两个都夭折了。然后，一个土著骑兵——尼加人——强占了她。她又转身进去茅屋，继续在箱子里翻找东西，拿出一张法文的善行奖状以及一片金属，大概是奖励亨利参与海外义务役。老妇骄傲展示，说那是亨利给她的礼物。军队颁奖给亨利赞扬他的勇敢，而他转送给她。她儿子会说法语（因而极可能会读法文），我怀疑他早就看穿亨利多年前的恶劣欺骗。从他恳求的眼神，我猜应该如此。我对那片便宜的铝片大加赞赏，然后交还给她。在我们离去前，她说白人一直对她很好，并告诉我，如果她年轻几岁，我可能也难逃她的魅力。

我们与小向导会合，宠物鸟再度在他的帽上跳跃，然后，我们返回对我而言较为正常的山区——多瓦悠世界。

我们边走边吃香蕉，欣然逃脱山区的寒冷阴郁。突然，我听到碎裂声。我前次造访多瓦悠时出车祸撞断而后在英国修补好的门牙突然断成两截，让我一脸发呆且迅速变为贫齿动物[1]。

有丛林生活经验者的特征之一是鲜少震慑于他人的诸种技巧。他们随时可以自己盖房子、设计村落，并以高度自负的精力与自信执行各种外科小手术。加上此地牙医的技术只称得上“基本”，动手自己治疗是较可行之途。和每次碰到麻烦时一样，马修与我前往教会。

我的假牙是塑胶材质，用树脂胶黏合应当比较有效。幸运的，我的教会朋友——约翰与珍妮——工具箱里有一管树脂黏胶。不幸，它要六小时才能变硬。但是标签上的警告语带来希望，写着树脂胶遇热会变硬。我们马上变出妙方。将假牙涂上树脂，用两个晒衣夹将它固定在我嘴里，然后拿吹风机对着它吹。整体而言，这比一般正常的牙医治疗法要难过一些，因为你很快就口干舌燥。连试了两次都不行，因为假牙表面太湿了。我们又想出妙方。决定把假牙放进炉子加热烤干。此举颇危险，因为约翰与珍妮只有古老的烧木火炉，温度很难控制。我眼前浮现假牙融化的恐怖景象。约翰夫妇的厨子威武地添加炉火，绽放笑容，展示一口漂亮牙齿。幸运之神站在我们这边。约翰巧手一挥，拿出热烫的假牙，迅速涂上树脂，用晒衣夹固定在我嘴里，再加上吹风机一阵热风，便完成了整套手续。接下来的

1　原文此处用的是edentate，贫齿动物之意。贫齿是哺乳动物的一目，口中无齿或只成简单棱柱，而无珐琅质的非特化的牙齿。详见《牛顿生物辞典》，台北：牛顿出版，1996年版，第158页。

几分钟很不舒服，因为我们忘了热气会渗透牙根。但假牙的确固定住了，一直维持到此行结束。唯一问题是它很快就变成绿色，仿佛在和我的猿猴朋友竞争。

第九章

光与影

Light and Shade

当天晚餐十分热闹。布朗牧师积极拥护自来水运动并召集会议。他的最新发明是太阳能。他认为大老远把柴油、汽油搞进非洲心脏，只为了燃烧它们实是可耻的能源浪费。他对着最爱的邮购目录研究半天，再经过一段合理的时间拖延，现在，一个巨大的太阳电能板竖立在他的屋顶。白天里，只要将太阳电能板对准刺眼的太阳，到了晚上，它就能让一个灯泡亮上数个小时。因此，布朗牧师立即切断家中所有能源，搞得家人晚上得撑火把在屋内行走，而那个“伟大灯泡”在客厅发光。此刻我们坐在客厅吃饭，简直像一群被车前灯刺得不断眨眼的豪猪。为了弥补“伟大灯泡”的不足，布朗牧师在屋顶上凿了几个大洞。不幸，屋顶挤满蝙蝠，面露奇怪的冷笑之色。蝙蝠被灯泡吸引，猛扑而下、盘旋屋内，在墙上投射出长长的黑影。灯光让它们盲目，不断撞上障碍物或险险纠缠在客人头发上。

布朗牧师家的一只猫认为机不可失，忽而跃起、忽而潜扑，撂倒蝙蝠，退到角落吞食，发出可怕的咀嚼的唏噜声。偶尔，布朗牧师被这些满室飞翔的害鸟搞到无名火起，拿起放在桌边的气枪扫射，一边以富来尼语尖声咒骂。当蝙蝠碎尸与石膏板碎片飞洒落入食物里，客人、猫儿以及布朗家人连忙急趴在地。

本地天主教会的人与医师也参与会议，还有一个和平工作队的年轻人。共同的善意弥漫席间，每个人都客气赞美"伟大灯泡"，努力忽视蝙蝠骚扰。

诚如我先前所言，托副县长之福，波利镇现在要有净水供应了。这的确是迫切需要。此区多数死亡案例是水媒传染疾病。医师投注时间以药物治疗住血吸虫与其他寄生虫疾病，但只要病患靠近河边（河水同时用来洗涤、饮用、倒屎倒尿），便再度感染，根本徒劳无功。之前，大家也讨论过解决之道。有人建议凿几口井。但是凿井非常贵，而且井水很容易被污染。结论是自终年河水不干、多瓦悠人居住的山上取水，乃是唯一可行之道。这就是他们安排我吃这顿饭的原因。

这类社区计划总是看似合情合理。拒绝合作显得自私无情，它们却往往充满实务与道德上的困难。而且，动机未明。

医师显然希望借此一举扫除大部分的病例。地方性致命疾病泰半源自水源不洁，或者不洁的水让病患身体虚弱，稍有感染便一命呜呼。他对村人刚接受完治疗，回到家中迅速又被感染的现实已经感到绝望至极。净水是打破循环的唯一方法。

和平工作队员显然需要一个大预算的计划，证明自己的重要性、赢得长官欢心。铺设水管涉及大笔金钱、提供许多雇佣机会，也让他权力在手。

教会人士当然把改善居民物质生活摆在第一位，但是，他们无疑也察觉控制了水，便摧毁了祈雨酋长的力量，因此，削弱了异教信仰。

身为人类学家，我是席间最不自在的一个。虽然人类学研究人，但它与研究对象保持某种距离，并且不将研究对象视为单独的个人，而是某种集体文化的代表。研究一个族群的行为与指导该族群的行为，理论上是两件完全不同的事，虽然人类学家也不可能完全不改变他所研究的族群。我当然希望地方性疾病绝迹，但也怀疑此举是牺牲多瓦悠人的利益。从山头取水供应城镇居民，一定会被多瓦悠人视为是“窃水”供应富来尼侵略者。通常，多瓦悠人也不能随便取用那些山头的水，除非经过祈雨酋长的允许，因为那是属于他的水。山头水对灌溉与畜养多瓦悠人心爱的迷你牛至为重要。我对当地情况颇了解，知道多瓦悠人一定会被征召参与引水工程，而且他们一定不愿意，除非是依他们的条件。然而副县长是个意志坚定的人，不容许任何人反对此一嘉惠大众的伟大计划。如果多瓦悠人不肯心甘情愿工作，就会被强迫投入。我已经预见不幸与麻烦降临这个我渐渐以家父长心态视为“我的族群”的人民。是的，他们一定会答应多瓦悠人有权使用自来水，但是到头来，这些承诺能受到多少重视，谁知道？

我不知道这个计划后来如何。成形了吗？还是搞到一半，经费便无声消失？族群间的怨恨或惰性麻痹会让这计划胎死腹中吗？我返回英国前最后一次听到此计划，是副县长向我解释它的最新成果，他们要把整条河的水引到城里，但管线将不经过多瓦悠人居住地，因为成本太高了。一开始，大家一定会很不高兴，工程路线也需要调整，但毕竟这是较有效的引水法，何况，多瓦悠人随时可以搬到城里。

话说晚餐现场，所有人（除了我与蝙蝠）都觉得宾主尽欢，因看到互惠主义变成行动而沉浸在乐观情绪里。跋涉回村子的路上，我则大感沮丧。身为人类学家，我不希望看到祈雨酋长地位受损。他虽是个老强盗，但是我喜欢他。更何况，他有趣极了。

宁静的村里起了奇特骚动。我人还在丛林里，便听到男人讲话声。空气中弥漫奇怪的嗡嗡声响。天上有惊异神秘的光彩，好像“伟大灯泡”被某个神奇力量移到了村里。

人的第一反应永远是自私的，它可能是某栋茅屋失火，我心里笃定那是我的茅屋。毫无疑问，我记载民俗医疗技术的笔记、相机、配备、旅行文件、纪录，此刻都化为一阵飞灰轻烟。我举足狂奔，冲抵仙人掌围起的村落藩篱，披头散发、热不可当。

我从尖刺植物的缝隙朝内望，看到奇怪景象——电影光临本村。中央广场聚集一大群人。几乎能走能动的多瓦悠人全到齐了，包括跛足、残废的，全集中在供奉牲礼牛只头颅的圣坛前。

供奉死者头颅的圣坛前则竖立了一个折叠式银幕，在放映机的投射下发出珍珠虹彩光。圣坛另一边停了一排闪亮的陆虎吉普车，车门上刻印“联合国 × × 处”字样。

虽然缺乏“伟大灯泡”的生态永续魅力，电影放映配备还是很震慑人。电力由其中一辆车子供应，轰轰作响，顺利运转。小男生天性好奇，挤成一团围观，伸出手指试探运转中的零件，对电影毫不在意。本着实验冒险精神，他们试着把弓箭伸进去看看效果如何。一个戴遮阳帽的高大男子不时愤怒赶开他们。

一群多瓦悠老妇身穿厚重树叶编成的寡妇装，坐在银幕正下方的泥巴地。她们互相传递装了花生的葫芦瓢，勇武地连壳咀嚼花生，优雅地喷吐残渣于地。看电影时心不在焉，好像在看她们儿子的羊只似的。她们真正的注意力焦点是村里某个年轻女子的绯闻丑行，津津有味地大加挞伐。

年轻女人群谈笑声更吵闹。她们一边瞪着银幕，一边忙碌整理树皮条，编织成半圆形的篮子。稍后，她们会在篮子里抹牛粪，成为装食物的器皿。

马修与祖帝保对我视若无睹，他们与一个毛发旺盛的白人（显然是此次电影欣赏的筹办人）争论他该付多少钱，才能在祖帝保的村子播放影片。我悄悄潜进后面，坐在一个舒服的树根下。没有猴子威胁。

根据村人后来的叙述，我错过了第一段影片——卡通“汤姆与杰瑞”。现正播放第二段，一个有关蚊子与疟疾的恐怖死亡影片，鼓励村人杀死蚊子，以免罹患疟疾。

对人类学家而言，这实在是进行“影像人类学”（visual anthropology）[1]小型研究的天赐良机，这样的放映配备出现在这里，研究者简直做梦也想不到。上次来此做研究时，我已经发现多瓦悠老人无法辨识照片上是人脸还是动物的脸。他们从未学过如何辨识照片。他们第一次看电影，如何解析，将是个有趣的观察。当然，年轻人去过城市，尝试过不少现代娱乐，包括电影，但我颇肯定村里的老女人从未见过任何类似电影的东西。我往树背舒服一靠，开始构思问题。运气好的话，或许能变成一篇不错的小文章。

旅行文学充斥有关老实土著首次看电影的描述。他们会绕到银幕后面，看看刚刚在银幕上为了取悦观众而中弹死亡的牛仔，尸体是否躺在布幕后面。不同民族有时反应不一。有的土著族群能接受银幕影像是“非实体”、“非真实”的，却无法相信中弹的牛仔只是演员，并非真正中弹，只是在演戏。有的人类学家将照相机秀给土著看，却发现他们将相机对着自己的脚拍摄。相较之下，多瓦悠人对电影这码子事无动于衷。

一只形体被放到极大、夹带肮脏疾病的蚊子，恶心地横行

1　影像人类学又称“视觉人类学”，透过一个文化的艺术品、实用物品，研究该文化的视觉要素。

银幕，伸出锉刀似管状长吻、垂涎欲滴刺入人类皮肤。紧跟着便是痛苦扭曲的人脸特写、汗如雨下，暗示观众两者间的关联。某辆陆虎吉普车顶的喇叭大声播放军乐，搭配银幕上的非洲地图。地图上散布着一些黑点，仿佛打翻了酒的桌布。模糊的法语说明完全被头戴遮阳帽男子的富来尼语临场配音盖过。村中老妇无动于衷地继续大嚼花生，偶尔手掌一挥，拍死被灯光吸引、忙碌大啖观众鲜血的大批蚊子。

毛发茂盛的筹办者终于注意到我，走了过来。我们像两只狗互相小心打量对方。结果，他是德国人，颇生气观众对蚊子电影兴趣乏乏，他解释有些地方的观众看到银幕出现巨大蚊子，吓得四下逃逸，言下颇得意。据此，他发展出一套“尺寸哲学”。物，唯有“大”，人们才见其“真”。光是“放大”这个动作，便改变了整个世界，放大镜不就改变了人们对物的认知？摄影机更厉害。无来由的，我想起一部卡通——一只巨大的兔子推倒纽约的摩天大楼，下面的字幕写着：“如果是只大猩猩，人们便会惊慌。”对此想法，我明智地三缄其口。德国人继续说，通常他只播放一部“严肃电影”，唯恐村人搞混了他要传达的讯息。由于多瓦悠人对蚊子电影反应不佳，他在想要不要追加一部热门的避孕宣导影片。他拿到这部片子已有一段时间，但担心观众有穆斯林，不敢随意播放。但多瓦悠人都是异教徒，应当没问题吧？

西方人总笃定认为道德与伦理问题乃“大信仰”之独有产

物，罪恶感与恐惧天谴是躁进的传教士带进来的有毒思想。

虽然多瓦悠人年纪轻轻就有通奸癖好，偷情就像电视在我们文化里的角色，是工作后的娱乐。但他们同时也假正经，就连夫妻行房都不能看到对方的裸体。深信一旦触犯此一禁忌，会遭到极大灾难。男的会痴呆，女的会瞎眼。男孩绝不能得知有关母亲、姊妹的性事。同样的，多瓦悠女人只要耳闻有关男性亲友之性事，便羞恐无状。纯男性的仪式之所以充满猥亵，便是排除女性参与重要活动的借口。唯有同性密友间才能口出猥亵之语，否则便有破坏两人关系的危险。

环顾中央广场，祖帝保的第三号老婆玛丽约与兄弟坐在一边，他们从山上来访，其中一人膝上还抱着年幼女儿。广场另一头是个年高德劭的老妈妈，子孙环绕身边。这实在太诱惑人了。想想看，对着这群人播放内容赤裸的性影片，结果会如何。这也是终极试验，可以得知谁懂银幕上在干什么。我可以想象每个人都羞红脸、愤怒叫骂、弹身而起、奔往不同方向，不敢正眼看对方，眼睛看地，因极度尴尬而夹紧自己的私处。

人都免不了恶作剧的欲望，朝窗户丢石头、对着一屋子老姑婆放老鼠、偷偷在她们的茶里放琴酒。播放避孕影片，这念头实在太诱惑人了。但是我知道村人的反应不会只是大吃一惊，而后失笑，他们会极感羞愧，久久挥之不去。除非是男女分场播放。

探询后，我得知影片是瑞典拍的，演员全是白人，而且面目模糊。很难判断多瓦悠人会认为他们是什么。无论哪种状况，他们都不太可能吸收避孕知识，反而深陷表演细节等泥淖。多瓦悠人当然对避孕不感兴趣。这点，他们和多数西非人相同。你甚至可以说避孕药是少数透过邮寄而不会不翼而飞的东西。多瓦悠人感兴趣的是多子多孙，不育是离婚的常见理由。诚如祖帝保机智之言："男人辛勤耕田，岂是为了寸草不生？"这可不是愚蠢自溺、对生态永续漠不关心。事实是多瓦悠人受地区性性病肆虐、营养不均衡、割礼损伤、婴儿夭折率过高等因素影响，自然生育率非常之低，绝无人口爆炸之危机。德国人甚感失望，卷铺盖走人。

因为播电影的意外收获，我得以在第二天进行我的"影像人类学"小型探索。首先，我找到那群昨晚看电影时多嘴长舌的老妇，她们的名字我都知道。她们究竟看到了什么，可想而知，自是一团混乱。在西非洲，甚少出现所谓的"表演者与观众"这种关系——后者应安静观赏前者的演出。这条界线非常不分明。相反的，观众参与表演者的活动，此举如果在西方，铁定会被驱逐出场。针对电影奇观，老妇们只记得自己七嘴八舌的妙趣言语。她们有些人堪称耄耋，饱受白内障之苦，只看到银幕上的模糊动作。我要她们说说一起观影的同伴有谁时，她们提出的名单各自殊异，我才发现她们眼睛不行。

至于年轻人部分，我的运气便好多了。他们对影片的解释颇多值得探究之处。譬如他们认为汤姆是只豹子，虽然汤姆身上无斑点花纹，也没有多瓦悠兰猫儿常见的条纹。此地的猫几乎全是虎斑猫。

他们对剧情的解释却颇一致。我虽然没跟他们一起看“汤姆与杰瑞”，但是在我浪掷岁月的年少时期也看过，所以大约记得剧情。马修与我忙着记笔记。特别引人兴味的是他们以典型多瓦悠民间故事的形态叙述剧情，套用结尾公式“所以……故事结束”。

就在我忙了数天之后，赫然发现所有男人在看完电影、浑然不解之后，举行了一场聚会，由一个熟悉电影文本解析、饱经都市世故的年轻人向他们讲述电影内容——依民间故事叙事传统。

至于蚊子电影所要传达的教训，我想多半是落空了。多瓦悠人说他们当然相信银幕上那么巨大、贪婪吸血的蚊子可能很危险，甚至会致人于死地。幸好，多瓦悠兰的蚊子相形之下，甚小。银幕上的蚊子比人还大呢，多瓦悠兰蚊子很小。白人怎么没有看出两者的差别呢?

第十章

追逐的刺激

Thrills of the Chase

多瓦悠村落的旱季尾声，一大特色是处处可见的狂热的创造性活动。多瓦悠人活在界线严明的世界。湿季时，要等祈雨酋长将药草涂在祈雨瓮、召唤暴雨云聚集后，才能进行某一系列活动；旱季时，必须等祈雨瓮擦干或火烤清净后，另一套人类技术活动才准许展开。在湿季进行旱季活动，或者在旱季进行湿季活动，会扰乱宇宙秩序，给所有人带来灾厄。从事禁忌活动的手会脓肿爆裂，女人会流产，瓦瓮会碎裂。同理，男女从事的活动亦有严格界线。男人绝不可以汲水，那是女人的工作。女人绝不能织布，那是男人的工作。多瓦悠人就这样快乐生活在各式禁忌织成的网络里。万物皆需适时适地，方给人一种安心感。但民族志学者却因此听够了也畏惧如下回答："现在不是讲这个的正确时机，时间不对。"不管如何巧言拐骗、表演各种失望脸色，一旦多瓦悠人认定这不是讲某件事的正确时机，你都无法瓦解他们的心防。

到了旱季尾声，总是有一大堆该做的事未做或没做完。草必须割下，作为修补屋顶之用。制陶者必须烧制所有悬挂在院落的陶器。猎人必须将弓箭挂在供奉野生动物的祭坛，并献祭鸡蛋。这些事必须在祈雨酋长宣布雨季开始前完成，雨季一开始，这些活动全被禁止。也就是在旱季尾声，多瓦悠人素日的舒缓步调改变。观光客如果此刻途经多瓦悠兰，一定会说自己看到一个积极奋发、恪守清教徒伦理的山地小部族，令熟知多瓦悠文化者大感困惑。

多瓦悠人对工作的限制不仅于此。表面上看来，他们全过着牧牛、耕田的一致生活，其实隐含令船坞工人艳羡不已的分工系统。譬如只有铁匠才能炼铁，也只有他们的老婆才能制陶。猎人不能养牛。祈雨酋长与铁匠永远不能见面。每项活动都有它的责任与潜在危险。忽略采取预防措施、漠视禁忌，都将给社群带来恶果。

人类学家因而至此，希望在上述现象中研究“物质文化”。

总算有一次，研究材料不虞匮乏。这个阶段，工艺活动如火如荼展开，我的烦恼是不知从何着手。

最能标示外来田野工作者的反常地位者，莫过于他可以快乐漠视几乎一切多瓦悠人必须恪遵的禁忌。如果他做女人才能做的工作，大家只会当他是笑话，成为人们围聚营火时反复嗤笑的题材。当然，如果他企图完成任何工艺品，无可避免，只会凸显自己的无能笨拙。烧陶时，他会烫伤自己。织布织得兴高采烈时，他铁定会被线儿绊倒，把织布机弄翻，毁了他花好几个小时才织出来、手绢般大小的布。对极力忍耐他的部族而言，这是人类学家仅能提供的贡献。他就是穿短裤的小丑，提供轻松乐子。我在隔邻院落一位老妇鹰目灼灼下编织完成的一只篮子成为多瓦悠人的最爱。故事发生于某天，这位老妇坐在阴凉遮篷下，巧手编织树皮与芦苇。这幕乡间居家景象深深吸引我。老妇简约优雅的动作似乎深具抚慰、治疗效果。我非试试看不可。

光是男人编织篮子的景象便足以让全村陷入歇斯底里的狂笑。我的指导老师笑到掉眼泪，被吵闹声吸引前来的祖帝保见状放声大笑，并模仿我疯狂专注的表情。我知道稍后他向其他族人转述此一故事，会再度表演此一神情。孩童一脸惊奇望着我，仿佛发生了无以名之的事情。我以颤抖的手指编织而成的篮子给多瓦悠人带来无上乐趣。一般来说，多瓦悠篮子是圆形，底部甚浅。我的篮子则完全找不到几何名词可以形容。它状似椭圆，一边微微呈方形，另一边则是不折不扣的圆形。中间还凸起一块疙瘩，怎么拉，怎么扯，都无法让它消失。不知什么神秘原因，篮子的尾部十分松散，随时要散开似的。我问："这一撮要编到哪里？"众人尖声大笑。祖帝保用力拍打膝盖，抱住肚皮。他重复我的话。显然，这句话也将编入他的故事里。我的助理一脸痛苦，悄悄溜走。再度，我让他失望了。

唯一的刻薄批评来自我的邻居爱丽丝。爱丽丝是个泼妇。多瓦悠语里并无“泼妇”一词，他们直接了当以“苦涩的阴道”形容她。我始终不知道她的生命为何变得苦楚，什么样的背叛与失望会导致这般令人不悦的人格。不管原因为何，爱丽丝在任何场合、任何时刻都讨人嫌，简直叫人讶异她为何能躲过“女巫”的指控（在非洲，女人如果太惹人烦或太具威胁性，被指为女巫是常见下场）。她的儿子们惶恐地活在老妈的毒舌威胁下，不体面地早早结婚（即便以多瓦悠标准，都嫌过早），搬去与妻子的亲戚居住。根据他们的说法，他们年纪太轻，付不起全额聘金，只好替岳家做工抵债。她的几任老公比儿子还要胆怯，好多年前，爱丽丝最后一任老公被她唠叨至死，她随即被赶出夫家村落，在老年时回到旧居折磨外甥祖帝保。虽然她的四肢已经萎缩，农事需要大家的帮忙，但是舌头依然勇健活跃。

爱丽丝对我织篮技术的评语既不客气，也不具任何建设性意图。她一现身，笑声便似太阳下的晨露消失无踪。每当她惠赐我有关事物的见解——她对任何事都有强烈且多彩的批评——结论总是万流归宗至独身的坏处与婚姻的好处，论点与她的处境恰成反比。眼前的状况真是是可忍孰不可忍，一个大男人居然编篮子！在她令人气馁的毒舌攻击下，我偷偷溜走，藏起我生疏的手工艺品。在我停留多瓦悠兰期间，人们常来求借篮子一观，一看到它的模样，便止不住大笑。

其实，我必须感谢爱丽丝。我搬进村落不久，便发现祖帝保之所以让我这个陌生人住进他的院落，纯粹是要我做他和爱丽丝的缓冲。她总是随时趴在我们两家之间的矮墙，喋喋不休。一个上午听下来，我所受的语言训练便远胜常人一星期所得。这对我而言是好事。祖帝保嗤笑说，我对逆境的积极运用庇荫了全族人。在爱丽丝无数次冗长的恶毒口诛里，从未说过任何人一句好话。

人类学里，“喜欢与否”常是用来评估你是否了解一个民族的标杆。背后的逻辑是这样的：如果一个人类学家不喜欢某个异民族的某些事情，这是民族中心主义。如果他对这个异民族的某些行为不表赞同，那是他受到错误标准的影响。人们经常忽略人类学家最不喜欢的文化往往就是他自己的文化（也就是他最了解的那个文化）。至于人类学家的“喜欢”，则不受非难苛评。他如果喜欢研究对象的某些文化面向，绝不会有人批评他民族中心主义或错用标准。这个奇怪事实让民族学论文产生诡异的偏倾，在其中，田野工作者被勾勒成满心欢喜沉浸于田野经验带来的无上乐趣的人。或许因为如此，真正的田野经验会让菜鸟大为震惊，进而质疑自己对此项学问的投入。

若不是多瓦悠人和我一样讨厌爱丽丝，我也颇难维持我一向毫不质疑的人类学“愉悦原则”。幸好，他们也讨厌爱丽丝。当爱丽丝滔滔不绝、恶言批评某个不幸引起她注意的人或事时，祖帝保常躲在院落另一面墙后低声发表反讽评论，马修则成为模仿爱丽丝讲话的专家，他的表演是宴会热门把戏。

一天，爱丽丝突然死了。通常，一个人无病无痛、骤然死亡，多瓦悠人会怀疑是巫术作祟。但是爱丽丝的死亡，无人热衷探究原委，反倒如释重负。她的丧礼是我见过最快乐的一次。亡灵本就令人头疼，族人可不希望爱丽丝魂归来兮，因此特别注意葬礼仪式细节是否妥当。接下来的日子便颇为平静了。

现在我的注意力移转到制陶者身上（以前我们曾合作过）。相较之下，我与制陶者的研究工作对村人而言不太具有娱乐效果，因为制陶者与她们的铁匠丈夫是多瓦悠社会的隔离阶层，村人认为性病与出血性疾病都导因于制陶与炼铁的活动。全程参与制陶过程至为重要，因为我必须搞清楚唯有她们才懂的制陶术语。

技术过程不仅用来产制物品，也提供我们对其他事物（尤其是我们自身）的思考模型。泵的发明便让我们重新思考人类心脏的运作，电脑的发明也取代原有的电话交换机模型，让我们对人脑运作模型有了全新的思考。对多瓦悠人而言，制陶过程提供了一种思考方向，将人类的成长与岁时更迭结合在一起。实际的仪式系统十分复杂，模型轮廓却很容易掌握。人出生时，头壳是软的。这个阶段的人，热的物品或动物都可能对其造成伤害，让人发烧。割礼时，男孩跪在溪里，伤口的血流进水里，这是男孩一生中最潮湿的状态。之后，旱季降临，男孩的身体也要烤干。最后男孩排成一列，在他们的头顶燃烧树枝，将他们的头烤干。至此，岁时推进与人类成长这两个不同过程同抵高潮。经过此项仪式，男孩的头变硬，龟头也变干了，成为真正的男人。人死后的诸种仪式也是让头变干，剥除血肉，成为清净的头颅。多瓦悠仪式系统明显引用制陶模型，只是从未行诸文字。因此对我而言，重要的是制陶者与铁匠如能用他们的术语将制陶与人类成长两个过程联结在一起，我便得到确切证据。

照例，人类学研究无法像你在幼稚园玩耍陶土，快乐坐在制陶人院落而不受干扰。

几个奇怪的人接踵而至。首先莅临的是个头发灰白、留胡须的西班牙人，他驱车从西班牙到好望角。他对自己要穿越的地域毫无了解，只知道撒哈拉沙漠都是沙子，其他地方则几无道路，全是泥巴。因此他想出简单妙方对付一切可能灾难，那就是驾驶牵引机穿越非洲。以十五英里的时速，他嘎嘎作响、雄壮穿越撒哈拉沙漠，抵达喀麦隆。为抵御炙热、风沙和雨，他为牵引机装配了一个铝制遮棚。生活必需品与配备则装在牵引机后面的拖车上。就这样，他毫无困难地穿越数千英里。令人吃惊的是，此一妙想居然成功。他发现牵引机是穿越丛林的理想交通工具。唯一的麻烦是经过边界时，会被莫名其妙归类为企图走私进口农耕用具，此一罪名颇危险。除此，他的非洲行颇愉快。此君显然认为我是典型的英国怪胎，和所有英国怪胎一样，因为我居住在丛林里。为了证实他对英国民族的指控有理，他告诉我有个英国佬长年定居巴塞罗那，居然不骑马，骑的是牛呢。西班牙佬驾着牵引机缓缓离去，我再也没见过他。

牵引机排放的蓝色废气与震耳噪音尚未散去，一个皮肤超白的年轻女士骑着脚踏车浮现眼前。她，显然也要穿越非洲，再访她的出生地(东非洲某地)。此女士最抢眼处是她的骑车服，全身紧裹，抵挡阳光。她说她是个白化症患者，极易晒伤，痛苦不堪。因此她不能像一般人一样穿短裤、背心，而是层层包裹，散发出爱德华七世时代的端庄肃穆气息。

“那你如何穿越撒哈拉沙漠？怎么应付？”

“没问题。我通常晚上骑车。今天是因为有点落后才白天赶路。晚上骑车棒极了，一个人影也没。宁静万分。”

“那你为何要骑单车横越非洲？”

她似乎觉得我是个疯子：“为了欣赏美丽的风景啊。”

然后她踩着踏板走了，留下一群不可置信的当地人。这实在太惊人了。理论上，你几乎可以从地球的任何一个角落旅行到另一个角落，只是我们往往为恐惧所困。

最后一个访客则在许多方面都颇引人好奇。我到城里时遇见一个穿着入时的中年美国人，此君眼神锐利，态度闪烁。我问：“你是美国人？”

“可以算是吧。”

“你到喀麦隆做啥？”

“嗯，你可以说是度假。”

“你干哪一行的？”

“噢……这个做一点，那个做一点。”

“你要待很久吗？”

“看情况。”

没多久，我便发现他是非洲艺品掮客。真相逐渐浮现，因为多瓦悠人不断跑来跟我说，“我的兄弟”某天开车经过村子，打探有什么可买的东西。一开始，我以为村人说的是约翰——我的美国牧师朋友。但是此君掠夺胃口之大、决心之强、手段之具说服力，很显然不可能是我的好友约翰。

他买的许多东西颇可疑，因为卖给他的人不具法律赠与权，严格来讲，他们只是这些东西的保管者。他擅用我的名字也颇让我不悦。唯一的安慰是多瓦悠人的东西在艺术市场上不值钱，他的大肆搜罗，金钱收获应当甚微。

过了几天，我回去找制陶人。前一阵子与她们工作的期间，我研究了制陶的每个准备步骤。最好的方法是自己也做几个陶器。对此要求，我的“指导老师”颇觉惊奇有趣，但学习技术名词，这是有效方法。多瓦悠制陶人性喜开玩笑，答应下一次烧窑时，会将我的古怪作品与她们的正常作品一起烧。这是最后一次烧陶，雨季就快要来了，届时便不准烧陶了。我迫不及待要看其中一个有花朵图案的作品烧出来是什么模样。她们承诺，烧陶的时候会通知我，但此类允诺不能当真，因为不守信诺的几率还高些。

我弯腰爬过低矮的大门，进入烧陶人的院落，发现陶器早就烧好了。新的陶罐整齐的堆在院落一角，红色陶罐是一般人用的，黑色是给寡妇用的。水瓮装了水，正在测试会不会漏水，几个烧破的新瓮放在一起，当作便器。我认出其中一个破损的瓦瓮是我的作品。

首领烧陶人现身。烧陶结束了？哦，是的，好几天了。怎么没有通知我？她们找过我，但是我不在家。我的陶瓮没一个成功吗？每个都成功了，除了那个破掉的。我可以看吗？她面露迷惑之色。我的兄弟那天开车来把它们载走了。全部拿走了。他尤其喜欢那个有花朵图案的。

艺品掮客闲暇时间真是作恶多端，搞得民族志学者在发表论文时都得变更地名，以免艺品掮客把它们当作走私买卖、偷窃文物的导览。多瓦悠瓦瓮少见花朵图案——堪称没有。通常他们的瓦瓮装饰只是简单的几何图案,因此我的瓦瓮是“奇货”。在此，我不得不警告可能的购买者……

在我身为“多瓦悠特殊艺品创作者”的短暂生涯里，我只碰到爱丽丝这个艺评者，现在她已经永远缄口不语了（这也是大家共同的愿望）。有关她葬礼的一切仪式执行都是在确保她彻底归天且永不回头。

但是生命不可能如此简单。在多瓦悠兰，死者并不是简单自世上消失。生者与死者始终维持一种延续且不安的关系。葬礼后数天，祖帝保跑来找我，帽子歪斜、脸色憔悴，显然是在他的硬土床上一夜不得好眠。他吐露饱受噩梦折磨，他说，可能有人会告诉你梦来自亡灵。他秉性诚实，对这类事一无所知。但如果“我”相信此说，他有义务告诉我爱丽丝开始出现在他的梦境。梦里，她滔滔不绝指导祖帝保该如何管理家务事，又抱怨她的头颅乏人献祭。不过，爱丽丝的主要指示是针对我：“别浪荡啦！像其他人一样，瓦瓮用买的，然后赶快娶个你远远匹配不上的老婆。”

当天稍晚，我们蹒跚跋涉至一处偏僻的茅屋背后，女子头颅被胡乱堆置在此，望之令人沮丧。此处杂草丛生又覆盖一堆树叶，看起来像堆肥。我们朝爱丽丝的头颅洒啤酒，祈求她让我们平静。祖帝保抱怨：“活着时叫她闭嘴也没用。”

此刻正宜把话题移转到转世的概念。祖帝保非常担心，因为他一个女儿恰巧在爱丽丝死时怀孕。通常，这样的生死巧合并置会被认为是死者跳过投胎队伍。尽管族人举行了繁复的仪式，企图将她打入祖先行列，她还是死后马上投胎转世。多瓦悠人相信这样的小孩会继承死者许多特质，祖帝保万分沮丧他的下半生还要忍受一个爱丽丝新版。我告诉他既然爱丽丝出现在他的梦境，显示她尚未转世。祖帝保马上笑逐颜开：“我倒没想到这一层。”

割礼仪式呢？有没什么新发展？祖帝保叹口气。我必须有耐心，目前一切尚好，仪式很可能会举行吧。这让我抽了一口冷气。从未有人说过“可能举行”这回事。所有讨论都是鼓舞人心的“肯定语气”。我顿时陷入愁云惨雾。

碰到这种状况。我需要士气鼓舞。正好，神秘万分，邮局寄来一份我根本没订阅的期刊。封底是一个希腊小牌民俗学者的讣文。此人因为希腊的政治高度动荡而被抬举至崇高地位。他死在一个希腊当局专门用来囚禁异议人士的监狱小岛上。这位研究者曾发表有关当代雅典同性恋俚语的论文，引起有关当局的注意，严加警告。他坚持学术自由的理念，继续研究，又发表了更引人物议的“男妓的同性恋暗语”，因严重毁损希腊男性气概而被判入监。但他并未却步。死后，又出版了希腊监狱男同性恋俚语研究论文。

这是一个典型例子——把自己的每次不幸都变成研究题材。相较于他，我的麻烦良性得多。人类学田野采集领域或许有些被过度歌颂的英雄，但也有不少英勇失败被大学课堂轻易忽略。

譬如专研南尼日利亚民族志学的塔伯特（P. Amaury Talbot），以一丝不苟为人称道。光读他枯燥乏味的论文，你绝对不会发现他真正的天赋是“意外频生、自残肢体”。当他与妻子还有意志顽强的奥丽芙·麦克洛伊到尼日利亚与喀麦隆旅行时，后两人日益身强体健，令人吃惊的，塔伯特却逐渐衰颓。他先是摔下马撞到头，尚未复原又一头撞上梁柱。书上写道：“不幸的，这次正好撞到他上次在喀麦隆摔马时撞到的部位。结局是他陷入昏迷呓语，在床上躺了好几天。”才刚复原，他又吃了有毒的枣子，差点死掉。方能骑上马背，他又一头撞上牛。差点被蛇咬，不过队上几乎每个人都被蛇咬过。我的境遇与他相比堪称不错。翻阅博物馆文献，前辈殷鉴所在多有。譬如不屈不挠的女继承人蒂内（Alexandrine Tinné）在十九世纪中叶组了一支探险队到上尼罗河区域，此行，她的母亲、姑姑还有仆人相继死亡。她意志不摇，决心从的黎波里（Tripoli）穿越撒哈拉到波尔奴（Bornu），这一次她记取上次死亡连连的教训，聘雇了托瓦勒（Touareg）[1]人为保镖。他们枪杀了她。

这些有关人类学公私领域的回忆大大鼓舞我的士气，让我再度有勇气面对世界。马修与我走到村落入口，此处，看似道路的东西消失殆尽，变成山径。道路与山径的交接口是重要的仪式十字路口。不仅西方文化里，十字路口与各式信仰联结。逻辑论理上，它们也非常有趣，因为十字路口有位置却无延伸，就像几何学上的点，它同时属于几个不同路径。它也是多瓦悠人弃置仪式危险物品的地方，像是个方便的“文化三不管地带”，用来丢弃悼亡的服饰与人类污秽的残蜕之物，譬如毛发。十字路口的一边放了几根圆木，是男人耕作完后返家途中歇脚之地。

1　Touareg是游牧民族柏柏人（Berber）的一支，他们称自己为Imochagh（自由人），阿拉伯人称他们为Touareg，意思是“遭上天遗弃的人”。他们是传说中戴着蓝色面罩的廷巴克图（Timbuktu）沙漠战士，生活于撒哈拉沙漠的中央及莽原区，以放牧牛只为生。

他们会在此休息疲惫的身骨，抽烟聊天。当他们远眺山野，思绪自然趋向较广泛的话题，或者讨论村里事物。相较于村落男子聚会的“法庭气息”，十字路口的聚会比较不正式而且“不列入纪录”。

我们到时，现场已经有股兴奋气息。交谈的声响比平日更生气勃勃。他们决定举行今年最后一次狩猎！每个人都咯咯笑，参与闲谈、充满期待。一人说，一定会有羚羊。羚羊？另一人说，铁定会有豹子。第三人兴奋大叫：大象！豹子骑在大象背上。所有人都笑了。

或许多瓦悠兰一度有大象，但是这辈多瓦悠人没人见过大象。山区里应该有豹子，但最后一次有豹子被猎杀，已是三十多年前的事了。偶尔他们会在河边看到零星的羚羊，但数目极少。多瓦悠人熟练掌握各种有效灭绝动物的方法——陷阱、枪支，以致野生动物数目锐减，大型物种几乎全部灭绝。

村子里还有一个“真正猎者”，此人拥有狩猎魔力，还有一个专门供奉他所杀猎物的圣坛。他专擅狩猎这门艺术的各种仪式，可避免狩猎时的危险。其实，他很少将放在圣坛上的弓取下。因为他的行业，加上手染动物鲜血而炙热不堪，导致他无法养牛。村人相信他的手碰到牛，牛就会死掉。

他负责领导此次狩猎，并协调组织男性活动。最最重要的，所有男人均不得与女人行房，连续三天。大家都同意了。针对此事的重要性，猎者向众人发表了一篇演说。问题不出在行房，而是女人可能与他人通奸，通奸的气味会传给男人。多瓦悠男人从不期望女人忠贞，他们自己也把通奸当作上好的消遣。感染上通奸气味的男人狩猎时无法射箭，手会发抖，眼睛蒙雾一片，他的箭射不中标的。更糟糕的，丛林危险野兽会盯上他，他会被豹子与毒蝎跟踪，极有可能惨死。野兽在数里外即可闻到他的气味。因此，他会给众人带来危险。猎人长篇演说时，大家便眼珠鬼祟乱转，慢慢演变成每次男子聚会都势不可免的猥亵话语。行房禁令今晚开始执行。

此刻，村子的气氛就像一家人发誓要戒烟，为表决心，大家还掏出钱来，但是每个人都怀疑别人背地里偷偷地抽烟。短暂失踪便招致议论，失踪时间稍长便引来严刑逼供。此地状况更为复杂，因为男人不能向女人坦承他要大便[1]，而通常这是悄悄溜走的最佳借口。

村里的老人尤其猜忌狩猎队伍里较为年轻、雄赳赳的男性，担心自己停止性服务，让配偶原本便摇摇欲坠的忠贞度更添压力。有的男人甚至陪伴老婆到水坑处，汲取每到旱季尾声便成绿色恶臭的水，然后陪着老婆走回家。当然，他们并不帮忙扛水瓮。

猎人的弓箭不宜接近女人。“真正猎者”的弓最危险，会

1　根据本书第一部《小泥屋笔记》所述，多瓦悠女人不知道男性割礼的真相，以为他们是用牛皮缝合肛门。详见本书第152页。

让女人流产。因此他们避免走大路，而是蹑手蹑脚远绕村子而行。如果他们不小心遇见女人，马上得把弓放下，方向不能对着女人，放下弓后，才能与女人说话。非专业的普通猎者，他们的弓威力较小，但只有愚蠢莽汉才会带着弓进入孕妇所在的院落。虽说如此，女人对猎者也具威胁性，尤其是月经来潮时。月经的“恶臭气味”会污染弓，让它无法发挥作用。就多瓦悠人的思维，狩猎与月经这两种截然不同的活动都因会流血而产生联结。它们太过相似，因此需要严格隔离。

男人因此将武器从家中拿出，藏到丛林里，并在丛林里用特殊药草加强弓的威力。箭矢必须磨利，浸抹毒汁。这些资料够民族志学者忙的。

其后两天，铁匠的炉火通红，男人找他炼箭、制作更精良的倒钩，以防动物中箭后摆脱箭矢而逃。男人茅屋后的蔓生植物消失，全部拿来熬煮战士出猎用的浓稠毒汁。

行经此地的陌生人倍感紧张。孔里村的多瓦悠人为何整装武备？老人则大大沉湎于过往回忆，昔日真是不同呢。他们坚称以前的动物比现在凶猛得多。在众人逼问下，祖帝保坦承他根本没有弓，但以酋长之尊，这丝毫不影响他在狩猎之行担任重要角色。狩猎过程有许多事要做呢，包括将男人编队、制造噪音、宰杀猎来的动物。祖帝保举起刀，夸张表演割喉动作。他精擅屠宰动物。况且，狩猎之行少了他那只威名远播的狗“复仇”可不行。他已经将“复仇”拴了两天不给饭吃，让它更具猎杀锐性。

黎明天光愉悦降临。村子翻滚着一股兴奋激动。微光下，几个小男孩拿着宠溺的父亲为他们做的小弓箭聚在一起，练习凶悍的神情，对着刀子口出咒语，直到大人制止为止。他们逮到一只迟钝的蝎子，用燃烧的稻草围捕，搞得它肚爆肠裂，然后快乐尖叫。

男人则满溢欢欣情绪。多瓦悠男人只要筹划女人排除在外的团体活动，便常出现这种情绪。男人逐渐在村落外聚集，有的走路来，有的骑脚踏车，弓随便背在塑胶雨衣外，鼓鼓的箭袋则用内胎割下的橡皮绑在脚踏车横把上。啤酒自是不虞匮乏。

女人则大肆发脾气。有钱买得起搪瓷锅盆而非屈就瓦罐的女人，又是摔锅又是砸盆，搞得震天价响。其他女人只好踢狗骂小孩充数。

女人摆明的不高兴让男人大乐。这是男人性自制与优越的明证。一个女人跑来，给年轻丈夫送上他忘了带的烟袋。全场一阵静默。这女人为何如此好脾气？这男人的烟袋掉在何处？猜疑的眼睛指控望着他。“真正猎者”开始严词说道此次狩猎行动全被自私心以及某些男人变得像娘儿们给毁了。年轻人脸儿涨得通红，眼睛望着地面。一名长者介入。他语带哀伤温和批评年轻男人热血难抑，有些女人又纠缠不休，不放过男人。他建议这名年轻人退出此次狩猎，如此，万一发生什么意外，没有人可以怪到他头上。年轻人说他是无辜的！就算如此，聪明人还是会先盘算一下要不要继续去打猎。年轻人沉默呆坐许久，其他女人走来，表现出较为合宜的坏脾气，把啤酒瓮重重丢到地上。年轻人含泪离去。他要怎么办呢？当然是去狠揍老婆一顿！

祖帝保并无狩猎辉煌战绩可吹嘘，只好回忆父亲的丰功伟业。他的父亲可是多瓦悠兰地区第一个拥有枪支的人呢，可惜，他呆瓜一个，把枪给卖掉了。那把枪可完成过不少壮举，还曾用来对付落单的富来尼人。男人们若有所思，叹息不已，回想起以前与富来尼人作战的日子。

大家再喝一轮啤酒，温热冒泡，我掏出香烟请大家抽。一个老人说，希望白人身上的气味不会吓走猎物。气味，他们是什么意思？我每天都洗澡呢。他们没看到吗？是的，但是天天洗澡和不洗澡一样问题大。或许我身上的气味是香皂的味道。反正白人身上都有味道。那是什么味道？多瓦悠人有一套丰富的怪声怪调用来形容气味，约定俗成，而非正式语汇，有点像我们西方人嘴里说的“噢”、“砰”。大家热烈争论我的气味是“酥克、酥克、酥克”（马修帮忙解释：臭肉的意思）还是“维呵”（馊牛奶），竞相发表意见。而多数多瓦悠人依据欧洲标准，简直臭不可闻，这番讨论对我真是一大启示。我答应众人狩猎时一定待在下风处。

男人们又耽搁了好一会儿，终于出发。我与小男孩、狗以及其他非战斗人员尾随于后。队伍不时传来毫无节制的笑声与高声呼叫，某些男人显然已酩酊大醉。总之，跟在他们后面总比走在前头安全。

接下来针对狩猎这码事的性质，众人有一番冗长讨论。有人说我们应当前往水坑，躲在树后，等着动物前来饮水。多数人认为这样不够刺激，配不上众人昂扬的情绪，并嘲笑此类异议者是懦夫。后者气呼呼离队而去，照自己的方法狩猎。剩下约莫二十人继续前往森林。

我们前往两座山间的山坳，那儿水气积存，草儿长而茂。某个多瓦悠人前几天在这儿看到羚羊。村人派出的另一个斥候则目睹鹿儿的踪迹。男人与小男孩噤声不语，但不久，即变成像小孩偷摘苹果，嗤嗤窃笑不已。此次狩猎有不少一起受割礼的男人，他们见面必须互相戏谑。最后大家决定“真正猎者”与六个男人绕到山谷另一面，我们一接到他们高喊的暗号，便将猎物驱赶到他们那边。因为山谷两边陡峭，鹿儿无处可逃。一定一网成擒。

接着便是那种沉闷时刻，让你觉得田野采集不外乎是一连串烂日子的集合。我们躲在长草堆约莫一小时。细雨不住纷飞，不是倾盆而下，而是刺寒点滴渗入身体，直到我们全湿淋淋为止。有人开始头疼，大声埋怨祖帝保的啤酒作怪。

终于，远处那头传来一声高叫。我们全站起身来，排成一列穿越山坳。祖帝保果然是珍贵资产。他专擅高音嚎叫，震惊四座、无可比拟。让你觉得任何生物听到他的叫声，铁定夹着尾巴逃命。猎犬闻之兴奋不已，咆哮着企图自我们脚边窜出。不幸，潮湿的地形让荊棘灌木茂密生长，枝枝相连，阻挡我们前进。不知是谁先提议放火，接着，火舌烧成一长线。更不幸的，放火前未经讨论，风向完全相反。我们随即陷入呛人浓烟中，被炙热火焰驱得猛往后退。小男孩惊恐睁大眼，开始啜泣。马修与我抱起他们到石墙上，领着他们绕过火焰到山谷另一边。迎面七个兴奋的男人高举弓箭，准备屠宰任何会移动的东西。慢慢的，其他男人与猎犬穿过山坳也抵达此处，面露失望之色。从远处的叫声听来，我们得知一只小羚羊在混乱中落网，其余，全逃之夭夭。

突然，丛林传来撞击声。配备武器的男人全转身，举起弓箭。猎犬不受管束，猛力往前扑。随即一阵恐怖咆哮、吠叫，仿佛进行一场看不见的巨人大战。我们紧跟着猎人前行。眼前是一团狗儿混战。好像是某只狗儿在狩猎行动中受伤，其他狗闻到血腥味，围扑而上，在激战中将它撕成一片片，没有人制止。那只受伤的狗死得甚惨，其他狗开始可怖作呕地同类相食。围观者中似乎只有我感到难过，其余男人兀自谈笑、戏谑。狗主人没参与狩猎。狗儿大肆啃嚼、恶心撕咬。

突然，巨大踏步声传来，一只多瓦悠牛现身，斯文又吃惊地望着我们，细心绕过混乱的狗群，消失于长草堆中。

牛儿突如其来现身，一男子吃惊，手上的箭射了出去，没中。西非洲的弓和世界其他地方不同，永远处于张弦状态，因此，多数时候准头甚差，射程亦不远。那天，我们没猎到大型动物。狗儿饱餐同类后，亦失去狩猎兴趣。男人垂头丧气。有人看到一只陆龟，这是他有亲戚即将死亡的确切征兆。其他男人忙着将火把丢进老鼠洞，将树鼠熏出来。这简直称不上是猎人的称头活动，比较像是小孩的玩意儿。几个擅长熏老鼠的小孩给大人指导，并负责较复杂的部分。奔出洞的老鼠被击昏或刺死，撒了人们一身尿。幸好，我回到欧洲后才有人告诉我这是致命拉萨热(Lassa fever)的传染源。老鼠的尿液里含有病毒，会传染拉萨热，小孩对这种病毒免疫[1]，大人却极可能致死。当时我毫不知情。站在旁边看他们熏老鼠，帮忙扛鼠尸回村里。

男人们坚称今天棒极了。但是瞒不过女人，她们看到男人返回村子，肩头并未沉重垂挂羚羊肉。今晚，村里将无法举行狂吃飨宴了。猎人的圣坛也无动物头颅可堆叠。女人心知肚明男人过了糟糕的一天，为此窃喜不已。

第二天，一名老者气冲冲跑来抱怨有人在山头放火，他的围篱全给烧毁了，他费了好一番劲才抢救了谷仓。祖帝保严肃提醒他，好久以前他便传达了副县长的指示，所有村民都需在住宅附近辟建防火线。这个男人没做，这是他的错。趁大家还

1　此处可能是作者搞错了。拉萨热是一种第四级病毒，大人小孩均不能免疫。母体垂直感染死亡率更高。资料显示，1980年1月到1984年3月间，纳米比亚的Curran Lutheran医院与Phebe医院共有三十三名拉萨热小儿病例，十八名垂直感染的新生儿全部死亡，十五名小儿病例的死亡率为27%。详见*American Journal of Tropical Medicine & Hygiene*，36（2）：408-15，1987，March。

没发现他的错误前，他赶快回去吧，否则要罚钱呢。

七灾八难的狩猎行之后，大家经过一番彻底讨论，得到结论。我当然急着鼓励大家讨论此次狩猎，因此得到“搬弄是非”的不雅评语。众人一致认为狩猎失败是因为有人无法节制性欲，这个人绝不是自己，当然是别人。某男子坦承自己在禁欲期间未能割舍鱼水之欢，他希望这不是众人在山坳里大溃败的原因。为了自保，他指控是老婆通奸搞坏狩猎，揍了她一顿。

火往回烧、狗儿互残、羚羊变成牛，众人认为这一切不是女人通奸，就是有人施巫，要不，两者皆有。事后，村人互相猜忌的气氛久久不消。指控邻人好色无度、谎话连篇。做老婆的每个都有通奸嫌疑。而且有人施巫术。

多瓦悠人也和世上其他人一样，日子有好有坏。他们认为人生在世是好运与厄运的混合，并不去深思厄运临头的真正原因。他们发展出一套方法，或多或少解释了我们称之为“运气”之物的复杂性。一个人如果买了正确的巫术品，不管是吞服或使用咒语，都可能因此获得好运。如果别人对你施巫或者有充满敌意的祖灵介入你的生活，厄运便降临。这些因素混合，世界的运作变得难以解释。敌人对你施巫，祖灵有可能使巫术恶化。祖灵也可能介入占卜的运作（这通常是决定厄运为何降临的方法），一个人无法期望笃定答案。更令人吃惊的是随后而来的改变，很短的时间内，人们看待相类似的事情，眼光全变了。一旦巫术阴影罩顶，所有支撑巫术作怪的证据纷纷浮现。

祖帝保的牛儿生殖器感染虫儿；儿子在崎岖山路跌了一跤、扭伤脚踝；该发酵的啤酒却馊掉了。这些不过是多瓦悠兰生活的寻常小事，平日绝不会引人议论。现在的气氛下，它们全被视为环环相扣，是巫术作祟的铁证。祖帝保忧虑万分。一晚，某个小男孩出现在我茅屋前，问我有没那种可以帮助酋长入睡的"药草"。我拿了上次罹患疟疾时本地医师开给我的药给他。第二天，祖帝保形容焦躁，说做了一夜噩梦。

接着当晚，牛群旁出现猫头鹰。祖帝保两个妻妾大张旗鼓将豪猪刺及其他反制巫术的东西铺在茅屋顶上。猫头鹰与巫术相连，多瓦悠人十分畏惧它们"瞪视的眼睛"，这也是他们畏惧豹子的原因。祖帝保的妻妾明白声称有人施巫，但是她们与此无涉。

此时，外来者显然处于优势地位。多瓦悠人皆认为白人对巫术一无所知。白人国度早已丧失巫术的秘密。白人不可能施巫，也不能受害于巫术。上次我来多瓦悠兰时，历经连串灾难——车祸、生病、财务困窘。我曾向不少多瓦悠人表示我可能被人施了巫术。他们认为那是大笑话，嘲笑不已。

几天后，某女人报告水坑的水变绿且泥黏。村人召来占卜师。他享誉多瓦悠兰，要价不菲。

他的样貌有点令人失望。既无符咒，也无惊人服饰或蛇形模样的拐杖，讲话时，不会故意瞪视众人。他的举止谦和安静，穿了一件灰色短衣。无论如何，都让我连想起西方医院里的咨询员。他叫酋长的家人全过来，一一垂询他们发生何事，边听边点头、轻声呢喃，建立众人的信心。奇怪的，没有人提到狩猎之事，在我来看，它和运气这码子事最直接相关，影响了后续的事情发展。占卜师叫人送上一碗水，女人全部出去。水放在占卜师面前，他轻吹水面数次，直到水清无痕为止。他专注瞪视水面达三十秒。我们全屏住呼吸。他清清喉咙，每个人都倾身聆听他的话语。

显然这是个复杂判例。他将启用扎布托（zepto）神谕法[1]。他伸手到小小的皮革袋里翻捡，拿出几段长形、仙人掌式的植物。他切下两段扎布托，开始请示神谕。这样的仪式发生在大白天、阳光从门口直射入茅屋内，没有昏暗闪烁的火光，也没有戏剧化的阴影将人脸变成舞台道具。一切都是这么稀松平常。眼前这个男人颇能掌握群众，激发众人的信心。他搓揉扎布托的动作十分简约与精准。扎布托神谕法是搓揉两段扎布托，一边问问题。如果占卜者问到正确问题，扎布托就会断掉或沾黏在一起。接着，占卜者就换上新的扎布托，继续问问题。

问题从巫术开始。是否有人施巫？神谕说是的。什么样的巫术？占卜师念了不同巫术。神谕选出其中一种。施巫者是女

---

1 在第一部《小泥屋笔记》里，作者提到多瓦悠人用扎布托这种植物占卜，放在指尖搓揉，口中喊着患者可能罹患的各种病名。扎布托断了，当时所叫的病名就是正确疾病。接着占卜者再用同样方法找出致病因子是巫术、祖灵还是其他原因，最后才用同样方法确定疗法。

人吗？神谕说是的。现在进入最精细的阶段，要开始一一念出涉嫌施巫的人。是白人吗？神谕没反应。众人失笑。我则冒了一身冷汗。两段扎布托继续平滑搓揉，如果它们断了或沾黏，我便成为涉嫌人。在占卜师继续下一个步骤前，时间似乎无比漫长，这就像玩大风吹游戏，你必须放弃眼前的椅子，却没把握音乐响起，待会儿还能抢到椅子坐。

多瓦悠人当然知道占卜师可能会欺骗或操纵神谕。想要得到好服务（不管是占卜师或扎布托的威力），就必须付钱。神谕如果指出我是施巫人，会严重影响众人对占卜师的信心。

结果，神谕指出隔壁院落某女人是祸首，但是占卜师并未就此打住。他拿出两段新的扎布托。祖灵也在这件事插了一脚吗？是的。嗯！这个案子很复杂呢。群众频频点头。这占卜师真是个好人。病人的心态总是希望自己的病越特别越好，如此，疗者也才有机会尽展本事。

从祖帝保的脸色，他和我都知道神谕会指出谁。一定是爱丽丝，无疑是她教唆隔壁院落那个女人施巫。

但是占卜师却说出另一个人名。一个死掉已久且从无侵扰子孙纪录的女人。从这刻起，占卜师失去群众信任。他们开始大摇其头，交换眼神。占卜师感觉到了。搓揉扎布托的动作越来越快，提出一连串捣乱亡灵要求的供祭物品，但是他的威严已失。企图将一切厄运归咎隔壁院落女人施巫，也失效了。众人不再相信他的话。

毫不意外，几天后，众人安排了祖帝保的岳父（也是一个熟练的扎布托占卜师）再来占一次卜。由于他对此地状况颇熟，断言一切都是爱丽丝在作怪。他的诊断稍后得到证实。爱丽丝当晚出现在某村人梦境，长篇大论诉说自己的痛苦。通常亡灵的抱怨都是指控子孙疏忽供奉，忘了献祭啤酒与鲜血，或者子孙不筹办仪式让他们可以顺利转世投胎。但是爱丽丝的抱怨颇不同。一如生前，她关切的不仅是自家门前雪，死后，还要广泛插手子孙的各种事物。她指控她的外甥祖帝保没有尽力推动割礼仪式，让她蒙羞，因为她最小的儿子已结婚多年，却到现在仍未行割礼。她要祖帝保赶快去办。总算有一次，爱丽丝与我同一阵线。

第十一章

黑白人

The Black-White Man

多瓦悠兰的日子慢条斯理，我的新陈代谢似乎也适应了缓慢的生活步调。途经此地的外来者都似仓皇呼啸奔过地平线般来去。我起床、吃饭、喝酒、排泄、说话。时光消逝。当地一位疗者收我为徒，我多数时间与他工作。我们一起出去、一起讨论疾病。（他如何知道病人得的是这种疾病？它是另一种疾病的征兆还是真的这种疾病？）我逐渐熟练诊断疾病的艺术。我也学会像疗者一样搓揉扎布托，来判断疾病的元凶是祖灵不高兴、巫术，还是触犯禁忌、接触了受污染的人。我学会草药疗法，碰到女人在太阳底下曝晒过久、血流过旺，我也懂得如何帮她放血。我的老师十分贤明，和我牛津大学的老师一样，温和严厉兼具。

尽管这一切十分珍贵，我却仍无机会接近割礼的真相，毕竟这是我此行的目的。马修和我就像承平时代的士兵，只能不耐烦地一再操练。我们清理、检查配备。霉菌与白蚁只破坏了无关紧要的部分。我们练习装底片，我教马修如何使用自动与手动相机，他很快便上手。

当我们干这些打发时间的事情，祖帝保最小的女儿爱玛不时在我们眼前打转。她养成一种习惯，跑来我们的茅屋前空地搔首弄姿、打点仪容。这没什么特别的，毕竟这是她老爸的院落。多瓦悠女人颇爱修饰，把头发绑成复杂花样，用油与高岭土按摩身体，直到像古董桃花心木般闪闪发亮。

没多久，爱玛开始倚着她父亲门前权充椅子的一根木头，刻意摆出慵懒姿态。嘴里唱些奇特小曲，全力展现美妙体态。马修的尴尬显而易见，因为爱玛显然看上他了。当然，她已经结婚，但这不见得构成障碍，离婚在多瓦悠社会殊属平常。让马修这样一个年轻、没有婚约束缚、堪称高度匹配的男子住进院落，社交生活注定掀起涟漪。让我大松一口气的是马修的魅力只及于祖帝保的女儿，而非他的妻妾。妒火中烧的女人会互相监视，到目前为止，我尚未听到耳语或抱怨，显示祖帝保的妻妾都很安分。

爱玛堪称未受上天眷顾。她遗传了父亲的雄壮体格，雪上加霜，一点腰身也没，头形像子弹，经常剃得光亮。美貌绝不是她在婚姻的最大本钱，而是无与伦比的生育力，结婚仅两年，她便生了两个孩子（很可惜，其中一个夭折）。此刻，她又有孕在身，如果离婚，腹中孩儿谁属铁定会引起天翻地覆的法律争议，让多瓦悠人津津嚼舌。爱玛比马修略大一点，这也不构成问题。多瓦悠文化里，父亲或年耄的叔辈过世，小辈必须继承他们的妻妾呢。如果马修有本事筹措聘金，爱玛堪称良配。无可奈何的宿命感油然而生，我知道马修一定会将我当作财库。他会苦苦哀求、甜言诱骗、使性子发脾气，直到我突然一阵心软，答应帮他为止。回首过去几天的对话，我惊觉它们全围绕同一主题——他父亲的牛生病了、今年的小米收成不太好。我决心反击，偶尔也冒出几句自己手头拮据、欠缺现金的话。

以前，马修最惹人厌的施加压力法是找来亲戚，占据公众场合的战略位置。看到我，便扑上前来，抱住我的膝盖、大声赞美我是世上最慷慨的人。讲起他们的贫蹇与我的富裕，眼睛顿时涌现感激的泪光，盛赞我的慷慨好施，那些死要聘金的人又是多么硬心肠。他们会啜泣、高喊，满口子感谢我从未答应过的事，直到众人认为我如拒绝便是严重背信不忠。

接下来几天，爱玛决定加重压力。我们一直在玩耍相机，显然想帮她拍照吧？我们想拍她和孩子的合照（我们知道她有孩子吧？）还是独照？真可惜她没机会好好打扮自己，她优雅指指自己的便便大腹，或许我们也能接受她的家常模样？我突然淘气大发，建议马修拿她做拍照练习。

爱玛与我们搞了许久，才返回她与先生的客居茅屋。祖帝保让他们住在啤酒茅屋旁，这是极大荣耀，代表对他们极为信任。没多久，我们便听到屋内声浪升高，爱玛的丈夫揍了她，从低矮的泥墙探出头来狠狠瞪视我们。他居然敢在老婆的娘家村子揍人，显示事情已演化成危机。我决定马修与我必须赶快远行，直到风暴过了为止。

就在这时，贾世登骑着脚踏车光临。城里来了个“黑白人”，说他认识我，要找我。贾世登打发他去教会，骑车先来警告我——怕我万一不想见这个人。在多瓦悠人眼中，世上之人多半应该避之为吉，他们也经常如此。这种想法总令我惊奇不已。

我马上猜到这个“黑白人”是我的同事巴布，就是上次和我一起带着猴子大闹戏院的那个人。所谓的“黑白人”不是指黑白混血（巴布黑得很），而是受过西方洗礼、举止像白人的黑人。

巴布与我认识纯属机缘巧合。当时我开车进城采买日用品，看到奇怪景象——路边站着一个男人拦便车。拦便车本身一点不稀奇，非洲人一天到晚搭便车。常常全家拦便车，带着所有家当，头上还顶着家禽。大家认可的拦便车方式是站在路旁，下手臂儿好似瘫痪般轻轻甩动。如果有人让你搭便车，那绝非免费的善举，你必须付钱，这是货车司机重要的外快来源。任何车种都可塞进大批便车客与他们的“动产”。油罐车最适合此种用途，常自路上轰然驶过，眼珠子惊吓得老大的便车客死命抓着圆圆的油罐顶。

眼前此人的特别处是他以西方姿势拦便车，对着来往车辆伸出大拇指。非常不幸。这个手势在非洲不同地方虽各有所解，但共同意义是“非常粗鲁”。如果你对着一个壮硕的非洲司机摆出这个手势，保管引来怒火与暴力相向。如果他车上还有女性家人（母亲或姊妹），结局可能会非常惨。

便车客显然对自己的“侮辱意图”一无所觉，脸上挂满迷惑的失望之情。偶尔一辆卡车惊险冲向他来；有时，一张愤怒扭曲的脸孔从计程车窗探出，张嘴发出愤怒唇语。没人停车载他，我停了。

便车客以为我是法国人，和我说了许久法语。后来发现我也说英语，他马上转成带有强烈美国口音的英语，当时我还不知道他不是纯种非洲人。自从有声电影诞生后，时髦的非洲青年虽从未造访美国，却从电影里学来一口约翰·韦恩式慢吞吞拖长音的美语，或者满嘴美式农园俚语。

车行数英里后，他终于勉强承认他是美国黑人，套一句他的话，是“美国裔非洲人”。他的卡车在搭便车处东边数英里外抛锚了。他到那儿干吗？他是和平工作队的队员吗？从巴布的表情，可知他对和平工作队及其价值观殊无好感。他是个人类学家！主力研究城镇的市场贩子。他研究哪些因素影响市场商品的类型与价格，也研究影响经济运作的细微文化面向。由于他对自己的出身颇多保留，我也对自己的背景缄默不语，还鼓励他给我上堂“何谓人类学”的课。我不太记得他的演讲内容，只记得他对我们这类专研宗教或仪式的人类学者，言下颇为不屑。因为这类研究本质愚蠢、邪恶，移转世人注意经济剥削的事实。

我想如果巴布与我相识于欧洲或美国，马上就会决定我们气味不合，就此作罢。但是西方人在非洲，孤立感太强了，一切理念差异显得微不足道。那些你在家乡根本懒得跟他说话的人，在此却对他顿生温情。

更何况，他迫切需要能跟他说英语的对象。因此当我放他在某个较不现代化的小镇下车时，他祭出寻常的待客之礼——一起喝杯啤酒。

他的住家简朴、现代化，四方泥砖砌成，上面涂了一层薄薄水泥。房子背后是个小菜圃，还有一个单独的炊爨屋。非洲人很讶异欧洲人居然可以在同一个屋檐下又烧饭又睡觉。我很妒羡巴布居然有家具，包括床和山形钢做成的椅子，简直是奢侈。虽然这些家具颇牢固，但和喀麦隆多数东西一样，破损严重。有的缺手，有的断脚，好像经历过一场大枯萎的残余物。巴布家中最任性自溺的奢侈品是一张低矮的咖啡桌，我们便坐在旁边喝啤酒。为了弥补此一俗丽之举，我们像男子汉般以酒瓶就口。从啤酒的温度判断，他们家还有冰箱呢。

接下来几个月，巴布与我变得很熟。当你选择有限、举目望去都是相同的当地人，寂寞的西方人往往互相为伴。差不多过了两个月，巴布才想到要问我在喀麦隆做什么，在这之前，他无疑认为我参与某种开发计划，还提供我有关人类学者的背景简介。当他知道我也是搞人类学的，此后，这成了我们之间的笑话，他还经常威胁要造访我的田野调查地。

巴布是个心灵极端不平静的人。他的多数困扰来自身为黑人，以及他企图为自己的肤色及其意涵寻找一个合理、敏感、自我意识强烈的立场。他曾在东部某学院修习所谓的“黑人研究”，他认为美裔黑人有必要寻找另类文化传统，让自己置于一个高于白人文化传统赋予他们的位置。譬如他从来不庆祝圣诞节，而是过一个源自斯瓦希里（Swahili）[1]的不知名节庆。当他发现非洲人从未听过这个节日，简直为之心碎。他学习斯瓦希里语，勒令老婆与小孩在家里每星期必须有一天说斯瓦希里语。他对非洲并不了解，以为整个非洲是个单一个体，到了此地后，赫然发现喀麦隆人都不会说斯瓦希里语，甚至听都没听过，真是大吃一惊。

他承认这都是他“稚嫩无知”时代的事。到了非洲后，他开始学习富来尼语（一种非常难学的语言），选了一个虽不刺激却无疑极具价值的研究主题，热情投入。为了表现他对当地人的诚意，他坚持住到镇上“非贵族”区域——没有自来水的茅屋里。有时我觉得“没有自来水”似乎成了他最终极的人类学凭证。他与妻子、三个孩子就住那里，以俾分享当地人“丰富且多采”的生活，并“寻找他的根”。问题是他的妻子不觉

1　斯瓦希里是班图人的一支，居住于桑给巴尔及其邻近的非洲海岸。斯瓦希里语是东非洲最重要的通用语言，使用范围快速拓展到中非洲与南非洲。详见David Munro, *Oxford Dictionary of the World*，London：Oxford University press（1996），第577页。

得当地生活有啥丰富与多彩。

仅仅数星期，第一个危机便降临。巴布的小女儿生病了。疾病最能划破人们用来隔绝以保护自尊的种种虚饰。所有巴布的非洲朋友都建议给他女儿吃泻药、用牛角大量放血。巴布想带女儿去看使用消毒器具、身穿白袍、令人安心的美国医师。这事，他与妻子立场完全相同，断然拒绝当地疗者的处方，明知此举可能有伤他们自称的“非洲纯性”，但他们可以事后再来烦恼。可是巴布坚持小女儿必须与家人住在闷热、吵闹、肮脏、没有自来水的小镇，巴布的老婆则坚持搬去旅馆，直到女儿病体痊愈为止。争吵时，他们说了些覆水难收的难听话，此后夫妻生活变成紧张的休战状态。

第二次争端主题是他们的孩子该不该像当地孩子一样，在满布住血吸虫的河里游泳。他们找到简单妥协方案：巴布被迫丢下研究两周，说服邻居不要让孩子去那条河游泳。他不算完全成功，但的确说服了一些人，足以合理化自己的立场。此举正是改变常态，以俾自己可以融入“常态”。

接着发生无可弥补的裂缝。巴布的妻子发现他遵循当地友谊的习俗，当他们最小的孩子发脾气吵闹时，居然让邻人的老婆们掏出奶来喂她。巴布的老婆一想到那些没洗过的乳房都可胡乱塞进她女儿干净的嘴里，就为之抓狂。马上以“健康理由”将女儿送回美国跟外祖母住。

小孩的教育问题则让他们陷入真正危机。巴布太了解“隔离教育”可能带来的分裂影响，坚持孩子要上当地的学校。他的妻子则不认为此地恐怖低落的学校水准是什么值得欣赏的“丰富、多采”生活。因为她与巴布小时都吃过这种苦，使尽力气才上了大学。巴布理解老婆的想法，因此半推半就。势不可免，开始讲道理后便导致全面溃败。其他孩子也跟着妹妹回美国，理由是“和妹妹作伴”。巴布的意识形态坚石开始崩裂。惨事接踵而至，他的老婆也叛变了。

虽然巴布的老婆本性善良、慷慨，但小镇生活让她疲倦不堪。最糟的是邻人坚持当他们是美国人，而后才是黑人，对他们并不流露灵魂兄弟之谊的互惠感情。巴布坚持住在不方便、拥挤的茅屋只引来邻人的迷惑不解。某邻居男子几杯下肚，居然当街斥责巴布。他算是什么男人，居然住在贫民窟，谁不知道美国人都很有钱？他这么吝啬，搞得自己与家人都过得不好。这位邻人还大大引用谚语指摘无助的巴布。

巴布的父母一度得辛苦操持家务，因为他拒绝聘用洗衣工、园丁、修理工……他急于抛弃过时的仆佣苦役，痛恨让同胞操持无尊严的卑贱杂役。巴布的做法让邻人很不谅解，破坏了他想要维持好关系的企图。在非洲，富人有义务聘雇穷人，他们也是如此告诉巴布的老婆。当地人拒绝体会巴布“拒施援手”的苦衷，唯一理由铁定是他小气到家。在一个歌颂异教美德（虽然他们未必身体力行）的国度，吝啬是一种大罪，比它在西方社会的罪恶程度要严重得多。当一个社会的生活肌理大部分由非强制性的相互馈赠与义务所支撑时，小气鬼是这个世界的一大威胁。基于上述理由，加上生活枯燥乏味、找不到能下咽的食物，再加上本地女人对她十分恶劣，总是诋毁她的一举一动（如果她是白种美国人，这些举止便不构成问题），巴布的老婆也决定回去“跟孩子一起”。

因此，巴布被丢下一人搞研究。没多久，便被一个已婚邻妇纳入羽翼保护,大家开始飞短流长她与“黑白人”的丑闻谣言。

压断骆驼的最后一根稻草是巴布针对市场的研究。当地富来尼商贩以不当手段操纵市场，形成严密垄断，任何新人或非富来尼人都无法打入。更可怕的是他们从中获取令巴布为之震惊的暴利。他一辈子经历白人宰制的无情剥削，难以接受非洲黑人也可以同样无情压迫其他非洲黑人，还志得意满。最后，他中断研究，回到美国。奇怪的是，他对非洲研究的热情并未稍减。我最后一次听到他的消息，他在美国设立了有关非洲文学的重要课程。

对巴布而言，非洲朝圣之旅还找到一个救赎的经验。这个救人一命的伟业，我不敢居功，功劳必须归诸多瓦悠人，尤其是爱玛。

话说，没多久，巴布便到了村里找我。当时，马修与我已经放弃逃脱爱玛，她依然杵在院落里，吃吃傻笑。巴布说他正要前往南方城市做些“比较研究”，决定前来找我混个几小时。马修和我做导游，带着他造访酋长、祖灵头颅，最后，男人沐浴处。那是一个藏于树木间的天堂，男人浸沐于泉涌的凉水中、躺在阳光挥洒的岩棚休息、聊天。巴布迷醉极了。他从未造访一个与世隔绝的村落，在这之前，他待的都是城市或紧临主要道路、为城市生产农产品的村镇。

他喜欢这里的房子、铺上破碎瓦瓮的凉爽院落，还有平滑的红墙。他爱极阳光透过茅草编成的遮棚，在地上洒出细致的光影图案。他喜欢牧草地缓缓低降至澎湃的溪河，他喜欢锯齿状的山粗暴伸入云端，他喜欢作物排列整齐的稻田。

那天的多瓦悠兰和他共谋，完美嵌入一幅充满乡间宁静与满足的田园诗歌图。村落洋溢善意温暖。鸡儿不尖啼，而是鸪鸪叫。孩童就像至纯的喜悦，笑声如同妙乐撩拨人耳。牛儿低声哞叫，流泄出心满意足。没有年轻人大摇大摆拿着震耳欲聋、令人联想起残酷大世界的收音机。马修的收音机也安静收在他自己缝制的红色袋子里。眼前看不见在烈日底下连续数小时弯腰辛苦耕作的人。此刻，他们就像精致的雕像，躺在田边遮棚下休息。优雅的姿态、甜蜜的低语声，散发诗意，不会让人联想他们是在为牛只所有权吵架。就连农地看起来都显得富足丰美，似乎无需人类的努力就自然如此。放眼望去，处处弥漫奢侈的宁静祥和，好一幅伟大的宇宙骗局。

巴布充满爱意地沉思默察眼前一切。他尤其喜爱爱玛，她对巴布更是热情关爱。当我们坐在我的茅屋前，爱玛几乎是半昏倒似的卧在他的脚旁。他们的对话极为困难，马修权当翻译，翻译态度至为自由。爱玛致赠巴布一串红椒。他给她几片口香糖还有一幅镶得不错的照片，令我想起“黑皮肤的爱拉薇姿”。五十年后，这幅露齿微笑的照片会珍藏在某个老妇的箱子底吗？巴布爱意洋溢，他说，爱玛既清新又自然，这才是真正的非洲。非洲坏的是城市，而众所周知，城市是西方移植品。现在他明白了，所有不好的东西都是来自西方的压制力量。非洲仍蕴藏原住民智慧宝藏。他对这个话题越来越热衷，拿自己饱受残酷剥夺的城市生活与我和善良人们共居的好运相比较。巴布向马修解释上述话，不流利的法语夹着狂乱脱口的英语，马修随即放弃翻译此段话，他对狂喜的爱玛说：“他说村落看起来很富有，都市生活很贵。”

如此数小时，巴布与爱玛发展出共同热情。结局却反高潮，他宣布要走了，爬进有冷气的车子，然后驶离我们的视线。爱玛与老公恶吵一顿，粉碎了田园诗篇假象。鸡只再度尖啼，孩童吵架。多瓦悠人再度在贫瘠土地上辛苦耕作、勉强糊口。

浪漫图像挽救了巴布对非洲、对自己，以及对黑人美国的印象。稍嫌奇怪的是他后来选择了非洲文学作为安身立命之所，而不是继续钻研人类学。至于爱玛，巴布离去时，她珠泪纵横，但她现在有了一个想望的对象。或许，她想要的也只是这样。之后，她完全将马修抛诸脑后。

第十二章

一场不寻常的黑色毛毛虫瘟疫

An Extraordinary Plague of Black, Hairy Caterpillars

"交流"（communication，或译沟通）这个概念常见于人类学。从某个角度来看，整个文化都可视为是用来规范女人[1]、物品、权利义务、讯息等交流的系统。人类学的一个经典研究便是有关礼物馈赠，指出它在联结个人与团体、进而形成社会基础的重要性[2]。因此，希望成为人类学家者将发现礼物馈赠是收获颇

---

1 法国人类学家列维－施特劳斯将亲属制度视为交换范式，而女人则是最终的稀有物资。参见Roger Keesing，前揭书，第475页。

2 作者此处并未指出该研究为何。馈赠与交换是人类学重要研究领域，许多知名学者都投入此一领域。此处所指的研究可能是指法国学者莫斯（Marcel Mauss）在1925年提出的重要经典论述。莫斯说我们很容易误解原始社会的"送礼"本质，在部落的格局里，礼物并非单纯由一个人的名下让渡到另一个人的名下。一件礼物表达了一种社会关系，并联结了该社会关系。一件礼物宣示了送礼者与受礼者之间的关系。所送之礼为该关系的象征，因此有其物质价值以外的价值。而且礼物所建立或所延续的关系意味着互惠。送礼者与受礼者的关系可能是对称的，因此送礼时就同时制造出必须同样回礼的义务。送礼者与受礼者的关系也可能是不对称的，送礼者可能居于（转下页）

丰的研究课题，也是他与研究对象建立联结的有效方法。

另一个吸引民族志学者鹰目眈视的习俗是多瓦悠人在割礼时使用的替代性语言。有关西非洲的民俗志文献或者多彩多姿的冒险故事中常提到“说话鼓”[1]，在使用原则上，它们很像多瓦悠男孩割礼后、待在丛林里隔离时所使用的替代性语言。说话鼓是以音高变化来模仿语言的音调模式，多瓦悠人则采用小笛子“说话”。刚行过割礼的男孩对女人十分危险，只能借笛子与女人沟通。同样的笛子也用在某些特定仪式，用来“唱”出歌[2]。替代性语言有其他更实际的用途。譬如加纳利群岛（Canary Islands）的山区，相隔数里的人可用哨叫语言（whistled language）来沟通，否则便得步行数小时才能碰头。但是在多瓦悠山区，只有我与马修如此使用说话笛。每次出去寻找喜欢避不见面的祈雨酋长，不同的人会告诉我们酋长位于不同山头，我与马修分头寻找，隔着远距离，用说话笛通知对方找到没。

（接上页）优势地位，因此表现了他的崇高地位，受礼者就必须用贡品或劳务作为回报，或臣服于送礼者。最重要的一点在于送礼表现并象征了人类社会的互相依赖，因此与亲属制度、社会阶层制度混成一团，并加强这些制度的结构。详见 Roger Keesing，前揭书，第 474—475 页。

1 详见第95页注释1。

2 说话鼓或其他可调整音高的乐器，借由调整音高来模仿音调语言（tonal language）的高低音，用以传达字义。所谓的音调语言是指有声调变化的语言，譬如普通话有四声。同样的音，譬如一声是“窝”，三声为“我”，四声又成“握”，字义也跟着产生变化。英语非音调语言，这些声调高低的变化对作者而言很难分辨。文中所说用笛子“唱歌”是指曲调吹出，听者光凭音的高低，便可分辨字义，进而听出歌词。

说话笛对多瓦悠语学习者而言优点多多，帮助我们抓出西方耳朵难以分辨的声调高低音。隔离期间，受割礼的男孩大量使用替代性语言以取代实际接触。因此他们必须深入学习说话笛，我也该如此，方为上策。

我发现教会的洗衣工非常熟稔说话笛技巧，我们躲开女人的窥视，躲到丛林里，他教导我此种替代性语言的精细之处。他给了我一把小笛，开始我们的课程。这是我在多瓦悠兰唯一的正式教育。在法国殖民势力引进学校教育前，多瓦悠孩子都是在自然的社会接触里学习母语。刻意学习一种语言或者研究一个动词的各种用法，是从未听闻之事。相较于母语的学习，多瓦悠小男孩必须透过密集的一步步指导学习说话笛，在这过程里，多瓦悠人会大量展示循序渐进的教学器材与自家研发的教学技巧，与学习多瓦悠语系统化辅助一概阙如，实有天壤之别。

我进步神速。我的老师既亲切又学养丰富，拨冗教我说话笛，从未开口要求报偿。我是一定得送礼的。不管哪个文化，送礼都需要一点细腻触感。礼物必须恰到好处——西方文化里，你不会送男人花。赠礼方式也必须恰如其分——在多瓦悠兰，你当着众人面送某人烟草为礼，等于没送，因为马上被分抢一空[1]。

1　在第一部《小泥屋笔记》里，作者提及烟草在多瓦悠文化是无主之物，任何人都可自由取用他人的烟草。

本质上我还是个西方人，每次看到这个在教会里帮我洗衬衫的人自己却连件衬衫都没，内心总有一丝不安。我想，送他一件衬衫应当蛮恰当。我有件衬衫（也是人家送的）颇受多瓦悠人赞美，亮紫色，会是个好礼。我决定送他这件。

但是送礼行为如果不妥，却可能严重侮辱受礼人。田野工作硬加之于我的辉煌施舍姿态，其实与我的自我印象大大不合；更何况，礼物如果太重，受礼者也会觉得很尴尬。

解决方案从天而降。数星期后，我的衬衫袖子不小心拉到荆棘，扯破一小块。衣服送洗回来，我假装大惊发现这个破洞。衬衫毁了！我对洗衣工说，或许他想要这件衬衫，破洞不是很大，看不太出来。

我曾对马修使过同样的手法，他也喜欢色彩亮丽的衣服，却总是克制自己不买。那一次，他收下我假称“已经不完美”的衬衫，却将它束诸高阁，宣称它太好了，不宜拿出来穿，丝毫没享受到那份礼。或许这次结果会不同。

洗衣工穿上那件衬衫，因新得之物而满面荣光。他的笑容真诚，绝不会引来指控——这是民族中心主义观的误解。他满怀惊喜离去，我则确信自己做了一件好事而心满意足。直到下一篓洗净的衣服送回，我才知道此次送礼的真正效果。每件衬衫都跑出小小的“缺点”，袖口、领子与口袋出现细心营造的破洞。

收礼也有同样麻烦。我的研究站规模很小，只用两只长柄锅煮食所有东西，同时兼咖啡壶与茶壶。何况，身处如此偏远不毛之地，搞个真正茶壶，会被人批评故意搞怪。一锅多用，大家都觉满意，马修除外。他曾在教会还是哪里见过真正的下午茶，由管家用托盘端上，连同糖罐、茶壶等等。因为他的身份高低完全系之于我，对此特别在意，激烈反对我用铝制长柄锅奉茶给尊贵访客。他极端渴望一个真正的茶壶。

一天，他现身茅屋，抓着一只铝制破旧茶壶。他从一个老师那儿弄来的，这位教师即将派驻南方，听说那儿茶壶多得很。那位教师不想带着这把茶壶去南部，便送给马修。

马修骄傲地转送茶壶给我。我必须承认我真的很感动。茶壶盖是根本盖不合了，壶身还满是坑洞疤点，好像有人拿它当足球踢过。但马修快乐就好。我赞美此把茶壶，谢谢他。他拿走它，细心刷洗，直到它闪亮如银。

那天下午，我们与疗者上了很长的课，讨论各种疾病。照例，造访疗者要爬到半山腰，又是抽烟，又是聊天什么的。黄昏时回到家中，我与马修又累又渴。

我提议："来'开用'(christen)[1] 新茶壶吧？"马修一脸困惑，但还是拿了他的新宝贝，煮了茶喝。壶嘴管也堵住了，我们马上掌握歪着壶身倒茶的诀窍，只泼漏一点点。马修送了一个礼

1　这个字在英文里做动词，代表受洗礼，也代表东西第一次使用。一字两义，引发后续的风波。

物给我，我也表达了感激之意。这无疑会增进且强固我们的关系。

奇怪的，一整晚，马修异常沉默。夜深时，他开始乱发脾气。不管原因为何，我希望到了第二天，它能云消雾散。

谁知第二天一大早，马修便来用力敲门，让我大吃一惊。他极力诟骂我："我难道不是基督徒？"他问道："我难道不是诚实的人？我一整晚都在想这件事。如果我要杀你，你难道不是早就死了一千次？"我必须承认清晨五点，我的反应还有点迟钝，只能张口结舌。

终于，我让他坐下来，我去煮茶。看到那把茶壶，马修似乎怒火更盛，气得浑身发抖。

一点一滴，我终于搞懂自己的滔天大罪。错误出在我不假思索使用 christen 一字来表示第一次使用。马修显然幻想我打算替茶壶举行什么驱魔仪式，以化解他对茶壶施过的可怕咒语。我是在指控他意图谋杀我呢。

风波平静，又是数星期过去。我与疗者的研究进行顺利，但这只是次要选择。我真正想做的是割礼研究，近距离观察它的血淋淋细节，这才是民族志学的上等红肉。

我无人可骚扰，决定去找我"老婆"。一番搜寻后终于找到，他正一肚子不高兴地蹲在罗望子树下。突然暴雨倾盆而下，虽短暂却极端讨人厌。我们在无法遮蔽的树叶下躲雨。他的漂亮服装已经饱经风霜。原本帅气竖立、羽状散开的马尾，现在潮湿蓬乱。身上的长袍沾满泥巴、啤酒、油渍与汗渍。我送给他的 Fablon 牌豹纹墙饰彩带正面看起来还好，反面涂胶部分则一塌糊涂，沾黏了毛发、蚊子、西非洲红土，在表面形成厚厚一层黏胶状。原本鲜亮的头巾滑落，不端庄地遮住一只眼睛。他撅嘴不乐。显然这段老人们记忆鲜明、夸张吹嘘可以尽情放肆、沉溺的美好时光，对他而言越来越乏味了。他的族人不再以啤酒欢欣迎接他，反而因为他穿着仪式服装频频造访，只好编织各式借口或飞奔到田里工作，以便“不能接待他”。原本应该以好色眼光打量他的少女，现在都在母亲的鹰目监督下挥舞锄头工作。年轻之爱是好事，但是耕种作物优先。最气人的是，他被迫跑去造访远亲或血缘更加稀疏的亲戚，竟错过了那个毛发茂盛的德国人放电影。

连马修听了都同情他。我们拿出仅有的体己安慰他，却只能找到一瓶啤酒与一本法文超人漫画。我们将这些安慰塞给他，鼓励他千万别犯了怀忧丧志之罪。我们会负责找出割礼迟迟不举行的原因 。

显然，割礼的时程表严重偏离正轨。照道理，割礼应当已经举行，男孩此刻该躲到丛林里与人群隔离。根据仪式规矩，男孩割礼伤口流血应与第一阵大雨同时。伤口的复原与干燥则应和气候的逐渐干燥同步。如此，人与他们所居住的世界才能一致和谐、节奏相同。此刻看来，这种同步是不可能了。

由于人类变化与宇宙变化的时间表必须双轨搭配，受割礼男孩得在收割的第一天结束丛林隔离，返回村落。这代表多瓦悠人必须草草压缩余下的仪式，以挤进季节更迭的时间表，而仪式尚未结束前，我会再度因签证过期惹上麻烦。在多瓦悠这种群龙无首的社会，没有人负责筹划这一切事，没有人有足够权力与威严让他人服从他的意志。重大公共事务常任由其顺势发展，直到情境压力迫使他们采取行动，或者错过采取行动的时间，以致一事无成。他们这样居然也运作良好，真让人欣慰，也证明世人的狂热与决心概属多余。

但是割礼要完成，绝对少不了一个人。这个人至少和偏远村落保持联络，知道他们的准备工作进行到何种程度，他就是祈雨酋长。该再度爬山到他居住处探望了。

自从上次拜访了无奶头尼加人后，爬山便大大失去吸引力。多瓦悠的山给人一种奇特的不舒服感。它缺少欧洲登山的那种心旷神怡的魅力，但拿它与严肃的阿尔卑斯山相提并论，又太荒谬。多瓦悠的山让人轻易失足，摔落至数百英尺下花岗岩石遍布的山谷，你却必须在连像样登山靴都没有的状况下攀爬它。山谷底满布湿滑、巨大、尖锐的大石头，你匍匐攀登而后不时滑下。到了半山腰，全是让人胆战心惊的深山沟，幸好不宽，只要牢牢记住念书时代的跳远本事，猛力一跳即可。山顶则极端荒凉冰寒。

祈雨酋长的所在地堪称精华区，位于一座山峰顶，面对另一座山的背面，形成遮蔽的山谷。山谷绿意盎然，上天庇护，四季都有干净不绝的水，比溽暑难耐的平原凉爽，放眼可见迷你牛（怎么上来的？）而且远离政府官员可达的任何道路，就连警察的越野机车都难穿透此地。除了四十年前一位毅力坚强的法国殖民官员曾匆匆到此一访外，祈雨酋长在此堪称是静谧、与世隔绝，过着家父长的日子。他曾目睹（或许应说一无所觉）山谷下富来尼人贩奴时代的衰颓、德国人来了又去、法国人取而代之，而后迈入独立建国。祈雨酋长就像周遭的花岗岩山一样亘古不变，熬过本世纪的沧海桑田，依然盘踞在雨云终年不散的山顶。此种搭配堪称天造地设，因为祈雨酋长的专长就是控制天气。

多瓦悠人深具社会性，凡能集体行动之事便甚少独力完成。照例，我们准备造访祈雨酋长之事躲不过他们的观察。我们准备离开村子时，一个满脸羞涩的男子要求同行，他要去祈雨酋长那儿寻求医疗咨询。众所周知，祈雨酋长是男子生育力的专家，寻求他的协助等于默默公告自己不育或不举。大家咯咯嗤笑。我们沿着狭小山路前行，沿途有人加入队伍，他们也要趁此到祈雨酋长那儿办事。其中一人是祈雨酋长的十三个老婆之一，头上顶着一大团东西。最令人吃惊的：爱玛也要同行。

这已不是先前那个爱玛。现在她守贞自持，毫无价值的调情举动熄火，真正的爱情之火取而代之。她的脚边躺着一大塑胶袋磨过的小米，那是她老爸要还给祈雨酋长的某笔旧债。塑胶袋之上摆着一双蓝色塑胶鞋，她赤脚爬山，但进入村子时会穿上它，以示辉煌。她雄赳赳在前领路，既不左顾右盼，也不回头张望众人尾随她矫健身手的欣羡目光。

雨季已渐入高峰，毋庸证明，高涨的河水急冲过山。它们不再像旱季里友善清新的细流，小狗般舔舐你的脚。现在它们轰然作响，吞噬滚翻砾石。我理所当然地在河里失足了。

没什么比得上失足落水更能打破冰霜气氛（这是滑稽的混合比喻呢）[1]。先前的死寂消失，阳痿男子开始说故事。走在这条山路上，不可避免，大家都会提到山脚下某男子。他和妻子以引诱年轻旅者恶名远播，设下仙人跳，对方必须赔偿。丈夫坚称自己受到极大侮辱。他是个超级壮汉。

我们的欢欣气氛戛然而止，河流穿过山径处，一头有角大山羊的尸体在河中腐烂。尸体摔得稀巴烂、血淋淋，显然自高处山径失足跌落。多瓦悠人对恶兆特别关切，眼前这个糟糕至极。众人的讨论兴趣不在此羊原本位于高处，现在尸陈低地；也不在此羊原本性欲旺盛、死亡让它永远不举的强烈对比。相反的，他们的讨论集中于不言可喻的事实，这羊死了太久，肉已经烂得不能吃了，虽然多瓦悠人也习于吃那种我们以“腐臭”形容还算过分轻描淡写的肉。

不管从哪方面，这类意外都会大大冲击人类学者。这会是

---

1 此处原文用的是 break the ice, fall in the water，可以指结冰的河面有人失足，打破冰面，掉入河里。一语双关，才会说是“滑稽的混合比喻”（mix metaphor）。

某个桥梁，让我们对人心的本质有更多了解，或者是通往某个异文化的重大发现？几乎不可能。但重要与否，也很难有先见之明。毕竟人类学家常是在洗澡、打板球或切章鱼时，才突然灵光一现。保险做法是将这些资料建档，写在笔记本里。事隔多年，打开来，看到墨迹曾被喷溅的河水渲开，棕色拇指印弄脏了字迹。这时你会兴起愤怒之感——“这里面一定有些东西人类学家可以解谜”，伴随而来的感觉往往是“我压根不知道它代表什么意思”。

山羊之死让队伍中不少人开始裹足，攀山之举疑虑重重。在爱玛与我重申继续前行的决心、马修勉强附议后，众人才同意继续攀登山径。气氛凝重压抑，好像莎翁剧里的恶兆场景——彗星撞地球、地震让死尸从坟墓中爬起。每次一有人撞到脚趾，大家便交换眼神，紧张四下张望。我们的下面，秃鹰围聚山羊，撕咬它的尸体，以类似查税员般的敌意、怀疑眼神紧紧盯着我们。我突然想到这是村人饮用水的水源，最起码，我们应将尸体从河中移开。质疑自来水计划对多瓦悠人有啥好处是一回事，这可是我“喝”的水！但是没人有兴趣碰触山羊尸体，我们只好将它留在恶臭河水，继续前行。

这时马修已经撞到好多次脚，坚信此行必是徒劳无功，我们会发现祈雨酋长根本不在。但是他加上一句：“我的左脚经常欺骗我。”

他的脚果然恶意撒了大谎，酋长在家呢。但是左脚说谎这事让马修更加阴郁，现在，它反成了恶兆。

酋长像只快活的乌龟安坐于卧屋之外的遮棚下，这是他最喜欢的地点。坐在这儿，他可以放眼专属于他的肥沃山谷，看着妻妾在田里耕作、儿子们放牧他的牛群、抽铜制烟斗、把总是冷冰的脚偎在火边取暖。坐在这儿，他可以尽情品尝财富与尊敬带来的舒适，以机警双眼看守堆积在茅屋里、人们付他做酬劳的裹尸布，以及绕着他十三个年轻老婆打转的危险年轻人。

一番恰当的问候之后，我们分开了。阳痿男子接受耳语拷问，他不时低头，酋长则不时拍拍他的臂膀，叫他放心。爱玛显然对此景颇觉恶心，酋长打发她去和他的妻妾聊天。

酋长朝我招招手，要我到他和病患那儿去。我对多瓦悠药草的博学多闻获得大家认可了吗？他在邀请我参与讨论此一有趣病例？显然不是，是要找零。病患带了一张大钞，酋长愿意收下这钱，但是找不开。或许我可以先把零钱给这个男子，改天，他再还我？我们都知道还钱之事往后不必再提。这只是我有求于他，他在变相跟我收费，以免过于厚颜露骨。

公平，但我的钱要花得值得。针对此种场合，马修帮我准备了一篇小演说稿，媲美广告文案撰写人的经典之作。虽然我宣称放弃一切药草治疗技术的所有权，因而获准跟着多瓦悠知名疗者广泛接触各式病患。问题是在多瓦悠兰地区，你要有能力判别一种病真是病，还是巫术或超自然力量发怒的展现。如果是后者，治疗方法大不相同。像我这类初入门者的无知问题可引发有关死亡观、道德观与分类观的热烈讨论。阳痿男子的问题是什么？他的阳具不行了。不是他的兄弟作法？他摇摇头。他请过三个占卜者用扎布托搓揉法请示神谕，说法都一样。他“只是”有病。祈雨酋长开了什么药？更多扎布托，让这男子拿回去煮水喝。

人类学最新热门话题是植物分类，研究其他文化在种与亚种的分类方面有多深入，并拿来和我们的分类作比较。同种植物，他们又是以什么标准分类？我花了许多时间收集一些多瓦悠基本植物（如扎布托）的树叶与果实，为的就是有机会讨论它们的区分标准。是根据树叶的形状？还是果实的构造？就像上次我询问他有关祈雨石头的事，祈雨酋长再度以他的实证主义将我击倒在地。植物的外观与分类标准无关，而是某种植物可治疗某种病，而另一种植物可治疗另一种病。在药草发挥疗效之前，你无法事前区分哪个植物是哪个。他天真微笑。我想到我浪费了那么多时间收集植物样本，把它们放到书本里干燥，还想将它们带回去给英国皇家邱园（Kew Garden）[1]的专家研究呢。

阳痿男子下山回家，手拿着几束刚割下来给他的扎布托。

1　英国有名的植物园Kew Garden是皇家花园，有百年历史，耗资一亿八千五百万英镑建立了一座植物种子储藏库，这是一个新世纪大工程，他们要把全英国植物种子，两年内收集完毕，2010年收藏世界10%的种子，2020年收藏世界20%的种子。常译为“邱园”。

祈雨酋长坚持替我们备饭，我与马修不怎么想吃，闷然不乐地等待。

经过数小时乏味的社交细节，马修才恢复正常情绪。祈雨酋长与我躲到丛林来番“男人的谈话”。即便在这里，我们都以耳语对谈，老家伙不时像只紧张的小鹿转头四望。

我想问有关割礼的事。祈雨酋长点点头。他知道我大老远从自家的村子跑到这里来，为的就是这个。因为我听说多瓦悠人要举行割礼了，我丢下老婆与田里的事，吃了不少苦，也花了很多钱。他再度点头。到底发生了什么事？割礼的筹备工作完成了哪些？大雨已经降下，男孩为什么还没割包皮？

他叹气摇头。这事实在太糟、太糟了。就他这方面，该做的都做了。他仔细注意各种兆头。他将适当的药草封进一个圆形葫芦里，到山头放置在控制雨量的石头旁，让葫芦顺河而下。经过一段时间，葫芦到了山脚，完整无伤，这代表仪式可以举行。但是现在割礼取消了。我大抽一口气。今年不可能举行。明年是“阴年”，也不能举行。割礼最多两年举行一次。这真是太糟、太糟了。这些男孩将持续停留在孩童身份、身上发出臭气，成为整个族群之耻。

但到底发生何事？他说了一个我没听过的字。我对马修露出疑问之色，后者苦苦思索法语该怎么说。祈雨酋长一本对实证主义的狂热，带我们到田里，用手一指。小米植物简直被黑色、肥胖的毛毛虫淹没，嫩叶被蚕食一空。毛毛虫在我们眼前大嚼，下垂的叶柄瞬间消失。显然，孔里这一边的田全毁了。今年根本不会有收成可言。如果毛毛虫吃光作物，然后全数死掉，还有机会播第二次种子。问题是多数人家没有多余种子，届时收成也会少得可怜。何况，雨季也不会一直持续，让第二次作物成熟。那大家要怎么办？他耸耸肩。有些人可以向亲戚借谷子。有的得卖牛，或者向商贩借钱。原本存来酿啤酒的小米，现在得拿来充饥。男孩变成男人或许是个神奇过程，但它和善意期望无涉，而是和啤酒有关。割礼必须往后延。男孩仍将潮湿、发出臭气，耻辱越发难堪，连尼加人都会讪笑他们。

如果有人进口小米呢？我飞快计算。这要花上好几千英镑呢。完全无望。祈雨酋长感受到我的明显失望，拍拍我的臂膀。反正没用。这时不会有人发动割礼仪式，原先的兆头就不好，毛毛虫更是恶兆。

我好不容易筹到钱、大老远跑来记录一个结果不举行的仪式，我的心烦、懊恼甚至尴尬都是可想而知。我必须交代账目、提出辩护（真实或捏造的）。迟早，我得写一份报告给研究奖助审查委员会，对态度严厉的把关人员解释他们为何资助我去研究一个根本没举行的仪式。结果不会太愉快。

人类学研究和其他学术领域相同，否定的结论、发现假线索、盖棺论定的死胡同，以及未经亲眼目睹的仪式，都甚难获得学术肯定。整件事难堪透了。我个人却不觉得此次前来一无建树。此行虽短，我的收获却不下于上次较长的研究。光是我去而复返这件事便让多瓦悠人更加看重我，仿佛善变的人类学家曾让他们饱尝失望滋味。不管他们对人类学研究抱持何种想法，现在他们比较愿意信任我、对我开放。

割礼不举行。整个多瓦多兰陷入极度羞愧。羞红脸的男孩穿戴华丽装饰，无人闻问，独自闲荡，好像在圣坛前被抛弃的新娘。他们静悄脱掉豹皮或 Fablon 豹纹装饰，褪下脚环铃铛藏到口袋里。年纪大一点的男孩偷偷跑回田里开始耕作，假装自己从未做过仪式跳舞装扮。小一点的男孩满脸羞愧回到教室，饱受其他族同学嘲笑。男人碰头，绝口不提此事。它却成为女人的两性战争新话题，用以嘲笑男人的无能，而这又成为男人痛揍老婆的理由。我的“老婆”极力避免碰到我，每次都绕大圈进村子。偶尔我们不期而遇，只好低头看地、喃喃说些问候的话。由于割礼仪式并未完成，我们陷入不上不下的状态，不知如何举措。我们应该互相打趣，还是相互表示尊重，或者回到先前毫无关联的状态？没有人能给我们答案。没人有足够权威决定一切，就像先前没有人能组织割礼仪式一样。

恶兆狂扫多瓦悠兰。突然间，一切陷入混乱，每件事都成为恶事降临的征兆。这就像我们的社会，某个特别恐怖的谋杀案会吸引大家注意相同的犯罪事件。刹那间，报纸上充斥这类报道，好像整个文明突然末日来临似的。

在多瓦悠兰，牛只失足跌落井里，这是恶兆。祖帝保的某个老婆打开谷仓，冲出一只大老鼠咬了她的胸口，也是恶兆。

花岗岩小径上出现一群红色昆虫，这也是恶兆。虽然没有莎翁剧里彗星划过天空，但起了一阵小旋风。

可预期的，缄默降临多瓦悠兰，也是我该回家的时候了。我不知道这是否也被视为恶兆。

第十三章

结束与开始

Ends and Beginnings

离开多瓦悠兰和抵达此处一样，都牵涉漫长烦琐的工作[1]。幸好，此次我的身份只是单纯的观光客而非知识的探索者，至少我的旅行文件是如此记载。尽管如此，离开此地还是搞了许久。为表谢意，我必须深思熟虑分赠礼物；除此，还要摆脱丛林习性、恢复城市习惯。我是方圆数英里内唯一说英语的人，自然养成自言自语的习惯。多瓦悠兰不似我们的文化，自言自语（或者如我坚称的“大声思考”）者不会被视为眼神狂乱的疯子，它有点像对着自己唱歌，是司空见惯之举。旧习实难革除。回到英国，一开始铁定叫人大为惊慌，尤其我是在没有镜子的状况下自己剪头发，更别提一口绿色恶臭的牙齿。

1　作者上一次到喀麦隆做研究，离境时碰到棘手问题，延宕许久才获准离境。详见第一部《小泥屋笔记》第198—203页。

在我努力恢复城市习惯的过程里，还得跟不凑巧来报到的疟疾奋斗。我坚信这是观赏德国人播放“对抗疟疾”影片时被蚊子大叮特叮的结果。幸好我及时复原，最后一次在多瓦悠兰露面时，赶上参加“死者之弓割礼”仪式。

人类学领域有许多其他学科转过来的研究者，它的范围非常广。因此人类学家以前学过的东西，不管是毫无实际用途的技术或深奥的能力，都不会浪费无用。小时我第一天上学，老师叫我们全班听英国广播公司特为孩童制作的一个节目。当时，大家认为经常跳舞对孩童的健康至为重要，学校鼓励稚嫩心灵透过动作表达自我。在单纯曲调的节奏下，心灵与肉体一起和谐舞动。那天，我们的任务是扮演树。“舞动你的树枝，孩子们。”笛声指挥我们：“现在，树叶在风中沙沙作响。”我们尽责在头上挥舞双臂，嘴里发出嘶嘶声。

当我投身文化比较研究时，压根没想到这段经验会大有价值，但它是的。

“死者之弓割礼”乃连串复杂的仪式之一，让男性亡灵变成可以转世投胎的祖先。举行这种仪式，属于死者最私人（也是最危险）的用器必须处理掉。刀子、睡觉的席子、阴茎鞘要拿到丛林里烧掉。他的弓必须由小丑执行割礼，然后挂到搁置男性祖先头颅的屋子后面。只有死者的“割礼兄弟”（和他同时接受割礼的人）可以参与此项仪式。“死者之弓割礼”和所有纯男性参加的活动一样，充斥几近玩笑的快活气氛。女人听到特属仪式使用的笛子声，就得躲进茅屋里。

参与“死者之弓割礼”的男人浑身赤裸，只着阴茎鞘跑来跑去，仪式最后是一出戏，开放给所有族内男子观看。这出戏叫“打死富来尼老妇”，指涉割礼的起源。老妇也由男子扮演，非常老迈、衰弱，极端难搞、胆怯。他穿着老妇常穿的厚重树叶装，卖力演出，弯腰露出性器。在场男人都乐不可支，放声大笑。戏的高潮是男人手持棒棍躲在暗处奇袭老妇。老妇在男子间蹒跚来回，拖着长长的树叶尾巴。最后男子一跃而出，用棍棒斩断她的尾巴。这些场景必须在一种名为“富来尼之刺”的树下演出。

有时，他们找不到“富来尼之刺”，便由男子假扮树。此次，这个角色落在我头上。多瓦悠人不知我扮演树的经验可是取之不竭呢。挥舞双臂假装树枝，颇获赞赏。风吹树叶的沙沙声则引来两极意见。无论如何，众人秉持仪式的快活气氛，将我的演出视之不错的创新。由于演树的演员也只能穿阴茎鞘，身上还要覆盖颇不舒服的“富来尼之刺”树叶模仿自然产品，总之，不是大家抢着演的角色。

事后，男人围坐抽烟、喝温啤酒，讨论谁该对死者的老婆吐口水，赦免她们可以再婚。马修与我则忙着打包。一名巫师送来一把气味芬芳的树叶。提醒我曾与死者接触，别忘了用树叶洗手。而且我应当加入对死者老婆吐口水的行列，以示我对死者并无怨恨。一切看来平常。稍后，我们拿下阴茎鞘，好像大学生上完每周一次的导师特别指导课后，终于可以脱下袍子松口气。今晚，大家会喝酒、跳舞、说故事。马修与我回教会，那是我们各自返回正常生活的中途站。众人对我们的离去并未显露特别兴趣，没人流泪，没有刻意的告别场面。祖帝保提起尚未解决的洋伞问题。我留下一些钱支付尚未完成的屋顶修缮工程。我还会再回来吗？天知道。

人类学另一铁律是当你研究的异文化看起来越来越正常，就是你该打包回家的时候了。

我被邀请去当地学校代课教英文，直到授课老师复原为止，正适合我此刻不上不下的处境。这位老师感染了席卷此地的“轻疟疾”。在西方世界，我们偶尔因发烧、头痛病倒在床，觉得自己快死了。我们称此病状为流行性感冒，吞两颗阿司匹林、在床上休息，几天后就好了。同样的症状在西非洲却被诊断为“轻疟疾”，投以相同的治疗，没人进一步探究病因或治疗效果。

就像其他学习机构，这里也有不少学生使用假身份。学生向弟妹借身份证，以规避同一个学生只能参加几次考试的上限。一个号称十六岁的学生早已白发丛生，还有许多学生名字相同，令人吃惊。双胞胎让状况更为糟糕复杂。他们从法英字典查得孪生一字，英文写的是“望远镜”[1]，便以此自况：“老师，这是我妹妹诺雅。我们是望远镜。”

1 法文的孪生姊妹是 Jumelle，此字同时意指望远镜。

我教他们英文入门，使用的教科书长篇大论讨论阿斯科特赛马、营火夜，以及更为模糊难懂的约克郡布丁[1]。学生将约克郡布丁解释成“又热又冷的布丁”。一位学生巧妙结合微观与宏观，说：“血液一天周行全身二十四次。”另一个学生的随笔则饱含惊人智慧：“人们站在太阳底下太久就会头痛，因为制造了太多氧气。”

马修认为他也该学英文。像我这种在大学教过书的人也难抑好为人师的欲望。我找来一本过时的成语集给马修，反正他也没事可干。从此，他问候我时脸庞扭曲专注：“早安，主人。你享受佳肴了吗？”[2]

几天后，老师病体复原，回校上课，我想学生大大松了一口气。我带着沉甸甸的一颗心前往杜阿拉。

这段期间，这个城市没有变得更好。怠惰战胜进取心，我前往上次那家旅馆，暗自盼望能碰上韩福瑞。

那位野心勃勃的侍者领班越见发达。平滑肥胖的脸庞散发自满表情。我既胆怯又如释重负，因为他并未发现我就是上次的韩福瑞同党。他现在似乎独裁掌控旅馆，鬼祟的法国经理蜷缩在办公室里，他则高视阔步旅馆大厅。他慢慢将自己的亲戚插满所有重要位置。他们不会说通用语言，客人的要求一概不

1　约克郡布丁是一种垫在烤肉下面煎成，与烤肉一起食用的布丁。

2　此处原文为 Are you of good cheer。在英文成语里意指享受佳肴。作者是在嘲笑马修原本是要问候“吃过饭没？”却用了文绉绉的“享受佳肴没？”

懂，只有侍者领班才能指挥他们。此种安排扩及旅馆酒吧。美国观光客冗长细述他们要喝的深奥的鸡尾酒（由罕见的几种酒混成）。吧台侍者优雅点头微笑，许久后，不是端上柳橙苏打就是啤酒，完全不顾客人抱怨。旅馆规定每个客人可免费招待一杯酒，客人充分运用此项新安排。一群乏味疲惫的法国客人拿它当新式消遣，打赌他们点的下一轮酒端上来，会是几杯柳橙苏打、几杯啤酒。

韩福瑞不见踪影。当晚，我试图自己摸索去那家越南餐馆，踏遍全城，无功而返。一家霓虹灯嚣张闪烁的酒吧里，某名观光客对面的男子虽然戴了太阳眼镜，我还是认出那是"早熟"。观光客刺耳地高声陈述自己在旅馆的际遇："早上，有人敲我的门，吓了我一大跳。有人高喊:'喂，你里面有女人吗？'我也高声回答没有。然后就有人破门而入，把一个女人扔了进来。"他笑得前摇后晃，"早熟"不为所动。他听不出此中的幽默。那名观光客企图解释。"你听我说。当他们问我房里是否有女人时，我还以为……""早熟"脸色一亮，"女人？你要叫女人？""不是。我只是在解释刚刚那个故事……""我带你去找好女人。"我留他们继续此一话题，闲荡回旅馆。

第二天去机场的车程花了我好几小时。喀国总统出巡此地，整个区域封锁。我们经过的多数路都被封死。我极端不舒服地蜷缩在计程车后座，膝上抱着一个多瓦悠大水瓮，活像个乡巴佬。免不了，司机待会又会企图沿途载客。他绕大圈子避过路障，好几次直接开进人家的菜园子。我们停下接受检查。一名警察态度严厉勒令我们："停车。总统先生来了。"群众静默翘首。士兵与警察解开枪套。我探首窗外。好一会儿，没啥动静。然后，一个老人骑着生锈的脚踏车以万分缓慢的速度绕过街角。这么多人的注视与张得老大的嘴，让他大感困惑与害怕，他弯低身体趴在把手上，死命踩踏板。几名壮硕的警察扑身向前，在众人喝彩声中将他拖走。一位警官注意到我的微笑："不准笑！"他大喊："你这是在嘲笑我们的总统。"计程车司机紧张看我一眼，加速驶离。显然，这是他与法律多年交手经验培养出来的反射动作。沿途没有其他意外，司机顺利将我载到机场，口袋里揣着我感激打赏的小费，快活离去。我鬼祟地抱着水瓮躲在黑暗角落，等待订位柜台开门，希望自己的形迹不引人疑窦。但这里毕竟是杜阿拉，想要不引人注目，简直像不会游泳者想逃过满池鲨鱼的几率一样低。一个目光灼灼的男人盯上我，上下打量，无疑，是在看我额头上的汗珠与紧抓着不放的水瓮。他问："飞巴黎？"我点点头。他发出那种修车厂技工审视车子损坏时最爱用的惊叹声。此班飞机超量重复划位。事实上，每个座位都重复划了三次。幸运的，他有个朋友在柜台工作。只要一万中非法郎，就可以帮我弄到座位……我气疯了，不客气撵走他。他不知道我曾经来过喀麦隆？熟知这些鬼把戏。他耸耸肩走开。稍后，我看到一个德国人交钱给他。

越来越多人现身机场，越来越多人形迹鬼祟交钱。我的信心开始消失。我默默核算如果被迫在杜阿拉多待一晚要花多少旅馆钱。或许此刻杜阿拉所有警察都在找我，因为我嘲笑他们的总统。他们要找到我，一点不难。一个满口绿牙的白人手里抱着水瓮。或许我该丢掉水瓮，闭上我的嘴。惊慌偏执情绪逐渐上升。半小时后，我决定与那男子打交道。我找到这名消息灵通者，激烈讨价还价。我坚称身上只剩两千法郎，或许他愿意收下水瓮？最后他终于同意只收两千法郎，悄悄走到柜台一男子身旁。他们低语交谈、不时摇头。钞票在柜台下迅速换手。我的机票盖了章。我搭上这班飞机了！我看看那些在柜台前排队、天真无知、浑然不觉他们永远搭不上这班飞机的人，真是替他们感到可怜。我拖着水瓮前往出境柜台。

结果，飞机根本空荡荡。柜台前大排长龙的人是要搭包机。下一站之前，整班飞机只有六到七个乘客。甚至还有多余座位放置我一路忧心不已的水瓮。差堪安慰的是我并非唯一受骗者，两位同机乘客坦承和我一样轻信那男子，付了相同金额。

唯一安慰来自另一个更轻易受骗的乘客。他在酒吧里买了一个显然是“早熟”风格的挂饰，对方向他保证此物的历史至少八千年。谨慎的推销员还一再叮咛他此物极为罕见、万分珍贵、对喀国深具文化重要性，无法合法带出境。幸好，他认识一个在海关工作的人，只要再付一点钱，那人就可以安排让此物上飞机……

无聊又有冷气的飞行似乎是撰写报告给奖助委员会的好时

机。我伸手到袋子里翻找表格，发现它埋在一大叠保险单下面，保单上的禁止项目包括我在多瓦悠兰期间不准玩滑翔翼，也不准使用插电的木工器具。

写报告是件危险的事。一旦白纸黑字，它就变成田野采集成果，自有其生命。你无法想象事实可能并非如此。或许，我应该只字不提割礼并未举行（反正也不会有人注意），聚焦于我做了些什么。我该写个漂亮大纲论述我与多瓦悠疗者的研究，让人觉得这本来就是我前往多瓦悠兰的目的。奖助委员会的人常认为世界是循研究者设定的直线乖乖运作。民族志学者是全知博学、应付裕如、效率卓著的调查机器。人类学家却都知道研究计划根本是虚构小说，追根究底，不过是开口要求："我认为这个很有趣。能否赏些钱让我去看看？"

事实上，许多人类学家选择重返生活极不舒适、有时充满危险的世界一隅，足资证明面对好奇撩拨，人的记忆有多短暂、常理判断又是多脆弱。

我将表格收起，等待灵感降临。

结束旅行总会带来哀伤与时光飞逝感。你因自己毫发无伤重返一个安全、可预期、黑色毛毛虫瘟疫不会推翻宇宙时间表的世界而如释重负。诸此种种，都让你以全新眼光审视自己，或许如此，人类学到头来终究是个自私的学科。

因为与旧殖民母国的联结，所有喀麦隆国际航线都转经巴黎。我有数小时转机空当，将水瓮寄放在寄物处。

大异于在杜阿拉饱尝劫掠诈欺，此刻，我坐在巴黎歌剧院旁时髦的人行道咖啡座，观赏行人打发时间。一名衣着极端褴褛的流浪汉现身，仿佛杜阿拉机场那个消息灵通者，目光灼灼打量咖啡座顾客。因为他也是黑人，与杜阿拉机场那人更像了。面朝客人，他以常见的法国手势点点鼻子，以示他与众人共谋，然后从外套口袋掏出一只塑胶大老鼠。

每当冷若冰霜的女士（此地可不乏这类女人）打面前经过，他便扯动老鼠尾巴，看似活生生的老鼠作势扑上受害者的胸口。效果太令人满意了。有些女人高声尖叫，有的拔腿飞奔，有的用皮包打他的头。

大约作弄了十来个女士后，流浪汉拿起帽子沿桌收钱。帽檐的标签写着“喀麦隆制”。如果多瓦悠人在场，一定会说这是强烈预兆。至少，它提醒我义务未了。我拿出要呈给奖助委员会的报告表格，深吸一口气，写下：“因为一场不寻常的黑色毛毛虫瘟疫……”